21世纪大学计算机专业教材

网络编程与开发技术

殷肖川 刘志宏 姬伟锋 万映辉 编著
李增智 唐亚哲 主审

西安交通大学出版社
XI'AN JIAOTONG UNIVERSITY PRESS
·西安·

内容提要

本书系统介绍了网络通信软件设计的原理和方法，详细讨论了在Windows环境下的各种网络编程接口和网络通信程序设计技术，深入分析了各种设计方法的原理以及异常处理方法，主要内容包括：基于Net BIOS的网络编程，基于TCP/IP协议的网络编程，进程通信与分布计算，多线程结构的网络编程技术，直接网络编程技术，网络数据包捕获与分析等，附录部分给出了常用网络API函数和错误代码。

本书遵循理论与实践相结合的原则，在系统介绍理论的前题下，结合作者实际工作经验，深入讨论了在工程项目中可能遇到的问题和解决问题的方法，并给出了适量的编程实例，以飨读者。各章附有适量习题，便于学生课后练习。本教材可作为高校计算机专业及相关专业研究生、本科生学习网络通信软件设计等相关课程的教科书，也可作为从事计算机网络和数据通信工作的工程技术人员的参考书。

图书在版编目(CIP)数据

网络编程与开发技术/殷肖川，刘志宏，姬伟锋，万映辉编著
—西安：西安交通大学出版社，2003.9(2008.6重印)
21世纪大学计算机专业教材
ISBN 978－7－5605－1750－6

Ⅰ.网… Ⅱ.①殷… ②刘… ③姬… ④万… Ⅲ.计算机网络－程序设计－高等学校－教材 Ⅳ.TP393
中国版本图书馆CIP数据核字(2003)第083318号

书　　名：网络编程与开发技术
编　　著：殷肖川　刘志宏　姬伟锋　万映辉
策划编辑：贺峰涛　屈晓燕
文字编辑：邹　林
出版发行：西安交通大学出版社
地　　址：西安市兴庆南路10号(邮编：710049)
网　　址：http://unit.xjtu.edu.cn/unit/jtupress
电　　话：(029)82668357　82667874(发行部)
(029)82668315　82669096(总编部)
电子信箱：eibooks@163.com
印　　刷：西安新视点印务有限责任公司
版　　次：2003年9月第1版　2008年6月第5次印刷
开　　本：787mm×1092mm　1/16
印　　张：20
印　　数：10 001～12 000
字　　数：483千字
书　　号：ISBN 978-7-5605-1750-6/TP·355
定　　价：30.00元

前 言

近年来，计算机网络技术得到了快速发展，日益增长的网络应用需要大量的熟悉网络应用程序设计的人才。同时，只有通过网络编程，才能在更深的层次去理解网络通信协议的工作原理，并在此基础上进行各种网络应用程序的开发。

网络编程是利用网络编程接口来编写网络信息交换的应用程序。本书主要介绍常规网络编程方法、底层网络编程方法、并发程序设计方法以及相关的 Win32 高级编程技术。常规网络编程接口主要包括 NetBIOS 和 Winsock 编程接口；底层网络编程主要讨论了在网络层和数据链路层的编程方法；并发程序设计主要介绍利用多线程结构实现高性能并发网络程序设计的方法。另外，本书还介绍了进程间通信及动态链接库等相关开发技术。

全书共分为 7 章。第 1 章是网络编程基础，介绍计算机网络程序设计的一些基础知识及内容、概念和方法。第 2 章介绍基于 NetBIOS 的网络编程方法，主要介绍基于 NetBIOS 编程的原理、方法和常用命令，详细讨论了 NetBIOS 编程模型、编程技巧及一些基本程序。第 3 章介绍基于 Winsock 的网络编程技术，主要介绍 TCP/IP 协议的原理，Winsock 基本概念与编程接口，Winsock API 接口函数、数据结构及编程方法，并给出了大量的编程实例。第 4 章是进程间通信机制(IPC)，根据作者以往的编程经验，介绍了在实际网络程序设计中通常会使用到的 IPC 方法，重点讨论了利用文件映射的共享内存机制实现进程间通信的原理和方法。第 5 章是多线程结构的网络编程，主要介绍线程的基本概念、线程同步机制及并发程序设计方法，并给出多线程并发网络通信程序实例。第 6 章介绍动态链接库的概念、作用、设计方法以及在实际工程中的应用，并给出了编程实例。第 7 章讲述直接网络编程。由于网络技术的飞速发展，网络复杂性和规模的不断增长，还需要有一些网络工具来分析、诊断和测试网络，并确保网络的安全。而这些网络诊断测试和安全工具通常需要在较低的层次(链路层或网络层)操作网络。本章主要介绍一些能直接对网络底层进行编程的方法。

本书可作为大学本科及以上层次计算机及相关专业的教科书，也可以作为工程技术人员计算机培训教程，参考学时为 50～60 学时。建议第 7 章作为本科层次的选学内容。学习本门课程之前，读者最好已掌握有关 C 语言程序设计、计算机网络、操作系统等方面的知识。因此，建议在大学三年级下学期开设本课程。本书也可作为从事网络研究和软件开发人员的自学教材和技术参考书。

网络编程与开发是一门实践性很强的技术，因此需要读者通过大量的上机练习来理解网络编程概念和程序设计方法。本书在介绍每一部分内容时尽量做到实用易懂，并提供了大量的编程实例，所有程序均在 VC++ 6.0 下调试通过。每章附有一定量实践性的习题可以选用，建议提供20学时的上机实验课时。

西安交通大学的李增智教授、唐亚哲副教授对本书的全部书稿进行认真、细致的审阅，并提出了许多宝贵的修改意见，在此表示诚挚的感谢！

由于编者水平有限，书中难免存在一些缺点和错误，敬请广大读者批评指正。

编　者

2003年7月1日

目 录

第1章 网络编程基础

1.1 概述

网络编程就是利用网络应用编程接口编写网络应用程序,实现网络应用进程间的信息交互功能。一般来说,应用进程间的通信可以分为两种:同一系统上的应用进程间的通信和不同系统上的应用进程间的通信。同一系统上的应用进程间的通信又称为进程间通信。而不同系统上的进程间的通信,则必须通过网络编程接口访问网络协议提供的服务来实现。事实上,同一系统上的不同应用进程间的通信也可以通过网络编程接口来实现,只是性能上会有些差别。

网络通信离不开网络协议,网络编程接口访问网络协议所提供的服务。不同的网络协议可能提供不同的服务访问接口,同一网络应用编程接口可能提供访问不同网络协议的接口。如著名的网络应用编程接口——Socket API,支持对很多协议的访问,如 TCP(传输控制协议),UDP(用户数据报协议),rawIP,数据链路层协议及 UNIX 域协议等。

要学好网络编程及相关开发技术,对于操作系统、网络协议、网络编程模式和方法以及并发程序设计技术要有比较深入的理解,因为网络应用编程与它们是密不可分的。本书介绍了为实现不同系统上的进程间的通信而进行的网络应用编程的原理、接口和方法,详细讨论了在 Windows 环境下的各种网络编程接口和网络通信程序设计与开发技术。

1.2 ISO/OSI 模型

开放系统互连(OSI)模型是国际标准化组织(ISO)从一个很高的层次对网络系统进行的描述。OSI 模型总共包含了 7 层,从最顶部的“应用层”开始,一直到最底部的“物理层”,这 7 个层完整阐述了最基本的网络概念,表 1.1 展示的正是 OSI 模型的样子。在这个模型中,相邻层之间的关系称为接口,而不同网络实体间在相同层之间的关系就是网络通信协议。

表 1.1 OSI 模型

层	功能描述
应用层	为用户提供相应的界面,以便使用提供的连网功能
表示层	完成数据的格式化

续表

层	功能描述
会话层	控制两个主机间的通信链路(开放、操作和关闭)
传输层	提供数据传输服务(可靠或不可靠)
网络层	在两个主机之间提供一套定址/寻址机制,同时负责数据包的路由选择
数据链路层	控制两个主机间的物理通信链路,同时还要负责对数据进行整形,以便在物理媒体上传输
物理层	物理媒体负责以一系列电子信号的形式传出数据

1.3 网络编程接口

从理论上讲,在网络体系结构中的任何一层上都应能提供应用程序设计的编程接口,但是实际上并非如此。在完整的计算机网络系统中,仅提供了基于网络操作系统之上的编程接口。例如 Windows 的 Winsock ,Netware 的 IPX/SPX 及 NetBIOS(Network Basic Input/Output System,网络基本输入/输出系统)等。在这些接口上进行网络通信程序设计是最常用的方法。图 1.1 给出了应用程序与编程接口的关系。

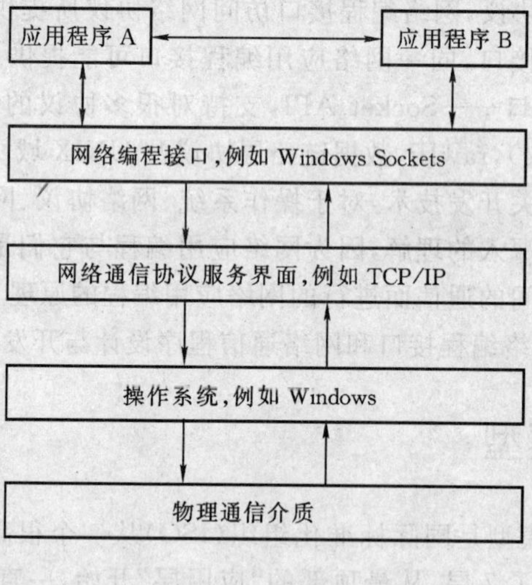

图 1.1 应用程序与网络编程接口关系图

1.3.1 基于 NetBIOS 的网络编程

NetBIOS 是一种标准的应用程序编程接口(API),1983 年由 Sytek 公司专为 IBM 开发成功。NetBIOS 为网络通信定义了一种编程接口。1985 年,IBM 创制了 NetBIOS 扩展用户接口(NetBIOS Extended User Interface,NetBEUI),它同 NetBIOS 接口集成在一起,终于构成了一套完整的协议。NetBIOS 与 TCP/IP 和 IPX/SPX 相比,具有极高的通信效率,尤其在一个小的局域网环境下的实时网络通信,NetBIOS 是首选的网络编程接口。由于 NetBIOS 接口变得愈来愈流行,所以各大厂商也开始在其他如 TCP/IP 和 IPX/SPX 的协议上实施 Net-

BIOS 编程接口。

NetBIOS 同时提供了“面向连接”的会话服务以及“无连接”的数据报服务。NetBIOS 编程接口对应于 OSI 模型的会话层和传输层。值得注意的是 NetBIOS 并非是一种“可路由”协议，假定在客户机和服务器之间需要路由，那么这种协议在两部机器上的通信应用便无法沟通。

1.3.2　基于 Winsock 的网络编程

TCP/IP(Transmission Control Protrocl/Internet Protocol，传输控制协议/网际协议)是发展至今最成功的通信协议之一。它起源于 20 世纪 60 年代末美国政府资助的一个分组交换网络研究项目 ARPRANET，其目的是允许分布在各地的装着完全不同的操作系统的计算机互相通信。TCP/IP 以其开放性的特点，成了 Internet 的基础，通过 Internet 把全世界数以千万的计算机连接在一起，是事实上的工业标准。

Winsock 是 Windows 环境下实现 TCP/IP 网络编程的接口。Winsock 规范并定义了如何使用 API 与 Internet 协议簇，它不仅提供了一套简单的 API，如人们所熟悉的 Berkeley Socket 风格的库函数；也包含了一组针对 Windows 的扩展库函数，以使程序员能充分地利用 Windows 消息驱动机制进行编程。Windows Sockets 规范的本意在于提供给应用程序开发者一套简单的 API，并让各家网络软件供应商共同遵守。尤其要指出的是，所有的 Windows Sockets 实现都支持流套接字和数据报套接字。

1.3.3　直接网络编程

常规网络编程接口一般无法访问到位于底层的网络协议。NetBIOS 主要在会话层和传输层发挥作用，而 Winsock 工作在 TCP/IP 协议的传输层，两者都无法直接对传输层以下的网络协议进行直接操作。随着计算机网络复杂性和规模的不断增长，网络设计和维护人员面临的困难在成倍增加，网络的安全性也正面临着严峻的考验。因此，需要有一些网络工具来分析、诊断和测试网络，以确保网络的安全。而这些网络诊断测试和安全工具不能采用常规的网络编程方法，它们通常需要在较低的层次(链路层或网络层)操作网络。

直接网络编程接口提供在链路层或网络层的编程方法，直接网络编程与普通的网络编程不同，在程序中会涉及底层网络协议及其协议数据单元。因此，需要对链路层帧与网络协议数据单元的结构有一定的了解。本书将介绍 Winpcap 的网络数据包捕获技术、libnet 的网络数据包构造技术以及原始套接字等直接网络编程方法。

1.3.4　基于物理设备的网络编程

基于物理设备的网络编程接口也称为 MAC 层编程接口。这种编程接口主要用于特殊目的的网络程序设计，例如网络数据包截获、网络协议分析、流量统计分析等，或设计自己的安全协议。在这种编程接口上进行网络编程设计，需要对网卡的网络接口控制器(NIC)进行程序编程控制。由于这一接口没有提供现成的程序接口，因此所有功能的实现都必须自行设计。程序设计人员一方面可以根据具体应用设计出适合特殊要求的协议，可以进行更底层的控制，但另一方面也加大了程序设计的难度。

1.4 网络通信方式

1.4.1 面向连接的通信和无连接通信

通常情况下，一个协议提供面向连接(会话)和无连接(数据报)两种通信服务。如 NetBIOS 和 TCP/IP 协议均提供了这两种服务。

在面向连接的服务中，通信双方在进行数据交换之前必须建立一条路径，这样既确定了通信方之间存在路由，又保证了通信双方都是活动的、可以彼此响应的、并且传送数据时是按序传送的，从而保证数据通信的可靠性。一般来说，面向连接服务过程分为三个阶段：连接建立、数据传输和连接释放。面向连接服务比较适合于在一段时间间隔内要向同一目的地发送许多报文的情况。对于发送很短的零星报文，连接建立和释放所带来的开销就显得过大了。面向连接的服务的缺点是建立和维持一个通信信道需要很多开销。此外，为保证数据通信的可靠性而设置的验证机制，会进一步增加额外的开销。

无连接服务却不用确定接收端是否正在收听，发送方随时可以发送数据。无连接协议的特点是速度快、使用灵活，既能实现点到点通信，又能实现多点和广播通信，对非重要的数据传输来说，数据报服务非常有用。但其缺点是不能保证数据可靠到达接收端，同样也不能保证数据的完整性，这些问题必须由应用程序根据需要自行解决。无连接服务类似于邮政服务，发信人把信装入邮箱即可，至于收信人是否能收到这封信或邮局是否按时将信件投递到收信人处，发信人都不得而知。无连接服务特别适合于传送少量零星的报文。

1.4.2 阻塞通信与非阻塞通信

网络通信可以分为阻塞和非阻塞两种模式。在网络编程时，选择通信模式也是一件很重要的事情。对于不同的协议，阻塞通信和非阻塞通信有不同的表现。

以 Winsock 为例，在阻塞模式下，利用 TCP 协议发送一个报文时，如果低层协议没有可用空间来存放用户数据，则应用进程将阻塞，直到协议有可用的空间。而在非阻塞模式下，调用将直接返回而不需等待。在应用进程调用接收函数接收报文时，如果是在阻塞模式下，若没有到达的数据，则调用将一直阻塞直到有数据到达或出错；而在非阻塞模式下，将直接返回而不需等待。

对于面向连接的协议，在连接建立阶段，阻塞与非阻塞也表现不一。在阻塞模式下，如果没有连接请求到达，则等待连接调用将阻塞直到有连接请求到达；但在非阻塞模式下，如果没有连接请求到达，等待连接调用将直接返回。

在连接建立阶段，不管是阻塞模式还是非阻塞模式，发起连接请求的一方总是会使调用它的进程阻塞，阻塞间隔最少等于到达服务器的一次往返时间。

通信模式对应用程序的设计方法也有直接的影响。在非阻塞模式下，应用程序不断地轮询查看是否有数据到达或有连接请求到达。这种轮询方式比其他的技术耗费更多的 CPU 时间，因此要尽量避免使用。而在阻塞模式下，不存在这一问题。但是阻塞模式的缺点是进程或线程在执行 I/O 操作时将被阻塞而不能执行其他的工作，因此在单进程或单线程应用中不能使用这种模式。在多线程应用中比较适合采用阻塞模式，一个线程被阻塞不影响其他线程的工作。

1.4.3 多播通信与广播通信

广播通信是指数据从一个工作站发出，局域网内的其他所有工作站都能收到它。这一特征适用于无连接协议，因为 LAN(局域网)上的所有机器都可获得并处理广播消息。使用广播消息的不利之处是每台机器都必须对该消息进行处理。比如，一用户在 LAN 上广播一条消息，每台机器上的网卡都会收到这条消息，并把它上传到协议栈。然后，协议栈将这条消息在所有的网络应用中循环，看它们是否应该接收这条消息。通常，这个局域网上的多数机器对该消息都不感兴趣，草草地一弃了之。但是各台机器仍需花时间来处理这个数据包，看是否有应用对它感兴趣。结果，高广播通信流会使 LAN 上的机器陷入困境。一般情况下，路由器都不会传送广播包。

多播是指数据从一个工作站发出，这些数据将由一个或多个接收端进行接收。进程加入一个多播通信的方法与采用的底层协议有关。在 IP 协议和 NetBIOS 协议下，多播是广播的一种变形，多播要求对收发数据感兴趣的所有主机加入到一个特定的组，进程希望加入多播组时，网卡上会增添一个过滤器。这样，只有绑定组地址的数据才会被网络硬件捡起，并上传到网络堆栈进行相应处理。

无论是多播还是广播通信，它们都是建立在无连接服务协议之上的，因此数据传输的可靠性无法得到保证。

1.5 Win32 SDK 编程基础

1.5.1 Win32 SDK 的基本概念

在 VC 环境下开发应用程序有 MFC 和 SDK 两种方式。

MFC 是对 Win32 API 进行彻底封装的一个类库，可以采用面向对象的方法进行 Windows 应用程序的开发，开发效率较高，但其生成的程序规模较大，不易理解，而且 MFC 方式隐藏了大量的编程细节，不利于读者对网络通信机制的深入理解。

SDK 是一套软件开发包，内部包含了大量的 Win32 API 函数。借助 Win32 SDK 能够方便灵活地开发网络应用程序。我们后面要讲到的 Winsock API 就是 SDK 的一部分。SDK 程序结构清晰、执行效率高，而且编程更加灵活。鉴于 SDK 方式的特点，为了更方便读者对网络通信机制和编程方法的理解与掌握，本书所列例程均采用 SDK 方式实现。

下面将简单介绍 Windows 消息驱动机制以及 SDK 程序结构。

1.5.2 Windows 消息驱动机制

在 Windows 系统的运行机制中，消息是一个基本而重要的概念，它是指一个报告有关事件发生的通知。消息驱动是围绕着消息的产生与处理展开的，并依靠消息循环机制来实现。

从编程角度来看，一条消息可被视为某一事件的发生，如按下或移动鼠标、按键盘键等。这些事件既可以由用户引发，也可以由应用程序产生，当然 Windows 系统本身也能发出消息。Windows 应用程序的消息来源有以下 4 种：

(1) 输入消息

包括键盘和鼠标的输入。这一类消息首先放在系统消息队列中，然后 Windows 将它们送入应用程序消息队列，最后再由应用程序来处理。

(2) 控制消息

用来与 Windows 的控制对象(如列表框、按钮、检查框等)进行双向通信。当用户在列表框中改动当前选择或改变了检查框的状态时发出此类消息。这类消息一般不经过应用程序消息队列，而是直接发送到控制对象上去。

(3) 系统消息

对程序化的事件或系统时钟中断作出反应。一些系统消息，如 DDE(Dynamic Data Exchange，动态数据交换)消息要直接通过 Windows 的系统消息队列，而有的则不通过系统消息队列而直接进入应用程序的消息队列，如创建窗口消息。

(4) 用户消息

这是程序员自己定义并在应用程序主动发出的，一般由应用程序的某一部分进行内部处理。

消息产生后，应该送给相应的应用程序，应用程序是如何获得属于自己的消息呢？实际上，Windows 操作系统时时刻刻监视着用户的一举一动，并分析用户的动作与哪一个应用程序相关，然后将该动作以消息的形式发送给当前应用程序。Windows 为每个正在运行的应用程序都维护一个消息队列，应用程序时刻等待着消息的到来，一旦发现它的消息队列中有未处理的消息，就获取并分析该消息，并根据消息内容采用适当的动作来响应用户的操作。所以，应用程序需要不停地从特定的消息队列中获取消息、分析消息并处理消息，直到接收到一条叫做 WM_QUIT 的消息为止。实现这个过程的程序结构就叫“消息循环”。

1.5.3 Win32 SDK 程序结构

在 VC 中，Windows SDK 应用程序有两种工程类型：Win32 Application 和 Win32 Console Application。这两者在程序结构上最大的区别在于 Win32 Application 以 WinMain 函数作为程序的入口点，而 Win32 Console Application 以 main 函数为程序的入口点。对于 main 函数，大家都非常熟悉，这里只重点介绍 WinMain 函数及 Win32 Application 程序结构。

WinMain()函数的原型如下：

```
int WINAPI WinMain
(
    HINSTANCE      hInstance,        //当前实例句柄
    HINSTANCE      hPrevInstance,    //前一个实例句柄
    LPSTR          lpCmdLine,        //指向命令行参数的指针
    int            nCmdShow          //窗口的显示状态
);
```

这里出现的句柄是一个用于标识对象的变量。实例是类中一特定对象类型的一个实例化对象，比如一个特定的进程和线程。

一般情况下，在 WinMain 函数中应完成的操作有：

- 注册窗口类；
- 创建应用程序主窗口；
- 进入应用程序消息循环。

除了 WinMain 函数作为入口点函数外，Windows 程序还有一个很重要的窗口过程函数

WndProc，它的函数原型为：

```
long FAR PASCAL WndProc(HWND hWnd,WORD message,
                        WORD wParam,LONG lParam);
```

WndProc 函数的作用在后面会详细介绍。

下面详细介绍 Windows 程序的一般构成。通常一个 Windows 程序包括以下 7 个部分：

- 注册窗口类；
- 创建窗口；
- 显示和更新窗口；
- 创建消息循环；
- 终止应用程序；
- 窗口过程和窗口函数；
- 处理消息。

(1)注册窗口类

WinMain 既然作为程序的入口，它相当于一个中介人的角色，把应用程序介绍给 Windows 系统，所以第一步是建立和登记应用程序的窗口类。建立窗口类就是用 WNDCLASS 结构定义一个结构变量，如：

```
WNDCLASS wc;
```

然后用自己设计的窗口属性的信息填充结构变量 wc 的各个域。WNDCLASS 结构定义如下：

```
typedef struct _WNDCLASS
{
    UINT        style;          //窗口类风格
    WNDPROC     lpfnWndProc;    //指向窗口过程函数的指针
    int         cbClsExtra;     //窗口类附加数据
    int         cbWndExtra;     //窗口附加数据
    HINSTANCE   hInstance;      //拥有窗口类的实例句柄
    HICON       hIcon;          //最小窗口图标
    HCURSOR     hCursor;        //窗口内使用的光标
    HBRUSH      hbrBackground;  //用来着色窗口背景的刷子
    LPCSTR      lpszMenuName;   //指向菜单资源名的指针
    LPCSTR      lpszClassName;  //指向窗口类名的指针
}WNDCLASS, * PWNDCLASS;
```

对 WNDCLASS 结构的各域一一赋值后，就可以注册窗口类了。注册窗口类使用的函数是 RegisterClass，定义如下：

```
ATOM RegisterClass(CONST WNDCLASS * lpWndClass);
```

注册失败，则函数 RegisterClass 将返回 0，程序不能再进行下去。

(2)创建窗口

注册窗口类后，就可以创建窗口了。创建窗口使用的函数是 CreateWindow，形式如下：

```
HWND CreatWindow
```

```
(
        LPCTSTR     lpClassName,   //注册的窗口类名
        LPCTSTR     lpWindowName,  //窗口标题
        DWORD       dwStyle,       //窗口风格
        int         x,             //窗口 x 位置
        int         y,             //窗口 y 位置
        int         nWidth,        //窗口 x 长度
        int         nHeight,       //窗口 y 长度
        HWND        hWndParent,    //父窗体句柄
        HMENU       hMenu,         //窗口菜单句柄
        HINSTANCE   hInstance,     //当前窗口程序句柄
        LPVOID      lpParam        //所用参数
);
```

(3)显示和更新窗口

显示窗口必须调用函数 ShowWindow( ),形式为:

```
BOOL ShowWindow(HWND hWnd,int nCmdShow);
```

ShowWindow 之后,还需要调用函数 UpdateWindow( ),最终把窗口显示出来。调用 UpdateWindow( )将产生一个 WM_PAINT 消息,这个消息将重新绘制窗口,使窗口得到更新。

(4)创建消息循环

主窗口显示出来后,WinMain 就开始接受和处理消息了。Windows 为每个正在运行的应用程序都保持一个消息队列。当按下鼠标或键盘时,Windows 并不是把这个输入事件直接送给应用程序,而是将输入的事件先翻译成一个消息,然后把这个消息放入到这个应用程序的消息队列中去。应用程序的 WinMain 函数通过消息循环从它的消息队列中检索 Windows 送给它的消息,然后 WinMain 就把这些消息分配给相应的窗口函数(也就是前面的 WndProc)以便处理它们。消息循环的代码如下:

```
MSG msg;                                  //定义消息名
while(GetMessage(&msg,NULL,0,0))
{
    TranslateMessage(&msg);               //解释消息
    DispatchMessage(&msg);                //分发消息
}
return msg.wParam;
```

消息循环以 GetMessage 调用开始,它从消息队列中取出一个消息,这个消息再经过 TranslateMessage 进行翻译,最后由 DispatchMessage 将消息传送给为窗口所指定的窗口过程 WndProc。在 WndProc 处理完消息后,消息循环又去接收和处理另一个消息。

(5)终止应用程序

一旦 WinMain 函数进入消息循环,终止应用程序的唯一办法就是使用 PostQuitMessage 把消息 WM_QUIT 发送到应用程序队列。该函数定义如下:

```
void PostQuitMessage(int nExitCode);
```

(6)窗口过程函数

如前所述,GetMessage 从应用程序的消息队列中取出消息,DispatchMessage 把消息传送窗口所指定的窗口过程,这个窗口过程的任务就是处理消息,即前面讲到的 WndProc。

需要特别说明的是,在 Windows 程序中看不出来到底是哪一个函数调用了 WndProc,这因为窗口过程函数是一个回调函数。所谓回调函数,就是由程序员编写而由 Windows 系统用的函数。前面已经提到,Windows 系统把发生的事件转换成消息放在消息队列中,而消循环将它们发送到相应的窗口过程函数,Windows 系统通过调用 WndProc 来实现消息的理。Windows 至少有一个回调函数,WndProc 是一个主回调函数。

(7)处理消息

处理消息是在 WndProc 中进行的,通常采用 switch-case 结构,大多数的 WndProc 函数有如下的内部结构:

```
    switch(uMsgId)
    {
        case WM_(something):
            //这里是此消息的处理过程
            ...
            return(0);
        default:
            //其他消息由这个默认处理函数来处理
            return DefWindowProc(hwnd,uMsgId,wParam,lParam);
}
```

为了能对 Windows SDK 编程有一个系统了解,下面举一个最基本的 SDK 程序实例。

```
int PASCAL WinMain ( HINSTANCE hInstance, HINSTANCE hPrevInstance,
                     LPSTR lpszCmdLine, int nCmdShow )
{
  MSG msg;
  WNDCLASS wc;

  if (! hPrevInstance)
  {
    wc.style            = CS_OWNDC;
    wc.lpfnWndProc      =(WNDPROC) MainWndProc;
    wc.cbClsExtra       = 0;
    wc.cbWndExtra       = 0;
    wc.hInstance        = hInstance;
    wc.hIcon            = LoadIcon(NULL,IDI_APPLICATION);
    wc.hCursor          = LoadCursor(NULL,IDC_ARROW);
    wc.hbrBackground    = GetStockObject(WHITE_BRUSH);
    wc.lpszMenuName     = NULL;
```

```
        wc.lpszClassName      = "MainWindowClass";
    if(! RegisterClass(&wc))                      //注册窗口类
        return (FALSE);
    }
    ghWndMain = CreateWindow("MainWindowClass",
                             "SDK Programing Example",
                             WS_OVERLAPPEDWINDOW,
                             10,
                             10,
                             600,
                             500,
                             NULL,
                             NULL,
                             hInstance,
                             NULL);                //创建窗口
    if(ghWndMain == NULL)
      return FALSE;
    ShowWindow(ghWndMain,SW_SHOW);                 //显示窗口

    while ( GetMessage( &msg, NULL, 0, 0))         //消息循环
    {
      TranslateMessage ( &msg );                   //解释消息
      DispatchMessage ( &msg );                    //分发消息
    }
    return ( msg.wParam );
    }

    long FAR PASCAL MainWndProc(HWND hWnd, UINT message,
                                WPARAM wParam, LPARAM lParam)
    {
      switch ( message )
      {
      case WM_DESTROY:                //窗口关闭消息处理
          PostQuitMessage ( 0 );
          break;
      case WM_PAINT:                  //窗口显示消息处理
          TextOut(hDC,1,1,tbuf,strlen(tbuf));
          break;
      default:                        //其他消息的默认处理
```

```
        return ( DefWindowProc ( hWnd, message, wParam, lParam ) );
    }
    return ( FALSE );
}
```

可以看出，Win32 Application 程序结构中有大量创建窗口的函数及代码，程序显得较为长，而本书的重点是介绍网络通信编程，为突出重点，简化结构，便于读者对网络编程的理，本书例程都采用 Win32 Console Application 结构，其网络通信部分的程序代码基本上可不加修改地添加到 Win32 Application 结构的相应位置中。

题与思考题

1　网络编程接口的作用是什么？常见的网络编程接口有哪几种？它与网络通信协议之间存在何种关系？

2　简述面向连接的通信和无连接通信的特点及各自适用的场合。

3　简述阻塞通信与非阻塞通信的基本过程。

4　简述点对点通信、多播通信与广播通信的含义。

5　简述一个 Windows SDK 程序框架由哪几部分组成。

第2章 基于 NetBIOS 的网络编程

2.1 NetBIOS 的基本概念

2.1.1 NetBIOS 概述

如前所述，NetBIOS API 实施方案适用于为数众多的网络协议，使得编程接口“与协议关”。换言之，假如根据 NetBIOS 规范设计了一个应用程序，它就能在 TCP/IP，NetBIOS至 IPX/SPX 上运行。这是一项非常有用的特性，因为对一个设计得当的 NetBIOS 应用程来说，它几乎能在任何机器上运行，无论机器连接的物理网络是什么。同时，NetBIOS TCP/IP 和 IPX/SPX 相比具有极高的通信效率。然而，我们也必须留意几个方面的问题想使两个 NetBIOS 应用(程序)通过网络进行正常通信，那么对它们各自运行的机器来说须至少安装一种两者通用的协议。

Microsoft TCP/IP 和 NetBEUI 在默认情况下已提供了一个 NetBIOS 接口，然而 IPSPX 却并非如此。为此，微软专门提供了一个 IPX/SPX 版本，在其中实现了该接口。在设网络时，这个问题必须注意。安装协议时，具有 NetBIOS 能力的 IPX/SPX 协议通常会自醒你注意这方面的问题。例如，Windows 2000 提供的协议本身就叫作“NWLink IPX/SPNetBIOS 兼容传送协议”。而在 Windows 95 和 Windows 98 中，请留意 IPX/SPX 协议对话框，其中有一个特殊的复选框，名为“希望在 IPX/SPX 上启用 NetBIOS ”。

另外要注意的一个重要问题是 NetBEUI 并非是一种“可路由”协议。假定在客户机和务器之间存在一个路由器，那么这种协议在两部机器上的应用便无法沟通。收到数据包后由器便会将其“无情地”地抛弃。TCP/IP 和 IPX/SPX 则不同，它们均属“可路由”协议，不出现这方面的问题。要注意的是，假如你需要在很大程度上依靠 NetBIOS，那么在配置网时，至少应安装一种可路由的传送协议。

2.1.2 LANA 编号

传送协议与 NetBIOS 如何对应起来呢？答案便在于 LAN 适配器(LAN Adapter，LANA)编号，它是我们理解 NetBIOS 的关键。在最初的 NetBIOS 实施方案中，每块物理网卡会分配到一个独一无二的值，即 LANA 编号。但到 Win32 下，这种做法便显得有些问题。为对一个工作站来说，它完全可能同时安装了多种网络协议，也可能安装了多块网卡。

每个 LANA 编号对应于网卡及传输协议的唯一组合。例如，假定某工作站安装了两块卡，以及两种具有 NetBIOS 能力的传输协议（如 TCP/IP 和 NetBEUI），那么总共就有 4 个 LANA 编号。下面是一种对应关系的例子：

0．NetBEUI —网卡 1
1．TCP/IP —网卡 1
2．NetBEUI —网卡 2
3．TCP/IP —网卡 2

通常，LANA 编号的范围在 0～9 之间，除 LANA 0 之外，操作系统并不按某种固定的顺序来分配这些编号。那么，LANA 0 有什么特殊含义呢？LANA 0 代表的是“默认”LANA！NetBIOS 问世早期，许多应用都采用硬编码的形式，只依赖 LANA 0 进行工作。在那时，大多数操作系统也只支持一个 LANA 编号。考虑到向后兼容的目的，我们可将 LANA 0 人工分配给一种特定的协议。

2.1.3　NetBIOS 名字

NetBIOS 是一种按名字工作的系统，每一个网络工作站和服务器都有一个（或几个）名字，由 NetBIOS 保留一张名字表，每个名字都为 16 字节长。每个节点还有一个永久节点名，它是在网卡 MAC 地址前再添加 10 个字节的 0 构成的，网络中各节点的永久节点地址是互不相同的。在进行通信时，信息的源地址和目的地址都是用名字来表示的。

NetBIOS 名字共有两种类型：唯一名和组名。“唯一名”意味着它是独一无二的，网络上不能再有其他任何进程来注册这个名字，如果一台机器已注册了某名字，那么在你注册该名字时，便会收到一条“重复名字”出错提示。“组名”的作用是将数据同时发给多个接收者，或者接收发给多个接收者的数据，多个节点可拥有同一组名，它主要用于多播（多点发送）数据通信。

在为一个节点指定名字时，注意不要用“*”号或二进制“0”开头，也不要用“IBM”这 3 个字母开头，因为这些名字都是系统保留的。为了保证名字表中的唯一名字都是互不相同的，在往名字表中加入新的唯一名字时，NetBIOS 首先在本地名字表中检查，如无重名，则在整个网络内发出一条特殊的广播询问消息，如果在规定的时间内没有其他节点回应这条消息，便允许发送者使用该名字，同时给出对应的名字号。对每个 LANA 来说，能够添加的名字的最大数量是 254，名字号从 1 到 254（0 和 255 由系统保留）。

2.1.4　NetBIOS 命令

NetBIOS 的所有功能都是通过执行一系列的命令来完成的，大部分的 NetBIOS 命令都有等待和非等待两种调用方式，调用 NetBIOS 命令时，可选择进行同步调用（等待方式），还是进行异步调用（非等待方式）。

在采用等待方式时，NetBIOS 要等到该命令完成之后才能返回到你的程序。只有少数几个 NetBIOS 命令必须采用这种方式，如 NetBIOS 复位命令、取消命令等。

如果采用非等待方式，那么又可以有两种选择：一种是采用轮询方式，即反复查询命令的返回码，直到该命令执行结束；另一种方式是将你的处理程序的地址或一个事件句柄告诉给 NetBIOS，让它在命令完成时唤醒该程序或触发一个事件，然后 NetBIOS 立即返回到你当前的程序，并且带回“立即返回码”，当该命令执行完成时将自动唤醒处理程序或触发相应的事件，同时又返回一个“最终返回码”，你的程序可以根据这两个返回码确定该命令是否成功执行。为了提高程序的执行效率，通常采用后一种方式。

2.1.5 网络控制块(NCB)

在 Win32 环境下，通过调用 NetBIOS API 的 Netbios 函数即可实现对各种 NetBIOS 命令的执行，该函数的调用方式为：

UCHAR Netbios(PNCB pNCB);

用于 NetBIOS 的所有函数声明、常数等均是在头文件 Nb30.h 内定义的。若想连接 NetBIOS 应用，唯一需要的库是 Netapi32.lib。Netbios 函数最重要的特征便是 pNCB 这个参数，它对应于指向某个网络控制块(NCB)的一个指针。在那个 NCB 结构中，包含了为执行一个 NetBIOS 命令，相应的 NetBIOS 函数需要用到的全部信息。NCB 结构的定义如下：

```
typedef struct _NCB {
    UCHAR     ncb_command;
    UCHAR     ncb_retcode;
    UCHAR     ncb_lsn;
    UCHAR     ncb_num;
    PUCHAR    ncb_buffer;
    WORD      ncb_length;
    UCHAR     ncb_callname[NCBNAMSZ];
    UCHAR     ncb_name[NCBNAMSZ];
    UCHAR     ncb_rto;
    UCHAR     ncb_sto;
    void (CALLBACK * ncb_post)(struct _NCB * );
    UCHAR     ncb_lana_num;
    UCHAR     ncb_cmd_cplt;
    UCHAR     ncb_reserve[10];
    HANDLE    ncb_event;
} NCB, * PNCB;
```

各字段含义说明如下。

①ncb_command：指定要执行的 NetBIOS 命令。许多命令都可同步或异步与 ASYNCH (0X80)标志以及命令进行按位 OR(或)运算。

②ncb_retcode：指定操作的返回代码。在一个异步操作进行期间，函数会将该值设为 NRC_PENDING。

③ncb_lsn：对应一个本地会话编号，与当前环境内的一次会话有着唯一对应的关系。成功执行了一次 NCBCALL 或 NCBLISTEN 命令后，函数会返回一个新的会话编号。

④ncb_num：指定本地名字的编号。伴随 NCBADDNAME 或 NCBADDGRNAME 命令的每一次调用，都会返回一个新编号。针对所有数据报命令，都必须使用一个有效的编号。

⑤ncb_buffer：指向数据缓冲区。对那些需要发送数据的命令，该缓冲区包含了要送出的实际数据；而对那些需要接收数据的命令，则包含了要从 NetBIOS 函数返回的数据。对其他字段定义命令来说，如 NCBENUM，缓冲区便是预定义的结构 LANA_ENUM。

⑥ncb_length：以字节数为单位，指定缓冲区的长度。对于接收命令来说，NetBIOS 会将该值设为收到的字节数。若指定的缓冲区不够大，NetBIOS 就会返回 NRC_BUFLEN 错误。

⑦ncb_callname：指定远程应用的名字。

⑧ncb_name：指定应用程序本地名字。

⑨ncb_rto：设定接收操作的超时期限。该值应设为 500 ms 的一个整数倍数。若为-1，表示没有超时限制。该值是为 NCBCALL 和 NCBLISTEN 命令设置的，它们会影响后续的 NCBRECV 命令

⑩ncb_sto：设定发送操作的超时期限。该值应设为 500 ms 的一个整数倍数。若为-1，表示不存在超时限制。该值是为 NCBCALL 和 NCBLISTEN 命令设置的，它们会影响后续的 NCBSEND 和 NCBCHAINSEND 命令。

⑪ncb_post：指定异步命令完成后需要调用的后例程的地址。函数定义为：

```
void CALLBACK PostRoutine(PNCB pncb);
```

其中，pncb 指向已完成命令的网络控制块。

⑫ncb_lana_num：指定要在上面执行命令的 LANA 编号。

⑬ncb_cmd_cpl：指定操作的返回代码。异步操作进行期间，Netbios 会将这个值设为 NRC_PENDING。

⑭ncb_reserve：保留，必须为 0。

⑮ncb_event：指定设置为“无信号”Nonsignaled)状态的一个 Windows 事件对象的句柄。完成一个异步命令后，事件便会设置成它的“有信号”(Signaled)状态，通知并唤醒应用程序一个异步命令执行结束，返回码可由 ncb_cmd_cpl 字段获得。假若 ncb_command 未设置 ASYNCH 标志，或者 ncb_post 不为 0，那么该字段必须为 0。否则，NetBIOS 会返回 NRC_ILLCMD 错误。

注意：并不是在对 NetBIOS 的每次调用中都需要用到该结构内的全部成员；有些数据字段对应的是输出参数(换言之，自 NetBIOS 调用返回之后才能设置)。在此提醒大家重要的一点，进行任何 NetBIOS 调用之前，应先将这个 NCB 结构清零，然后再开始填写结构内的相应成员。

2.2 NetBIOS 命令功能

2.2.1 名字管理命令

NetBIOS 的名字管理命令包括 Add Name，Add Group Name 和 Delete Name，每条命令都有等待和非等待两种方式，通常情况下均应采用等待方式。

(1)Add Name 命令

命令代码：NCBADDNAME(等待)，NCBADDNAME|ASYNCH(非等待)。

命令功能：在本地名字表中添加一个唯一名字，并返回一个名字号。

NCB 输入：

ncb_command：	NCBADDNAME(0x30)或 NCBADDNAME|ASYNCH(0xB0)。
ncb_name：	要添加的 16 字节的名字字符串，最后一个字符应为“空”字符。
ncb_post：	指定异步命令完成后需要调用的后例程的地址或“空”。

ncb_event: 指定异步命令完成后需触发的事件句柄,同步命令时为“空”。

ncb_lana_num: 网络适配器编号,选 0 或 1。

NCB 输出:

ncb_num: 返回新注册名字的编号。

ncb_retcode: 命令的立即返回码,成功为 NRC_GOODRET(0x00)。

ncb_cmd_cplt: 命令的最终返回码,成功为 NRC_GOODRET(0x00),在异步等待期该字段值为 NRC_PENDING。

例 2.1 加名字。

```
UCHAR AddName (UCHAR *Name,UCHAR *NameNum)
{
    NCB ncb;
    memset(&ncb,0,sizeof(NCB));
    ncb.ncb_command=NCBADDNAME;
    ncb.ncb_lana_num=0;
    strcpy( ncb.ncb_name, Name);
    Netbios (&ncb);
    *NameNum=ncb.ncb_num;
    return (ncb.ncb_cmd_cplt);
}
```

(2)Add Group Name

命令代码:NCBADDGRNAME(等待),NCBADDGRNAME|ASYNCH(非等待)。

命令功能:在本地名字表中添加一个组名,并返回一个名字号。

NCB 输入:

ncb_command: NCBADDGRNAME(0x36)或 NCBADDGRNAME | ASYNCH (0xB6)。

ncb_name: 要添加的 16 字节的组名字符串,最后一个字符应为“空”字符。

ncb_post: 指定异步命令完成后需要调用的后例程的地址或“空”。

ncb_event: 指定异步命令完成后需触发的事件句柄,同步命令时为“空”。

ncb_lana_num: 网络适配器编号,选 0 或 1。

NCB 输出:

ncb_num: 返回新注册组名的编号。

ncb_retcode: 命令的立即返回码,成功为 NRC_GOODRET(0x00)。

ncb_cmd_cplt: 命令的最终返回码,成功为 NRC_GOODRET(0x00),在异步等待期该字段值为 NRC_PENDING。

例 2.2 加组名。

```
UCHAR AddGroupName (UCHAR *Name,UCHAR *NameNum)
{
    NCB ncb;
    memset(&ncb,0,sizeof(NCB));
```

```
    ncb.ncb_command=NCBADDGRNAME;
    ncb.ncb_lana_num=0;
    strcpy( ncb.ncb_name, Name);
    Netbios (&ncb);
    *NameNum=ncb.ncb_num;
    return (ncb.ncb_cmd_cplt);
}
```

(3)Delete Name

命令代码：NCBDELNAME(等待)，NCBDELNAME|ASYNCH(非等待)。

命令功能：在本地名字表中删除一个唯一名或组名。

NCB 输入：

- ncb_command：NCBDELNAME(0x31)或 NCBDELNAME|ASYNCH(0xB1)。
- ncb_name：要删除的 16 字节的唯一名或组名字符串。
- ncb_post：指定异步命令完成后需要调用的后例程的地址或“空”。
- ncb_event：指指定异步命令完成后需触发的事件句柄，同步命令时为“空”。
- ncb_lana_num：网络适配器编号，选 0 或 1。

NCB 输出：

- ncb_num：返回新注册组名的编号。
- ncb_retcode：命令的立即返回码，成功为 NRC_GOODRET(0x00)。
- ncb_cmd_cplt：命令的最终返回码，成功为 NRC_GOODRET(0x00)，在异步等待期该字段值为 NRC_PENDING。

例 2.3　删除一个唯一名或组名。

```
UCHAR DeleteName(UCHAR *Name)
{
    NCB ncb;
    memset(&ncb,0,sizeof(NCB));
    ncb.ncb_command =NCBDELNAME;
    strcpy(ncb.ncb_name,Name);
    Netbios (&ncb);
    return (ncb.ncb_cmd_cplt);
}
```

2.2.2　数据报通信命令

NetBIOS 的数据报通信命令包括 Send Datagram，Receive Datagram，Send Broadcast，Receive Broadcast 4 条，每条命令都有等待和非等待两种方式，通常情况下数据报发送采用等待方式，而数据报接收则采用非等待方式。

(1)Send Datagram 命令

命令代码：NCBDGSEND(等待)，NCBDGSEND|ASYNCH(非等待)。

命令功能：发送一个数据报给指定的远程名字，数据报最大长度为 512 字节。

NCB 输入：

ncb_command： NCBDGSEND(0x20)或 NCBDGSEND | ASYNCH(0xA0)。

ncb_num： 本地名字号。

ncb_callname： 远程名字。

ncb_buffer： 发送缓冲区的指针。

ncb_length： 发送缓冲区的长度(1～512 字节)。

ncb_post： 指定异步命令完成后需要调用的后例程的地址或“空”。

ncb_event： 指定异步命令完成后需触发的事件句柄，同步命令时为“空”。

ncb_lana_num： 网络适配器编号，选 0 或 1。

NCB 输出：

ncb_retcode： 命令的立即返回码，成功为 NRC_GOODRET(0x00)。

ncb_cmd_cplt： 命令的最终返回码，成功为 NRC_GOODRET(0x00)，在异步等待期该字段值为 NRC_PENDING。

例 2.4 数据报发送函数。

```
void DatagramSend (PNCB pncb,UCHAR DestName[],UCHAR Num,UCHAR *
                    pBuffer,WORD Length)
{
    memset(pncb,0,sizeof(NCB));
    pncb->ncb_command=NCBDGSEND;
    strcpy(pncb->ncb_callname,DestName);
    pncb->ncb_num=Num;
    pncb->ncb_buffer=pBuffer;
    pncb->ncb_length=Length;
    Netbios(pncb);
}
```

(2)Receive Datagram 命令

命令代码：NCBDGRECV(等待)，NCBDGRECV | ASYNCH(非等待)。

命令功能：接收来自任何一个用户的，发送给本地某一唯一名或组名的一个数据报(但不接收广播报)，接收数据报最大长度为 512 字节，如果收到的数据报长度大于 ncb_length 字段规定的长度，剩余部分就被丢弃。

NCB 输入：

ncb_command： NCBDGRECV(0x21)或 NCBDGRECV|ASYNCH(0xA1)。

ncb_num： 本地名字号(可以是唯一名字号也可以是组名号)。

ncb_buffer： 接收缓冲区的指针。

ncb_length： 接收缓冲区的长度(1～512 字节)。

ncb_post： 指定异步命令完成后需要调用的后例程的地址或“空”。

ncb_event： 指定异步命令完成后需触发的事件句柄，同步命令时为“空”。

ncb_lana_num： 网络适配器编号，选 0 或 1。

NCB 输出：

ncb_callname：　发送方的名字。

ncb_length：　实际收到的字节数。

ncb_retcode：　命令的立即返回码，成功为 NRC_GOODRET(0x00)。

ncb_cmd_cplt：　命令的最终返回码，成功为 NRC_GOODRET(0x00)，在异步等待期该字段值为 NRC_PENDING。

例 2.5　数据报接收函数。

```
void DatagramRecv ( PNCB pncb, UCHAR Num, HANDLE hEvent, UCHAR *
        pBuffer)
{
    memset(pncb,0,sizeof(NCB));
    pncb->ncb_command=NCBDGRECV | ASYNCH;
    pncb->ncb_num=Num;
    pncb->ncb_buffer=pBuffer;
    pncb->ncb_length=512;
    pncb->ncb_cmd_cplt=0xff;
    pncb->ncb_event=hEvent;
    Netbios(pncb);
}
```

(3)Send Broadcast Datagram 命令

命令代码：NCBDGSENDBC(等待)，NCBDGSENDBC | ASYNCH(非等待)。

命令功能：向各个工作站发出一个广播数据报。

NCB 输入：

ncb_command：　NCBDGSENDBC(0x22)或 NCBDGSENDBC | ASYNCH(0xA2)。

ncb_num：　本地名字号。

ncb_buffer：　发送缓冲区的指针。

ncb_length：　发送缓冲区的长度(1～512 字节)。

ncb_post：　指定异步命令完成后需要调用的后例程的地址或“空”。

ncb_event：　指定异步命令完成后需触发的事件句柄，同步命令时为“空”。

ncb_lana_num：　网络适配器编号，选 0 或 1。

NCB 输出：

ncb_retcode：　命令的立即返回码，成功为 NRC_GOODRET(0x00)。

ncb_cmd_cplt：　命令的最终返回码，成功为 NRC_GOODRET(0x00)，在异步等待期该字段值为 NRC_PENDING。

例 2.6　广播数据报发送函数。

```
void DatagramSendBC(PNCB pncb,UCHAR Num,UCHAR * pBuffer,WORD Length)
{
    memset(pncb,0,sizeof(NCB));
    pncb->ncb_command=NCBDGSENDBC;
    pncb->ncb_num=Num;
```

```
    pncb->ncb_buffer=pBuffer;
    pncb->ncb_length=Length;
    Netbios(pncb);
}
```

(4)Receive Broadcast Datagram 命令

命令代码：NCBDGRECVBC(等待)，NCBDGRECVBC | ASYNCH(非等待)。

命令功能：接收来自任何一个用户的广播数据报(但不接收普通数据报)，数据报最大长度为 512 字节，如果收到的数据报长度大于 ncb_length 字段规定的长度，剩余部分就被丢弃。要特别注意是，该命令没有超时功能，因此应避免采用等待方式，否则会引起无限期等待。

NCB 输入：

ncb_command： NCBDGRECVBC(0x23)或 NCBDGRECVBC|ASYNCH(0xA3)。
ncb_num： 本地名字号(可以是唯一名字号也可以是组名号)。
ncb_buffer： 接收缓冲区的指针。
ncb_length： 接收缓冲区的长度(1～512 字节)。
ncb_post： 指定异步命令完成后需要调用的后例程的地址或“空”。
ncb_event： 指定异步命令完成后需触发的事件句柄，同步命令时为“空”。
ncb_lana_num： 网络适配器编号，选 0 或 1。

NCB 输出：

ncb_callname： 发送方的名字。
ncb_length： 实际收到的字节数。
ncb_retcode： 命令的立即返回码，成功为 NRC_GOODRET(0x00)。
ncb_cmd_cplt： 命令的最终返回码，成功为 NRC_GOODRET(0x00)，在异步等待期该字段值为 NRC_PENDING。

例 2.7 广播数据报接收函数。

```
void DatagramRecvBC (PNCB pncb, UCHAR Num, HANDLE hEvent, UCHAR *
                     pBuffer)
{
    memset(pncb,0,sizeof(NCB));
    pncb->ncb_command=NCBDGRECVBC | ASYNCH;
    pncb->ncb_num=Num;
    pncb->ncb_buffer=pBuffer;
    pncb->ncb_length=512;
    pncb->ncb_cmd_cplt=0xff;
    pncb->ncb_event=hEvent;
    Netbios(pncb);
}
```

2.2.3　会话通信命令

NetBIOS 的会话通信命令包括 Call，Listen，Send，Send Receive，Receive Any，Hang Up，Chain Send，Send No Ack，Chain Send No Ack 共 9 条，每条命令都有等待和非等待两种方式，通常情况下发送采用等待方式，而接收则采用非等待方式。

(1)Call 命令

命令代码：NCBCALL(等待)，NCBCALL|ASYNCH(非等待)。

命令功能：请求与某个远程工作站建立一个会话。远程会话名由 NCB_CALLNAME 字段指定。要在两个名字之间真正建立会话，对方必须已经发出 Listen 命令才行。如果 Call 命令成功，NetBIOS 即返回一个本地会话号 LSN，供后面的会话通信命令引用。如果 Call 命令呼叫的对方没有发出 Listen 命令，那么 Call 命令会反复试几次，最后返回出错信息。在会话过程中发送超时和接收超时的时限应在 Call 命令中指定，而不是在后面的发送/接收命令中指定的。NCB_STO(发送时限)和 NCB_RTO(接收时限)两个字段中的值是以 0.5 s 为单位的。把该字段中的值设置为"0"表示没有超时机制，即可以无限期等待，这一点在使用时要非常小心。

NCB 输入：

ncb_command：　NCBCALL(0x10)或 NCBCALL|ASYNCH(0x90)。
ncb_callname：　远程名字。
ncb_name：　本地名字。
ncb_rto：　接收时限(以 0.5 s 为单位)。
ncb_sto：　发送时限(以 0.5 s 为单位)。
ncb_post：　指定异步命令完成后需要调用的后例程的地址或"空"。
ncb_event：　指定异步命令完成后需触发的事件句柄，同步命令时为"空"。
ncb_lana_num：　网络适配器编号，选 0 或 1。

NCB 输出：

ncb_lsn：　分配的本地会话号。
ncb_retcode：　命令的立即返回码，成功为 NRC_GOODRET(0x00)。
ncb_cmd_cplt：　命令的最终返回码，成功为 NRC_GOODRET(0x00)，在异步等待期该字段值为 NRC_PENDING。

例 2.8　呼叫函数。

```
void NetbiosCall(PNCB pncb, HANDLE hEvent, UCHAR SourName[], UCHAR
                 DestName[])
{
    memset(pncb,0,sizeof(NCB));
    pncb->ncb_command=NCBCALL| ASYNCH;
    strcpy ( pncb->ncb_name, SourName);
    strcpy ( pncb->ncb_callname, DestName);
    pncb->ncb_rto=RECVTIMEOUT;
    pncb->ncb_sto=SENDTIMEOUT;
```

```
    pncb->ncb_cmd_cplt=0xff;
    pncb->ncb_event=hEvent;
    Netbios (pncb);
}
```

(2) Listen 命令

命令代码：NCBLISTEN(等待)，NCBLISTEN|ASYNCH(非等待)。

命令功能：侦听远程工作站的会话呼叫(Call)请求，建立一个会话。远程工作站会话名由 NCB_CALLNAME 字段指定，如果 NCB_ CALLNAME 字段的第 1 字节为 * 号，则可以响应任何站对本站的呼叫。如果 Listen 命令成功，NetBIOS 就会返回一个本地会话号 LSN，供后面的发送、接收、挂机命令引用。对于泛指的 Listen 命令，还返回呼叫方的名字。Call/Listen 命令可以多次被使用，在同一对命令之间建立多个会话。如果同时发出的 Listen 命令不止一条，那么指定名字的 Listen 命令比泛指 * 名字的命令优先级别高。在会话过程中发送超时和接收超时的时限应在 Listen 命令中指定，而不是在后面的发送/接收命令中指定的。Listen 命令是没有超时机制的，应避免使用 Wait 方式，否则有可能产生无限等待。

NCB 输入：

ncb_command：	NCBLISTEN(0x11)或 NCBLISTEN|ASYNCH(0x91)。
ncb_callname：	呼叫方的名字，“*”表示可以响应任何站对本站的呼叫。
ncb_name：	本地名字。
ncb_rto：	接收时限(以 0.5 s 为单位)。
ncb_sto：	发送时限(以 0.5 s 为单位)。
ncb_post：	指定异步命令完成后需要调用的后例程的地址或“空”。
ncb_event：	指定异步命令完成后需触发的事件句柄，同步命令时为“空”。
ncb_lana_num：	网络适配器编号，选 0 或 1。

NCB 输出：

ncb_lsn：	分配的本地会话号。
ncb_retcode：	命令的立即返回码，成功为 NRC GOODRET(0x00)。
ncb_cmd_cplt：	命令的最终返回码，成功为 NRC_GOODRET(0x00)，在异步等待期该字段值为 NRC_PENDING。

例 2.9 侦听函数。

```
void NetbiosListen(PNCB pncb, HANDLE hEvent, UCHAR SourName[], UCHAR
            DestName[])
{
    memset(pncb,0,sizeof(NCB));
    pncb->ncb_command=NCBLISTEN | ASYNCH;
    strcpy( pncb->ncb_name,SourName);
    strcpy( pncb->ncb_callname,DestName);
    pncb->ncb_cmd_cplt=0xff;
    pncb->ncb_sto=SENDTIMEOUT;
    pncb->ncb_event=hEvent;
```

```
    Netbios (pncb);
}
```

(3) Send 命令

命令代码:NCBSEND(等待),NCBSEND | ASYNCH(非等待)。

命令功能:向指定的会话方发一个长度为 1～65 535 字节的信息分组。通信对方由会话号 NCB_LSN 指定,信息分组长度由 NCB_LENGTH 指定,发送数据缓存地址由 NCB_BUFFER 指针指定。Send 命令的时限是在 Call 或 Listen 命令中指定的,如果超时的时候对方还没有成功地接收到信息分组,则会话非正常终止,返回超时出错信息。此外,不论何种原因造成 Send 不能完成,都使会话终止,返回相应的出错信息。

NCB 输入:

ncb_command:	NCBSEND(0xl4),NCBSEND | ASYNCH(0x94)。
ncb_lsn:	本地会话号。
ncb_buffer:	指向要发送数据的指针。
ncb_length:	要发送数据的字节数。
ncb_post:	指向 POST 程序的指针,或“空”。
ncb_event:	指定异步命令完成后需触发的事件句柄,同步命令时为“空”。
ncb_lana_num:	网络适配器编号,选 0 或 1。

NCB 输出:

ncb_retcode:	命令的立即返回码,成功为 NRC_GOODRET(0x00)。
ncb_cmd_cplt:	命令的最终返回码,成功为 NRC_GOODRET(0x00),在异步等待期该字段值为 NRC_PENDING。

例 2.10 会话发送函数。

```
void SessionSend(PNCB pncb,UCHAR Num,HANDLE hEvent,UCHAR * pBuffer,
                 WORD Length)
{
    memset(pncb,0,sizeof(NCB));
    pncb->ncb_command=NCBSEND | ASYNCH;
    pncb->ncb_lsn=Num;
    pncb->ncb_buffer=pBuffer;
    pncb->ncb_length=Length;
    pncb->ncb_cmd_cplt=0xff;
    pncb->ncb_event=hEvent;
    Netbios(pncb);
}
```

(4) Chain Send 命令

命令代码:NCBCHAINSEND(等待),NCBCHAINSEND | ASYNCH(非等待)。

命令功能:其功能与 Send 命令相似,只是它一次发出 2 个数据缓存,总长度可达131 070 字节,通信对方由会话号 NCB_LSN 指定。第一个发送数据缓存地址由 NCB_BUFFER 指针指定,分组长度由 NCB_LENGTH 指定; NCB_CALLNAME 的头 2 个字节用来指定第 2 个缓存的长度,接下去的4个字节用作指向第二缓存的指针。

NCB输入:

ncb_command: NCBCHAINSEND(0x17),NCBCHAINSEND | ASYNCH(0x97)。

ncb_lsn: 本地会话号。

ncb_buffer: 指向第一个要发送数据缓存的指针。

ncb_length: 第一个数据缓存的字节数。

ncb_callname: 第二个数据缓存的长度及指针。

ncb_post: 指向POST程序的指针,或“空”。

ncb_event: 指定异步命令完成后需触发的事件句柄,同步命令时为“空”。

ncb_lana_num: 网络适配器编号,选0或1。

NCB输出:

ncb_retcode: 命令的立即返回码,成功为NRC_GOODRET(0x00)。

ncb_cmd_cplt: 命令的最终返回码,成功为NRC_GOODRET(0x00),在异步等待期该字段值为NRC_PENDING。

(5) Send No Ack 命令

命令代码:NCBSENDNA(等待),NCBSENDNA | ASYNCH(非等待)。

命令功能:其功能与Send命令相似,只是它不要求接收方发应答,因此执行速度稍快一些。从可靠性上来看,这种方式不如标准会话。

NCB输入:

ncb_command: NCBSENDNA(0x71),NCBSENDNA | ASYNCH(0xF1)。

ncb_lsn: 本地会话号。

ncb_buffer: 指向要发送数据的指针。

ncb_length: 要发送数据的字节数。

ncb_post: 指向POST程序的指针,或“空”。

ncb_event: 指定异步命令完成后需触发的事件句柄,同步命令时为“空”。

ncb_lana_num: 网络适配器编号,选0或1。

NCB输出:

ncb_retcode: 命令的立即返回码,成功为NRC_GOODRET(0x00)。

ncb_cmd_cplt: 命令的最终返回码,成功为NRC_GOODRET(0x00),在异步等待期该字段值为NRC_PENDING。

(6) Chain Send No Ack 命令

命令代码:NCBCHAINSENDNA(等待),NCBCHAINSENDNA | ASYNCH(非等待)。

命令功能:其功能与Chain Send命令相似,只是它不要求接收方发应答,因此执行速度稍快一些。从可靠性上来看,这种方式不如标准会话。

NCB输入:

ncb_command: NCBCHAINSENDNA(0x72),NCBCHAINSENDNA | ASYNCH(0xF2)。

ncb_lsn: 本地会话号。

ncb_buffer: 向第一个要发送数据缓存的指针。

ncb_length: 第一个数据缓存的字节数。

ncb_callname：　第二个数据缓存的长度及指针。
ncb_post：　指向 POST 程序的指针，或“空”。
ncb_event：　指定异步命令完成后需触发的事件句柄，同步命令时为“空”。
ncb_lana_num：　网络适配器编号，选 0 或 1。

NCB 输出：

ncb_retcode：　命令的立即返回码，成功为 NRC_GOODRET(0x00)。
ncb_cmd_cplt：　命令的最终返回码，成功为 NRC_GOODRET(0x00)，在异步等待期该字段值为 NRC_PENDING。

(7) Receive 命令

命令代码：NCBRECV(等待)，NCBRECV | ASYNCH(非等待)。

命令功能：接收由会话对方发过来的数据。完成接收命令的时限是由 Call 命令或 Listen 命令指定，而不是由 Receive 命令本身决定。如果接收超时，不会引起会话终止。如果给 Receive 命令规定的缓存长度小于要接收的数据的长度，则会发生 0x06 差错，这时可以再发一条 Receive 命令，接收剩余的数据(但必须在超时之前完成)。

NCB 输入：

ncb_command：　NCBRECV(0xl5)，NCBRECV | ASYNCH(0x95)。
ncb_lsn：　本地会话号。
ncb_buffer：　接收缓冲区指针。
ncb_length：　接收缓冲区长度。
ncb_post：　指向 POST 程序的指针，或“空”。
ncb_event：　指定异步命令完成后需触发的事件句柄，同步命令时为“空”。
ncb_lana_num：　网络适配器编号，选 0 或 1。

NCB 输出：

ncb_length：　实际收到的字节数。
ncb_retcode：　命令的立即返回码，成功为 NRC_GOODRET(0x00)。
ncb_cmd_cplt：　命令的最终返回码，成功为 NRC_GOODRET(0x00)，在异步等待期该字段值为 NRC_PENDING。

例 2.11　会话接收函数。

```
void SessionRecv(PNCB pncb, UCHAR Num, HANDLE hEvent, UCHAR * pBuffer)
{
    memset(pncb, 0, sizeof(NCB));
    pncb->ncb_command = NCBRECV | ASYNCH;
    pncb->ncb_lsn = Num;
    pncb->ncb_buffer = pBuffer;
    pncb->ncb_length = MAXPACKETLENGTH;
    pncb->ncb_cmd_cplt = 0xff;
    pncb->ncb_event = hEvent;
    Netbios(pncb);
}
```

(8) ReceiveAny 命令

命令代码:NCBRECVANY(等待),NCBRECVANY |ASYNCH(非等待);

命令功能:在这条命令中指定的是接收方的名字号,而不是某一个会话号,因此可以接收所有会话对方发来的数据。如果再进一步,指定接收方的名字号 NCB_NUM 为 0xFF,则可以接收所有名字的所有会话对方发来的数据。

如果同时有几条 Receive 命令要执行,则先执行 Receive,再执行指定名字的 ReceiveAny,最后执行不指定名字的 ReceiveAny 命令。ReceiveAny 命令没有超时机制,因此使用等待方式时要小心。

NCB 输入:

ncb_command:	NCBRECVANY(0x16),NCBRECVANY |ASYNCH(0x96)。
ncb_num:	本地名字号,0xFF 泛指所有名字。
ncb_buffer:	接收缓冲区指针。
ncb_length:	接收缓冲区长度。
ncb_post:	指向 POST 程序的指针,或"空"。
ncb_event:	指定异步命令完成后需触发的事件句柄,同步命令时为"空"。
ncb_lana_num:	网络适配器编号,选 0 或 1。

NCB 输出:

ncb_num:	接收方的名字号。
ncb_length:	实际收到的字节数。
ncb_retcode:	命令的立即返回码,成功为 NRC_GOODRET(0x00)。
ncb_cmd_cplt:	命令的最终返回码,成功为 NRC_GOODRET(0x00),在异步等待期该字段值为 NRC_PENDING。

(9) Hang Up 命令

命令代码:NCBHANGUP(等待),NCBHANGUP |ASYNCH(非等待)。

命令功能:在会话结束时,双方都要发这条命令,表示关闭会话。

NCB 输入:

ncb_command:	NCBHANGUP(0x12),NCBHANGUP |ASYNCH(0x92)。
ncb_lsn:	本地会话号。
ncb_post:	指向 POST 程序的指针,或"空"。
ncb_event:	指定异步命令完成后需触发的事件句柄,同步命令时为"空"。
ncb_lana_num:	网络适配器编号,选 0 或 1。

NCB 输出:

ncb_retcode:	命令的立即返回码,成功为 NRC_GOODRET(0x00)。
ncb_cmd_cplt:	命令的最终返回码,成功为 NRC_GOODRET(0x00),在异步等待期该字段值为 NRC_PENDING。

例 2.12 会话挂起函数。

```
UCHAR HangupSession(UCHAR SessionNum)
{
    NCB ncb;
```

```
    UCHAR ucRc;
    memset(&ncb,0,sizeof(NCB));
    ncb.ncb_command=NCBHANGUP;
    ncb.ncb_lsn=SessionNum;
    ucRc = Netbios (&ncb);
    return (ucRc);
}
```

2.2.4　控制和测试命令

控制和测试命令共有 5 条，包括 3 条控制命令(Reset Adapter，Cancel 和 Unlink)和 2 条测试命令(Session Status 和 Cet Adapter Status)。控制命令都只有 WAIT 一种状态。

(1)Reset Adapter 命令

命令代码：NCBRESET(等待)。

命令功能：复位 NetBIOS，清除所有的会话信息、删除名字表上的所有名字、重新设置最大会话数、最大名字数和最大未决 NCB 数。如果一个工作站有多个适配器，则本命令只对 NCB LANA_NUM 字段指定的适配器复位。最大会话数、最大名字数和最大未决 NCB 数分别由 ncb.ncb_callname[0]、ncb.ncb_callname[2]和 ncb_num 来设定，如果这三个字段取值 0x00，表示采用缺省值(取决于具体操作系统)。为了改善网络性能，这三个值不要取得过大。ncb.ncb_callname[3]字段用来指定是否允许主机名作为 NetBIOS 名字。

NCB 输入：

ncb_command：	NCBRESET(0x32)。
ncb_num：	最大未决 NCB 数(0 为缺省)。
ncb.ncb_callname[0]：	最大会话数(0 为缺省)；
ncb.ncb_callname[2]：	最大名字数(0 为缺省)；
ncb.ncb_callname[3]：	设置主机名作为 NetBIOS 名字(TRUE—允许，FALSE—禁止)；
ncb_lana_num：	网络适配器编号，选 0 或 1。

NCB 输出：

ncb_cmd_cplt：	命令的最终返回码，成功为 NRC_GOODRET(0x00)。
	0x03：无效命令。
	0x23：NCB_ LANA_NUM 无效。
	0x40～0x4F：特殊网络状态。
	0x50～0xFE：适配器故障。

例 2.13　复位 NetBIOS 函数。

```
UCHAR RestNCB(void)
{
    NCB ncb;
    UCHAR ucRc;
    memset(&ncb,0,sizeof(NCB));
```

```
    ncb.ncb_command=NCBRESET;
    ncb.ncb_callname[0]=MAXSESSIONS;
    ncb.ncb_callname[2]=MAXNAMES
    ncb.ncb_callname[3]=TRUE;
    ucRc = Netbios (&ncb);
    return (ucRc);
}
```

(2)Cancel 命令

命令代码:NCBCANCEL(等待)。

命令功能:取消一条没有执行完的命令。值得注意的是,某些命令是不能被取消的,这些命令包括名字管理命令、数据报发送命令及测试控制命令。Cancel 命令的返回代码只表示本命令的执行情况,和被取消的命令无关。被取消命令的信息返回给它自己的 NCB_CMD_CPLT 字段。

NCB 输入:

ncb_command:	NCBCANCEL(0x35)。
ncb_buffer:	指向要取消的 NCB 的指针。
ncb_lana_num:	网络适配器编号,选 0 或 1。

NCB 输出:

ncb_cmd_cplt:	命令的最终返回码,成功为 NRC_GOODRET(0x00)。
	0x24:要取消的命令已经执行完了。
	0x26:该命令不允许取消。

例 2.14 取消一个命令函数。

```
UCHAR CancelNcb(PNCB pCancelNcb)
{
    NCB ncb;
    UCHAR ucRc;
    memset(&ncb,0,sizeof(NCB));
    ncb.ncb_command=NCBCANCEL;
    ncb.ncb_buffer=(PUCHAR)pCancelNcb;
    ucRc = Netbios (&ncb);
    return (ucRc);
}
```

(3)Unlink 命令

命令代码:NCBUNLINK(等待)。

命令功能:这条命令只适用于无盘工作站,一般的工作站不用此命令。无盘工作站靠网络引导,在工作站和文件服务器之间建立一个专门的会话,在要将它自己从网络中拆线时使用此命令,在执行完 Unlink 命令之后,这个会话终止,工作站与文件服务器之间的双向通信结束。

NCB 输入:

ncb_command: NCBUNLINK(0x70)。

ncb_lana_num： 要拆线的网络适配器编号，选 0 或 1。

NCB 输出：

ncb_cmd_cplt： 命令的最终返回码，成功为 NRC_GOODRET(0x00)。

(4)SessionStatus 命令

命令代码：NCBSSTAT（等待），NCBSSTAT | ASYNCH（非等待）。

命令功能：获取由 NCB_NAME 字段指定的名字相关的各会话的状态。如果 NCB_NAME 的第一个字节是 * 号，就返回在本地名字表上的会话信息。如果返回信息太多，缓存中装不下，则返回 0x06 出错信息。

NCB 输入：

ncb_command： NCBSSTAT(0x34)，NCBSSTAT | ASYNCH(0xB4)。

ncb_name： 本地名字，"*"指所有名字。

ncb_buffer： 状态缓冲区指针。

ncb_length： 状态缓冲区长度。

ncb_post： 指向 POST 程序的指针，或"空"。

ncb_event： 指定异步命令完成后需触发的事件句柄，同步命令时为"空"。

ncb_lana_num： 网络适配器编号，选 0 或 1。

NCB 输出：

ncb_length： 实际返回的字节数。

ncb_retcode： 命令的立即返回码，成功为 NRC_GOODRET(0x00)。

ncb_cmd_cplt： 命令的最终返回码，成功为 NRC_GOODRET(0x00)，在异步等待期该字段值为 NRC_PENDING。

(5)Get Adapter Status 命令

命令代码：NCBASTAT（等待），NCBASTAT| ASYNCH（非等待）。

命令功能：此命令可以测试本网络中任一个目前正在工作的工作站的网络适配器状态。

NCB_CALLNAME 字段指定要测试工作站的名字，若此字段第一字节为 * 号，表示要测试本地工作站适配器状态，NCB_BUFFER_PTR 指针指向存放返回信息的缓存，NCB_LENGTH 指定缓存长度，其值至少为 60 字节，返回信息由 3 部分构成：

① 6 字节网络适配器 MAC 地址。

②52 字节网络流量或差错信息。

③2 字节表示名字表中的名字数。而名字表中每一个名字都需要有 18 个字节描述其特性。所以，若名字表中有 N 个名字，返回信息则有 $60+N\times18$ 个字节。

NCB 输入：

ncb_command： NCBASTAT(0x33)，NCBASTAT | ASYNCH(0xB3)。

ncb_name： 工作站名字，"*"表示本地工作站。

ncb_buffer： 状态缓冲区指针。

ncb_length： 状态缓冲区长度。

ncb_post： 指向 POST 程序的指针，或"空"。

ncb_event： 指定异步命令完成后需触发的事件句柄，同步命令时为"空"。

ncb_lana_num： 网络适配器编号，选 0 或 1。

NCB 输出：

ncb_length： 实际返回的字节数。

ncb_retcode： 命令的立即返回码，成功为 NRC_GOODRET(0x00)。

ncb_cmd_cplt： 命令的最终返回码，成功为 NRC_GOODRET(0x00)，在异步等待期该字段值为 NRC_PENDING。

2.3 网络编程设计要素

网络编程不同于一般的软件设计，要设计一个适合应用需求的网络通信软件，需要考虑多种因素，如对话设计、通信方式选择、命令执行方式选择、差错与超时控制、分组长度限制等，只有综合考虑这些网络编程要素，才能设计出性能稳定可靠的网络通信软件。

2.3.1 对话设计

(1)简单对话

网络通信中最简单的一种通信形式是实时的对话，通信双方采用一问一答的对话方式进行交谈，就像我们打电话一样。对话的一方按下一个键时，通信程序一方面把相应字符显示在击键方工作站的屏幕上，同时把含有这个字符的记录通过网络发送到对方，接收方把收到的字符显示在自己的屏幕上。同样，当对方回答时，每按下一个键则通过网络送来一个记录，并把该记录所含的字符显示在这一方的屏幕上。

在设计这一类程序时关键是要管理好屏幕上的两个窗口：上半部是接收窗口，用来显示对方发送来的字符；下半部是发送窗口，用来显示本站向外发送的字符。此外，对话的初始建立过程也是需要重点考虑的，这就如同我们打电话的拨号过程一样，只有一方主动发起对话请求，而另一方响应这种请求后，正式的对话过程才能开始。互联网上的聊天程序、VMS(DEC公司为 VAX 系列机配置的操作系统)中的“PHONE”实用程序都是这类对话的应用例子。

(2)复杂对话

局域网如果用来连接分布式数据处理系统，那么情况就复杂多了。系统中的各个工作站可能按处理步骤来分工，比如 A 工作站进行第 1 步处理，B 工作站进行第 2 步处理. C 工作站进行第 3 步处理，……那么，A 工作站首先接收 1 个记录，进行第 1 步处理，并且把处理结果作为 1 个记录发送到 B 站进行第 2 步处理，然后又把结果送给 C 站，……这时，系统是以串行的模式工作。

系统也可以采用并行工作模式，即每个工作站都具有相同的功能，运行相同的程序，就像在银行、邮局中多个服务员为 1 个顾客队列服务的情况一样，当一个服务员服务完当前一个顾客后又从顾客队列中取出排头进行服务。在这种服务模式中，记录的传递主要是上一步与下一步之间的传递。在同一步上几个工作站之间基本上不传递信息。

对于真实的分布式数据处理系统，情况可能要复杂得多。各个工作站的功能往往是动态指派，而不是一成不变的，网络数据记录的交换也不只是工作站之间，可能是同一工作站的不同磁盘存储区之间的交换，也可能在多个工作站之间交叉传送，对网络通信的灵活性、实时性和可靠性都有明确的要求。因此，只有科学地设计对话才能满足系统的应用需要。

2.3.2　通信协议与方式选择

网络通信协议的选择主要取决于应用系统的网络环境和对通信的要求，在局域网环境下，你可以选择 TCP/IP，IPX/SPX，NETBIOS 或 NETBEUI 等协议，但在广域网应用环境中，则只能选择支持跨路由的 TCP/IP 和 IPX/SPX 等协议。

网络中的通信可以采用数据报方式，也可以采用会话方式。NetBIOS 等协议既支持会话方式，又支持数据报方式，采用何种通信方式主要取决于具体的应用环境。

会话方式的特点是由通信协议保证每一个报文能够正确地送到目的地。如果报文在传送过程中发生了差错，通信通信协议会自动地进行重发，加以更正。而且，如果你发出的报文不止一个，那么通信协议还能够保证接收到的报文次序和发送时的次序一致。这些保证都是对用户应用程序透明地进行的，用户完全不必关心。但是，会话方式的主要缺点是过程比较复杂，在发送报文之前先要建立会话连接，送完报文之后又要拆除会话。因此，会话方式比较适合于点到点的多次往复式的对话以及对可靠性要求较高的通信过程。

数据报的特点正好相反。它是把每一个报文作为一个独立的数据包处理，从而免除了建立和撤除会话的麻烦。但正因为如此，它不能保证接收到的报文次序和发送次序一致，甚至不能保证每一个报文都能正确无误地到达接收方。在报文丢失或发生差错时，系统不向发送方提供出错信息。如果你所要设计的对话环境由一系列互不相关的报文组成，或者每次对话都很简单，对数据传送的可靠性要求不是很高，那么采用数据报可以大大加快对话的速度和灵活性。数据报通信的另一个特点是支持多播和广播通信，会话通信方式在这一点上是无法实现的。需要注意的是，如果用数据报传送比较重要的报文，为了防止数据报在传送过程中出现差错和丢失，必须为报文加上序号，在应用程序中考虑差错处理功能。

2.3.3　命令执行方式

大部分的 NetBIOS 命令可以采用等待和非等待两种执行方式。

在采用等待方式时，NetBIOS 要等到该命令完成之后才能返回到你的应用程序。这样，网络通信命令与你的应用程序是一种串行工作的模式，对系统效率的影响是显而易见的。此外，对等待命令处理不当将会造成系统长时间无响应甚至永久等待的后果。因此，在使用等待方式时要格外小心，通常情况下要尽量避免使用。

命令的非等待执行方式是一种好的选择，对于非等待方式又可以有两种不同做法：一种是轮询方法，即循环检查网络控制块（NCB）中的最终返回代码字段，当它的值从 0xFF 变为其他值时表示该命令执行完毕；另一种是异步事件处理方法，即告诉 NetBIOS，在当前命令执行完毕后转向存放在 NCB 的 POST 程序或触发相应的事件去执行一个指定的程序段。需要指出的是，这两种做法虽然难易程度不同，但都是在后台进行，对于前台操作，都是立即返回用户程序，不必等待命令完成。它们的主要差别在于对网络负荷的影响和对本机处理效率的影响。比如，一个工作站发出一条命令，要求另一个工作站执行一项比较费时的任务。如果这个工作站采用轮询方式，持续不断地询问对方是否完成，就会极大地增加网络的负荷。这时尽管轮询比较容易编程，那也不是一种好的选择。此外，轮询方式也会增加本地处理机的负担，影响处理速度。因此，通常采用异步事件方法处理非等待命令。

2.3.4 差错与超时控制

在网络通信中，由于受到各种因素的影响，出现差错是在所难免的，为了使程序可靠运行，差错处理是必不可少的。在以非等待方式执行命令时，NetBIOS 首先返回一个立即返回代码，并且在命令执行完毕后再返回一个最终返回代码(对于等待方式则只有最终返回代码)。附录 2 列出了 NetBIOS 的各种返回代码，可以看出：若命令执行成功，返回代码为 0，而返回其他值均为出错。当命令执行完毕后，首先要检查返回代码，如果返回值为 0，说明命令执行成功，可以继续执行下一条命令；如果返回值不是 0，说明出现差错，就要根据差错代码进一步确定差错性质，并且作出相应的处理，除子一些致命的差错之外，通常进行差错处理之后还可以继续执行后面的命令。

当一个工作站向另一个工作站发出分组之后，经过多少时间才能收到对方的应答呢？这个问题在很大程度上取决于网络的类型和覆盖范围，也取决于网络上通信的繁忙程度，对于像以太网、令牌环这样的局域网来说，由于地域上分布比较集中，网络的数据传输速率比较高(10Mb/s～100Mb/s)，因此一个 512 字节的报文通常最多只需 1～2ms 就可以到达目的地。我们可以参考这个数量级来设置发送超时时限。如果向某一个工作站发信，连续发生超时出错，那么很可能不是因为网络过于繁忙，而是会话链路出现了问题，或者是接收站发生了故障。

接收站超时值如何设置呢？我们知道，接收不同于发送，它是一种被动的行为，通常情况下，接收方无法预知何时能收到一个报文，因此接收站超时值可以设为无限期等待，即永不超时。但是，有一种情况需要考虑，如果发送方出了问题，而接收方又在无限期等待，这样就会造成原先的会话无法通信，而新的会话又无法建立，从而造成通信双方的无限期等待。为避免这种情况的发生，应采用动态会话链路机制，会话双方根据实际应用环境设置相应的超时值。这样，当上述情况发生时，通信双方都会因超时而重新建立会话，并在新的会话上继续通信过程，当然，接收超时值应远远大于发送超时值。

2.3.5 分组长度限制

不论何种通信协议，对于在网络上收发的分组长度都有一个上限。比如，对于 NetBIOS 的数据报服务，上限值通常为 512 字节，对于 NetBIOS 的会话服务，采用 Send 命令时上限值为 65 535 字节，而采用 ChainSend 命令时可以同时传送两个缓存的内容，字节长度的上限也加倍。TCP/IP、IPX/SPX 协议分组长度上限也大致如此。

处理分组长度上限通常有两种做法：一种是按照长度限制把数据分为若干段并加上序号，对每个段进行一次发送，到了接收端再按把它们装配起来复原。这样做虽然需要增加一定的编程工作量，但好处是可以把程序主体和分组上限问题分开来处理。另一种做法是专门按照长度上限的规定来设计数据记录的格式，这样每一个报文都可以毫无困难地发送。但是，这样做的缺点是一旦要在已有的记录中增加数据字段的话，只能重建记录。

2.4 基本程序

2.4.1 初始化程序

初始化程序的主要功能一是获得当前所有可用的网卡编号(0～254)，二是复位指定网卡上的 NetBIOS，该程序在所有 NetBIOS 应用中都将首先被执行，只有初始化成功，才能进行后面的工作。除此以外，重设 NetBIOS 时，可通过 ncb_callname 的字符字段，设置特定的 NetBIOS 环境参数。用 ncb_num 字段设置最大未决 NCB 数，用 ncb_callname 的字符 0 指定可同时进行的最大会话数量。通常，操作系统会强制使用一个比最大值小的默认值，举个例子来说，Windows NT 4的最大默认值为 64 个并发会话。用 ncb_callname 的字符 2 指定可为每个 LANA 增加的最大 NetBIOS 名字数，同样，操作系统也会强加一个默认的最大值。最后，用 ncb_callname 的字符 3(用于 NetBIOS 客户机)指定是否允许主机名作为自己的 NetBIOS 进程名使用，若将此参数设为 TRUE，一个客户机便能将主机名作为自己的 NetBIOS 进程名使用。因此，那个客户机可与一个服务器建立连接，并在不允许任何进入连接的前提下，向其发送数据。这一选项有效缩短了初始化时间，而若将一个 NetBIOS 名字加入本地名字表，那么必须为此付出相应的时间代价。

下面给出一个例子，说明初始化程序的基本结构。

例 2.15　初始化 NetBIOS 程序示例。

```
#include <windows.h>
#include <stdio.h>
#include <string.h>
#include <stdlib.h>
#include <nb30.h>
#pragma comment(lib, "netapi32.lib")
#define MAXSESSIONS 254                    //最大会话数为 254
#define MAXNAMES 254                       //最大名字数为 254
UCHAR LanaEnum(LANA_ENUM *lenum)
{
    NCB ncb;
    memset(&ncb,0,sizeof(NCB));
    ncb.ncb_command=NCBENUM;
    ncb.ncb_buffer=(PUCHAR) lenum;
    ncb.ncb_length=sizeof(LANA_ENUM);
    ucRc=Netbios (&ncb);
    return (ucRc);
}
UCHAR RestNCB(UCHAR lana)
{
    NCB ncb;
    UCHAR ucRc;
    memset(&ncb,0,sizeof(NCB));
    ncb.ncb_command=NCBRESET;
    ncb.ncb_callname[0]=MAXSESSIONS;
    ncb.ncb_callname[2]=MAXNAMES;
```

```
    ncb.ncb_callname[3]=TRUE;
    ncb.ncb_lana_num=lana;
    ucRc=Netbios (&ncb);
    return (ucRc);
}
void main()
{
    LANA_ENUM lenum;
    if ( LanaEnum(&lenum) ! =NRC_GOODRET )
    {
      printf("LanaEnum Error! ");
      return;
    }
    printf("LanaEnum Ok! ");
    if ( RestNCB (lenum.lana[0]) ! =NRC_GOODRET )
        printf("ResetNcb Error! ");
    else
        printf("ResetNcb Ok! ");
}
```

本程序首先调用函数 LanaEnum(LANA_ENUM *lenum)完成获取本机所有可用的网卡编号,并将结果保存在结构变量 lenum 中。结构 LANA_ENUM 定义如下:(参看"nb30.h"头文件)

```
typedef struct _LANA_ENUM {
    UCHAR    length; // Number of valid entries in lana[]
    UCHAR    lana[MAX_LANA+1]; // MAX_LANA is 254
} LANA_ENUM, *PLANA_ENUM;
```

函数 RestNCB(UCHAR lana)复位指定网卡上的 NetBIOS,本例中是对第一块网卡(通常第一块网卡 lana 编号为 0)上的 NetBIOS 进行了复位,并设置了相应的环境参数。

2.4.2 加名字与删除名字

Netbios 是基于名字通信的系统,通常情况下,都应该为应用进程加入若干名字(唯一名或组名),以适应不同通信进程的需要,在一个通信进程结束时,还应删除不再使用的名字,以便释放相应的系统资源。

要想将名字加入本地名字表,必须用到另一个常规函数 AddName。输入的参数就是想添加的名字,以及将其加到哪个 LANA 编号,输出的参数是返回同新增名字对应的名字编号,该名字编号用于后续的发送或接收等通信命令。请记住,每个 LANA 编号永远对应一个名字表。如果你的应用程序需要与每个可用的 LANA 通信,便需为每个 LANA 增加进程名。增加一个唯一名字时,经常遇到的一个错误是 NRC_DUPNAME(重复名字),若网络中的另一个进程已使用了要增加的名字,便会出现此类错误,此时,你应该换一个名字重新添加。

加组名函数“AddGroupName”与“AddName”大致相同，只是它执行的命令是 NCBADDGRNAME，因为组名是允许多个工作站共同使用的，所以永远不会出现 NRC_DUPNAME 错误。

删除名字函数“DelName”用于从名字表中删除一个 Netbios 名字，可以是唯一名或组名。它只要求指定打算删除的名字，以及从哪个 LANA 编号上的名字表中删除。

下面给出一个例子，说明加名字与删除名字程序的基本结构。

例 2.16　加名字与删除名字程序示例。

```
// AddDelName. c
#include <windows. h>
#include <stdio. h>
#include <string. h>
#include <stdlib. h>
#include <nb30. h>
#define MAXSESSIONS 254                         //最大会话数为 254
#define MAXNAMES 254                            //最大名字数为 254
UCHAR RestNCB(UCHAR lana)
{
  NCB ncb;
  UCHAR ucRc;
  memset(&ncb,0,sizeof(NCB));
  ncb. ncb_command=NCBRESET;
  ncb. ncb_callname[0]=MAXSESSIONS;
  ncb. ncb_callname[2]=MAXNAMES;
  ncb. ncb_callname[3]=TRUE;
  ncb. ncb_lana_num=lana;
  ucRc=Netbios (&ncb);
  return (ucRc);
}
UCHAR AddName (UCHAR *Name, UCHAR Lana,UCHAR *NameNum)
{
  NCB ncb;
  memset(&ncb,0,sizeof(NCB));
  ncb. ncb_command=NCBADDNAME;
  ncb. ncb_lana_num=Lana;
  strcpy( ncb. ncb_name, Name);
  Netbios (&ncb);
  *NameNum=ncb. ncb_num;
  return (ncb. ncb_cmd_cplt);
}
```

```
UCHAR AddGroupName (UCHAR * Name, UCHAR Lana,UCHAR * NameNum)
{
  NCB ncb;
  memset(&ncb,0,sizeof(NCB));
  ncb.ncb_command=NCBADDGRNAME;
  ncb.ncb_lana_num=Lana;
  strcpy( ncb.ncb_name, Name);
  Netbios (&ncb);
  * NameNum=ncb.ncb_num;
  return (ncb.ncb_cmd_cplt);
}
UCHAR DeleteName(UCHAR * Name,UCHAR Lana)
{
  NCB ncb;
  memset(&ncb,0,sizeof(NCB));
  ncb.ncb_command=NCBDELNAME;
  ncb.ncb_lana_num=Lana;
  strcpy(ncb.ncb_name,Name);
  Netbios (&ncb);
  return (ncb.ncb_cmd_cplt);
}
void main()
{
  UCHAR Name[NCBNAMSZ], GroupName[NCBNAMSZ];
  UCHAR NameNum, GroupNum;
  strcpy(Name, "user1");
  strcpy(Group, "UserGroup");
  if ( RestNCB(0)! = NRC_GOODRET )       //复位第一块网卡
  {
    printf("ResetNcb Error! ");
    return;
  }
  if (AddName(Name, 0, &NameNum)! =NRC_GOODRET);  //加唯一名“user1”
  {
    printf("AddName Error! ");
    return;
  }
  if (AddGroupName(GroupName, 0, & GroupNum)! = NRC_GOODRET);
  {                                              //加组名“UserGroup”
```

```
        printf("AddGroupName Error! ");
        return;
    }
    printf("AddGroupName Ok! \n ");
    //在此处利用本地名字号和组名号调用发送或接收函数实现网络通信
    DeleteName(Name,0);                //删除名字"User1"
    DeleteName(GroupName,0);           //删除组名"UserGroup"
}
```

本程序首先调用 Netbios 复位函数对第一块网卡进行复位，然后调用加名字和加组名函数分别在第一块网卡加入唯一名“User1”和组名“UserGroup”，如果加名成功，便可分别得到本地名字号(NameNum)和组名号(GroupNum)，后面将会介绍如何利用名字号和组名号进行通信。程序的最后是删除新添加的唯一名和组名。

2.5 数据报通信程序设计

2.5.1 数据报通信模型

数据报(Datagram)是一种“无连接”的通信方式。作为发送方，只需指定接收方的 NetBIOS 名字作为目标地址便可实现数据报发送。此时，NetBIOS 不会执行任何检查，不能确保数据的完整性、抵达顺序或者传输的可靠性等等。

数据报发送共有三种方式：第一种是将数据报发送到一个特定的唯一名，这意味着只能有一个进程负责数据报的接收，亦即注册了目标名字的那个进程；第二种是将数据报发给一个组名，只有注册了指定组名的那些进程才有权接收这个数据报；第三种方式是将数据报广播到整个网络，局域网内任何一个工作站上的任何进程均有权接收这种数据报消息。图 2.1 给出了数据报通信的基本模型。

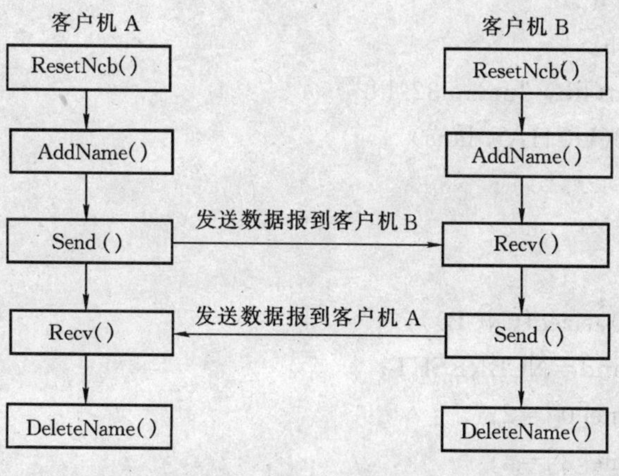

图 2.1　基于 NetBIOS 的数据报通信模型

针对数据报的三种发送方式，数据报的接收也有三种方式可供选择。对前两种方法要用特定的本地名字号(唯一名字号或组名号)来接收一个数据报，此外，如果指定发送方名字，则表示只接收这个名字发来的数据,反之则表示无论谁发来的数据都予以接收。对于第三种广播数据报的接收,无需指定任何本地名字号,但必须采用广播接收命令(NCBDGRECVBC)来接收。

2.5.2 数据报通信程序

点对点通信是数据报通信程序的一种简单应用。发送方使用 NCBDGSEND 命令发送数据报,接收方使用 NCBDGRECV 命令接收数据。通常情况下,发送命令采用等待方式执行,而接收命令则采用非等待执行方式。

发送方首先将 ncb_num 字段设为一个自 NCBADDNAME 或 NCBADDGRNAME 命令返回的名字号,将 ncb_lana_num 字段设为一个特定的 LANA 编号,数据报将通过该 LANA 发送出去。然后,将 ncb_buffer 字段设为发送缓冲区的地址,这个缓冲区内应包含了需要实际发出的数据,将 ncb_length 字段设为发送缓冲区的实际大小(字节数)。接下来,将 ncb_callname 设为目标 NetBIOS 名字,这既可是唯一名,亦可是个组名。最后,使用 NCBDGSEND 命令将数据报发送出去。

接收方将 ncb_num 字段设为一个自 NCBADDNAME 或 NCBADDGRNAME 命令返回的名字号,将 ncb_lana_num 字段设为一个特定的 LANA 编号,数据报将通过该 LANA 来接收。将 ncb_buffer 字段设为接收缓冲区的首址,这个缓冲区用来存放接收到的数据,将 ncb_length 字段设为接收缓冲区的大小(字节数)。将 ncb_callname 设为发送方的 NetBIOS 名字,最后,使用 NCBDGRECV 命令来设置接收命令。

下面给出一个例子,说明一个简单数据报通信程序的基本结构。

例 2.17 简单数据报通信程序示例。

```
//DGSEND.C 数据报发送程序
#include <windows.h>
#include <stdio.h>
#include <string.h>
#include <stdlib.h>
#include <nb30.h>
#pragma comment(lib, "netapi32.lib")
UCHAR RestNCB(UCHAR lana)
{
  NCB ncb;
  UCHAR ucRc;
  memset(&ncb,0,sizeof(NCB));
  ncb.ncb_command=NCBRESET;
  ncb.ncb_callname[0]=2;
  ncb.ncb_callname[2]=4;
  ncb.ncb_lana_num=lana;
  ucRc=Netbios (&ncb);
  return (ucRc);
}
```

```
UCHAR AddName(CHAR * Name, UCHAR Lana,UCHAR * NameNum)
{
  NCB ncb;
  memset(&ncb,0,sizeof(NCB));
  ncb.ncb_command=NCBADDNAME;
  ncb.ncb_lana_num=Lana;
  strcpy((char * ) ncb.ncb_name, Name);
  Netbios(&ncb);
  * NameNum=ncb.ncb_num;
  return (ncb.ncb_cmd_cplt);
}
UCHAR DeleteName(UCHAR * Name,UCHAR Lana)
{
  NCB ncb;
  memset(&ncb,0,sizeof(NCB));
  ncb.ncb_command=NCBDELNAME;
  ncb.ncb_lana_num=Lana;
  strcpy(ncb.ncb_name,Name);
  Netbios (&ncb);
  return (ncb.ncb_cmd_cplt);
}
void DatagramSend (PNCB pncb, UCHAR * DestName, UCHAR Num, UCHAR *
                  pBuffer, WORD Length)
{
  memset(pncb,0,sizeof(NCB));
  pncb->ncb_command=NCBDGSEND;
  strcpy(pncb->ncb_callname,DestName);
  pncb->ncb_num=Num;
  pncb->ncb_buffer=pBuffer;
  pncb->ncb_length=Length;
  Netbios(pncb);
}
void main()
{
  NCB SendNcb;
  CHAR LocalName[16],DestName[16];
  UCHAR LocalNameNum;
  UCHAR buff[512];
  if (RestNCB(0)! =0)
```

```
    return;
  printf("Reset ncb ok! \n");
  strcpy(LocalName,"abc");            //发送方本地名字为"abc"
  strcpy(DestName,"xyz");             //接收方目标名字为"xyz"
  if (AddName(LocalName,0,&LocalNameNum))
      return;
  printf("add name ok! \n");
  for (;;)
  {
    memset(buff,0,512);
    printf("please input message to send:");
    scanf("%s",buff) ;
    DatagramSend(&SendNcb, DestName, LocalNameNum ,buff,strlen(buff));
    if (strcmp(buff,"exit")==0)
      break;
    }
    DeleteName(LocalName,0);
    return;
}
//DGRECV.C 数据报接收程序
#include <windows.h>
#include <stdio.h>
#include <string.h>
#include <stdlib.h>
#include <nb30.h>
#pragma comment(lib, "netapi32.lib")
UCHAR RestNCB(UCHAR lana)
{
  NCB ncb;
  UCHAR ucRc;
  memset(&ncb,0,sizeof(NCB));
  ncb.ncb_command=NCBRESET;
  ncb.ncb_callname[0] =2;
  ncb.ncb_callname[2] =4;
  ncb.ncb_lana_num=lana;
  ucRc = Netbios (&ncb);
  return (ucRc);
}
UCHAR AddName(CHAR *Name, UCHAR Lana,UCHAR *NameNum)
```

```
{
  NCB ncb;
  memset(&ncb,0,sizeof(NCB));
  ncb.ncb_command=NCBADDNAME;
  ncb.ncb_lana_num= Lana;
  strcpy((char * ) ncb.ncb_name, Name);
  Netbios(&ncb);
  * NameNum=ncb.ncb_num;
  return (ncb.ncb_cmd_cplt);
}
UCHAR DeleteName(UCHAR * Name,UCHAR Lana)
{
  NCB ncb;
  memset(&ncb,0,sizeof(NCB));
  ncb.ncb_command=NCBDELNAME;
  ncb.ncb_lana_num=Lana;
  strcpy(ncb.ncb_name,Name);
  Netbios (&ncb);
  return (ncb.ncb_cmd_cplt);
}
void DatagramRecv(PNCB pncb,UCHAR * Name,UCHAR Num,HANDLE hEvent,
                  UCHAR * Buff)
{
  memset(pncb,0,sizeof(NCB));
  pncb->ncb_command=NCBDGRECV | ASYNCH;
  strcpy(pncb->ncb_callname,Name);
  pncb->ncb_num=Num;
  pncb->ncb_buffer=pBuffer;
  pncb->ncb_length=512;
  pncb->ncb_cmd_cplt=0xff;
  pncb->ncb_event=hEvent;
  Netbios(pncb);
}
void main()
{
  NCB RecvNcb;
  UCHAR LocalName[16],RemoteName[16];
  UCHAR LocalNameNum;
  UCHAR buff[512];
```

```
    HANDLE hEvent;
    if (RestNCB(0)! =0)
      return;
    printf("Reset ncb ok! \n");
    strcpy(LocalName,"xyz");                  //接收方本地名字为"xyz"
    strcpy(RemoteName,"abc");                 //发送方远程名字为"abc"
    if (AddName(LocalName,0,&LocalNameNum))
      return;
    printf("add name ok! \n");
    hEvent=CreateEvent(NULL,FALSE,FALSE,NULL);      // 创建一个事件
    if (hEvent==NULL)
      return;
    printf("create event ok! \n");
    for (;;)
    {
      memset(buff,0,512);
      DatagramRecv(&RecvNcb,RemoteName,LocalNameNum,hEvent,buff);
      WaitForSingleObject(hEvent,0xffffffff);     //等待异步接收命令完成
      if (RecvNcb.ncb_cmd_cplt==0)
      {
      if (strcmp(buff,"exit")==0)      //若本次接收是"exit",结束通信过程
        break;
      printf(buff);                    //接收成功,显示收到的字符串
      printf("\n");
      continue;                        //继续下一次的接收
      }
      else
      {
      printf("recv error! \n");        //接收失败,退出
      break;
    }
  }
  DeleteName(LocalName,0);
}
```

发送方程序采用循环发送结构,接收方程序采用循环接收结构。当发送方从键盘上键入一个字符串后,发送程序将该字符串作为数据报直接发送到接收方,接收方在收到一个数据报后,将收到的字符串显示在屏幕上,如果发送方键入的是"exit",则通信双方结束会话,程序退出。接收方程序用到了两个 Windows API 函数,一个是创建事件函数 CreateEvent(),另一个是等待事件函数 WaitForSingleObject(),利用这两个函数的目的是用来配合处理异步接收

命令。这两个 API 函数的使用方法在后续的章节中将会详细介绍。

2.5.3　组播与广播通信程序

组播通信与点对点通信程序的结构类似，所用的发送和接收命令也相同，只是发送方在指定接收方的名字时应设置为特定的远程组名，而多个接收方均应使用相应的组名来设置接收。这样，只要发送方发送一个特定的组播数据报，那些以特定组名等待接收的进程均能同时接收到这个组播数据报。

广播通信与组播通信略有不同，主要差别在于广播发送与接收应采用特定的广播命令，广播发送用 NCBDGSENDBC 命令，而广播接收用 NCBDGRECVBC 命令。此外，因为所有工作站均需接收广播消息，因此发送方在发送广播数据报时无需指定 ncb_callname 的值。

下面给出一个利用广播通信实现时间同步的例子，本例中有一个标准时间服务器，当网内一个工作站发出"对时请求"数据报后，标准时间服务器便以广播方式发送一个"标准时间"，以同步局域内所有工作站的基准时间。

例 2.18　利用广播通信实现时间同步的程序示例。

```
//TIMESEND.C 时间服务器广播数据报发送程序
#include <windows.h>
#include <stdio.h>
#include <string.h>
#include <stdlib.h>
#include <nb30.h>
#pragma comment(lib, "netapi32.lib")
UCHAR RestNCB(UCHAR lana)
{
    NCB ncb;
    UCHAR ucRc;
    memset(&ncb,0,sizeof(NCB));
    ncb.ncb_command=NCBRESET;
    ncb.ncb_callname[0] =2;
    ncb.ncb_callname[2] =4;
    ncb.ncb_lana_num=lana;
    ucRc=Netbios (&ncb);
    return (ucRc);
}
UCHAR AddName(CHAR *Name, UCHAR Lana,UCHAR *NameNum)
{
    NCB ncb;
    memset(&ncb,0,sizeof(NCB));
    ncb.ncb_command=NCBADDNAME;
    ncb.ncb_lana_num=Lana;
```

```
    strcpy((char * ) ncb. ncb_ name, Name);
    Netbios(&ncb);
    * NameNum=ncb. ncb_ num;
    return (ncb. ncb_ cmd_ cplt);
}
UCHAR DeleteName(UCHAR * Name,UCHAR Lana)
{
    NCB ncb;
    memset(&ncb,0,sizeof(NCB));
    ncb. ncb_ command = NCBDELNAME;
    ncb. ncb_ lana_ num=Lana;
    strcpy(ncb. ncb_ name,Name);
    Netbios (&ncb);
    return (ncb. ncb_ cmd_ cplt);
}
void WaitTimeRequest(PNCB pncb, UCHAR Num, UCHAR * Buff)
{
    memset(pncb,0,sizeof(NCB));
    pncb->ncb_ command=NCBDGRECV;
    pncb->ncb_ num=Num;
    pncb->ncb_ buffer=pBuffer;
    pncb->ncb_ length=512;
    Netbios(pncb);
}
void SendBaseTime(PNCB pncb, UCHAR Num, UCHAR * pBuffer, WORD Length)
{
    memset(pncb,0,sizeof(NCB));
    pncb->ncb_ command=NCBDGSENDBC;
    pncb->ncb_ num=Num;
    pncb->ncb_ buffer=pBuffer;
    pncb->ncb_ length=Length;
    Netbios(pncb);
}
void main()
{
    NCB ServerNcb;
    CHAR ServerName[16];
    UCHAR ServerNameNum;
    UCHAR buff[512];
```

```
    LPSYSTEMTIME lpSystemTime;
    if (RestNCB(0)! =0)
      return 0;
    strcpy(ServerName,"TimeServer");    //本地名字为" TimeServer "
    if (AddName(ServerName,0,&ServerlNameNum))
      return;
    for (;;)
    {
      memset(buff,0,512);
      printf("Wait for time request ... ");
      WaitTimeRequest(&ServerNcb, ServerNameNum, Buff);
      if (ServerNcb. ncb_ cmd_ cplt==0)
      {
        GetSystemTime(lpSystemTime);        //获取当前系统时间
         SendBaseTime (&ServerNcb, ServerNameNum, (char) lpSystemTime, sizeof
                          (SYSTEMTIME));   //广播发送当前系统时间
      }
    }
}
//TIMERECV. C 客户方广播接收程序
#include <windows. h>
#include <stdio. h>
#include <string. h>
#include <stdlib. h>
#include <nb30. h>
#pragma comment(lib, "netapi32. lib")
UCHAR RestNCB(UCHAR lana)
{
   NCB ncb;
   UCHAR ucRc;
   memset(&ncb,0,sizeof(NCB));
   ncb. ncb_ command=NCBRESET;
   ncb. ncb_ callname[0] =2;
   ncb. ncb_ callname[2] =4;
   ncb. ncb_ lana_ num=lana;
   ucRc=Netbios (&ncb);
   return (ucRc);
}
UCHAR AddName(CHAR * Name, UCHAR Lana,UCHAR * NameNum)
```

```
{
    NCB ncb;
    memset(&ncb,0,sizeof(NCB));
    ncb.ncb_command=NCBADDNAME;
    ncb.ncb_lana_num=Lana;
    strcpy((char *) ncb.ncb_name, Name);
    Netbios(&ncb);
    *NameNum=ncb.ncb_num;
    return (ncb.ncb_cmd_cplt);
}
UCHAR DeleteName(UCHAR *Name,UCHAR Lana)
{
    NCB ncb;
    memset(&ncb,0,sizeof(NCB));
    ncb.ncb_command=NCBDELNAME;
    ncb.ncb_lana_num=Lana;
    strcpy(ncb.ncb_name,Name);
    Netbios (&ncb);
    return (ncb.ncb_cmd_cplt);
}
void RequestSystemTime(PNCB pncb,UCHAR DestName[],UCHAR Num,UCHAR
                       *pBuffer,WORD Length)
{
    memset(pncb,0,sizeof(NCB));
    pncb->ncb_command=NCBDGSEND;
    strcpy(pncb->ncb_callname,DestName);
    pncb->ncb_num=Num;
    pncb->ncb_buffer=pBuffer;
    pncb->ncb_length=Length;
    pncb->ncb_cmd_cplt=0xff;
    Netbios(pncb);
}
void RecvBaseTime(PNCB pncb, UCHAR Num, UCHAR *pBuffer)
{
    memset(pncb,0,sizeof(NCB));
    pncb->ncb_command=NCBDGRECVBC;
    pncb->ncb_num=Num;
    pncb->ncb_buffer=pBuffer;
    pncb->ncb_length=512;
```

```
    pncb->ncb_cmd_cplt=0xff;
    Netbios(pncb);
}
void main()
{
    NCB ClientNcb;
    UCHAR LocalName[16],RemoteName[16];
    UCHAR LocalNameNum;
    UCHAR buff[512];
    LPSYSTEMTIME lpSystemTime;
    strcpy(LocalName,"client1");          //接收方本地名字为"client1"
    strcpy(RemoteName,"TimeServer");      //远程时间服务器名字为"TimeServer"
    if (RestNCB(0)!=0)
        return;
    if (AddName(LocalName,0,&LocalNameNum))
        return;
    RequestSystemTime(&ClientNcb, RemoteName,LocalNameNum, "TimeRequest",
                      11);
  //发送对时请求数据报
  for (;;)
  {
      RecvBaseTime(&ClientNcb, LocalNameNum, buff);    //等待广播接收完成
      if (ClientNcb.ncb_cmd_cplt==0)
      {
        lpSystemTime = (LPSYSTEMTIME) buff;            //时间格式转换
        SetSystemTime(lpSystemTime);                   //设置当前系统时间
      }
  }
}
```

时间服务程序首先调用 WaitTimeRequest 函数，等待接收客户方的对时请求，一旦收到某个客户方的对时请求后，便调用系统函数 GetSystemTime 得到当前系统时间，然后调用 SendBaseTime 函数将时间服务器标准时间以广播方式发送到个工作站。

客户方程序采用循环结构接收时间服务器发来的广播校时数据。客户程序首先调用 RecvBaseTime 等待广播接收完成，将收到的时间数据强制转换成系统是间隔时，然后调用 SetSystemTime 系统函数将本机时间改为时间服务器发来标准时间，从而实现客户机时间同步。

本例只是一个广播发送的简单应用说明。在实际应用中，时间服务程序除了具有响应客户对时请求功能外，通常还应具有定时发送功能。此外，无论是广播发送还是广播接收，这些功能通常是作为一个线程出现在应用进程中，也就是说，广播校时与其他应用是并发方式进行

的,关于多线程结构的网络通信程序设计将在后续的章节中介绍。

2.6 会话通信程序设计

2.6.1 会话通信模型

会话是一种面向连接的可靠通信方式。在进行会话通信之前,必须首先建立一个会话连接,客户机利用 NCBCALL 命令同一个已知的服务建立连接;而服务器则使用 NCBLISTEN “侦听”进入的客户机连接。若两个命令中有一个成功,NetBIOS 接口便会建立一个会话,并分别为会话双方赋予唯一的会话号。随后,通信双方便可利用该会话号进行会话通信。与数据报相比,会话通信可以确保数据的完整性、抵达顺序以及传输可靠性等。

图 2.2 给出了会话通信的基本模型。

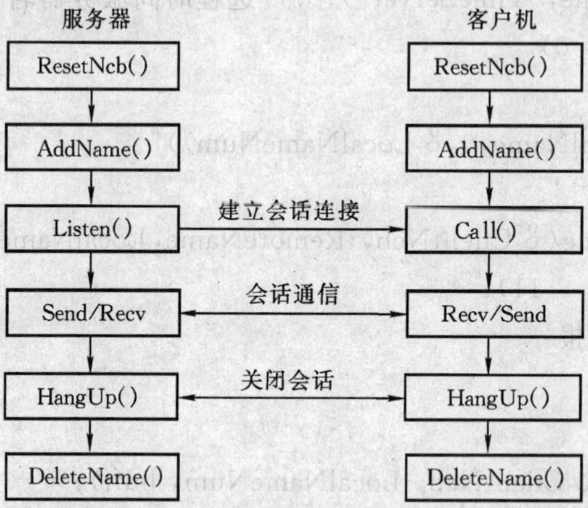

图 2.2 基于 NetBIOS 的会话通信模型

从图中不难看出,NetBIOS 的会话通信的主要分为如下 6 个步骤:

①初始化。通信双方分别执行 NCBRESET 命令,复位各自的 NetBIOS。

②添加名字。为了建立会话,通信双方应在各自的本地名字表中添加唯一名。

③建立会话。会话建立过程由服务器和客户机协同完成,服务器方使用 NCBLISTEN 命令等待客户机的连接请求,客户方使用 NCBCALL 命令向服务器发起会话连接请求,一旦会话建立成功,双方的 NetBIOS 将各自返回一个本地会话号,以后通信双方就可使用会话号进行会话通信。

④数据传输。会话建立后,双方便可利用 NCBSEND 和 NCBRECV 等会话命令进行会话通信。

⑤拆除会话。当数据传输结束时,任何一方均可发出 NCBHANGUP 命令来拆除指定会话号上的会话连接,以及时释放系统资源。

⑥删除名字。在会话通信进程结束时,双方还应删除各自本地名字表中的名字。

2.6.2 会话通信程序

在理解会话通信模型的基础上,按照会话程序设计的基本步骤,便能轻松地设计会话通信程序。会话双方用 NCBLISTEN/NCBCALL 命令得到本地会话号，然后用 SENDSEND 和 NCBRECV 等会话命令进行会话通信。下面给出一个会话通信的简单应用，在该例中，对话过程设计如下。

服务器方：服务器进程使用 NCBLISTEN 命令侦听客户进程的连接请求，当客户进程的连接请求到来时，响应并建立会话，紧接着向客户方发送一个"Welcome to Server！"的消息，随后，服务器进程进入循环接收等待，每收到一个客户进程发来的数据，便将其显示，然后继续等待接收下一个数据。当客户进程拆除会话时，服务器进程随即退出循环，等待下一次的连接请求。

客户方：客户进程使用 NCBCALL 命令向指定服务器发出连接请求，会话建立后，紧接着设置接收。当收到服务器发来的"Welcome to Server！"消息后，客户进程进入循环发送状态，用户通过键盘每键入一个字符串，便通过指定的会话链路将该字符串发送到服务器方，然后等待用户发送下一个数据。当用户键入的是"exit"字符串时，客户进程拆除会话，退出循环，结束本次会话。

下面是具体程序代码，说明一个会话通信程序的基本结构。

例 2.19　会话通信程序示例。

```
//server.cpp 会话通信服务器方程序
#include <windows.h>
#include <stdio.h>
#include <string.h>
#include <stdlib.h>
#include <nb30.h>
#include <memory.h>
#pragma comment(lib, "netapi32.lib")
UCHAR RestNCB(void)
{
   NCB ncb;
   UCHAR ucRc;
   memset(&ncb,0,sizeof(NCB));
   ncb.ncb_command=NCBRESET;
   ncb.ncb_callname[0] =2;
   ncb.ncb_callname[2] =4;
   ncb.ncb_lana_num=0;
   ucRc=Netbios (&ncb);
   return (ucRc);
}
UCHAR AddName (CHAR *Name,UCHAR *NameNum)
{
   NCB ncb;
   memset(&ncb,0,sizeof(NCB));
   ncb.ncb_command=NCBADDNAME;
```

```
    ncb.ncb_lana_num=0;
    strcpy((char *)ncb.ncb_name, name1);
    Netbios (&ncb);
    *NameNum=ncb.ncb_num;
    return (ncb.ncb_cmd_cplt);
}
UCHAR HangupSession(UCHAR SessionNum)
{
    NCB ncb;
    UCHAR ucRc;
    memset(&ncb,0,sizeof(NCB));
    ncb.ncb_command=NCBHANGUP;
    ncb.ncb_lsn=SessionNum;
    ucRc=Netbios (&ncb);
    return (ucRc);
}
void NetbiosListen(PNCB pncb,HANDLE hEvent,CHAR SourName[],
                   CHAR DestName[])
{
    memset(pncb,0,sizeof(NCB));
    pncb->ncb_command=NCBLISTEN | ASYNCH;
    strcpy((char *)pncb->ncb_name,SourName);
    strcpy((char *)pncb->ncb_callname,DestName);
    pncb->ncb_rto=0;
    pncb->ncb_sto=5;
    pncb->ncb_cmd_cplt=0xff;
    pncb->ncb_event=hEvent;
    Netbios (pncb);
}
void SessionSend(PNCB pncb,UCHAR Num,UCHAR *pBuffer,WORD Length)
{
    memset(pncb,0,sizeof(NCB));
    pncb->ncb_command=NCBSEND;
    pncb->ncb_lsn=Num;
    pncb->ncb_buffer=pBuffer;
    pncb->ncb_length=Length;
    Netbios(pncb);
}
void SessionRecv(PNCB pncb,UCHAR Num,HANDLE hEvent,UCHAR *pBuffer)
```

```
{
    memset(pncb,0,sizeof(NCB));
    pncb->ncb_command=NCBRECV | ASYNCH;
    pncb->ncb_lsn=Num;
    pncb->ncb_buffer=pBuffer;
    pncb->ncb_length=512;
    pncb->ncb_cmd_cplt=0xff;
    pncb->ncb_event=hEvent;
    Netbios(pncb);
}
int main()
{
    NCB ServerNncb;
    UCHAR LocalName[16];
    UCHAR NameNum, SessionNum;
    HANDLE hEvent;
    char buff[512];
    if (RestNCB()! =0)
      return 0;
    printf("reset ncb ok!\n");
    strcpy(LocalName,"server");
    if (AddName(LocalName,&NameNum))
      return 0;
    printf("add name ok!\n");
    hEvent=CreateEvent(NULL,FALSE,FALSE,"Server");
    if (hEvent==NULL)
      return 0;
    printf("create event ok!\n");
    for (;;)
    {
      NetbiosListen(&ServerNncb, hEvent, LocalName," * ");  //侦听客户连接请求
      WaitForSingleObject(hEvent,0xffffffff);
      if (ServerNncb.ncb_cmd_cplt! =0)
         return 0;
      printf("listen ok!\n");
      SessionNum=ServerNncb.ncb_lsn;
      strcpy(buff,"Welcome to Server!");
      SessionSend(&ServerNncb,SessionNum,(UCHAR * ) buff,sizeof(buff));
      for (;;)
```

```
        {
            memset(buff,0,512);
            SessionRecv(&ServerNncb,SessionNum, hEvent,(UCHAR *) buff);
            WaitForSingleObject(hEvent,0xffffffff);
            if (ServerNncb.ncb_cmd_cplt==0)      //接收成功，显示接收到的字符串
            {
                printf(buff);
                printf("\n");
                continue;                        //继续接收下一个数据
            }
            else
                break;                           //客户方已关闭会话，退出循环
        }                                        //继续侦听下一个会话连接请求
    }
}

//client.cpp 会话通信客户方程序
#include <windows.h>
#include <stdio.h>
#include <string.h>
#include <stdlib.h>
#include <nb30.h>
#pragma comment(lib, "netapi32.lib")

UCHAR RestNCB(void)
{
    NCB ncb;
    UCHAR ucRc;
    memset(&ncb,0,sizeof(NCB));
    ncb.ncb_command=NCBRESET;
    ncb.ncb_callname[0] =2;
    ncb.ncb_callname[2] =4;
    ncb.ncb_lana_num=0;
    ucRc = Netbios (&ncb);
    return (ucRc);
}
UCHAR AddName (CHAR *Name,UCHAR *NameNum)
{
    NCB ncb;
```

```
    memset(&ncb,0,sizeof(NCB));
    ncb.ncb_command=NCBADDNAME;
    ncb.ncb_lana_num=0;
    strcpy( (char * ) ncb.ncb_name, Name);
    Netbios (&ncb);
    *NameNum=ncb.ncb_num;
    return (ncb.ncb_cmd_cplt);
}
UCHAR HangupSession(UCHAR SessionNum)
{
    NCB ncb;
    UCHAR ucRc;
    memset(&ncb,0,sizeof(NCB));
    ncb.ncb_command=NCBHANGUP;
    ncb.ncb_lsn=SessionNum;
    ucRc = Netbios (&ncb);
    return (ucRc);
}
void NetbiosCall(PNCB pncb,CHAR SourName[],CHAR DestName[])
{
    memset(pncb,0,sizeof(NCB));
    pncb->ncb_command=NCBCALL;
    strcpy ( (char * ) pncb->ncb_name, SourName);
    strcpy ( (char * ) pncb->ncb_callname, DestName);
    pncb->ncb_rto=0;
    pncb->ncb_sto=10;
    Netbios (pncb);
}
void SessionSend(PNCB pncb,UCHAR Num,UCHAR *pBuffer,WORD Length)
{
    memset(pncb,0,sizeof(NCB));
    pncb->ncb_command=NCBSEND;
    pncb->ncb_lsn=Num;
    pncb->ncb_buffer=pBuffer;
    pncb->ncb_length=Length;
    Netbios(pncb);
}
void SessionRecv(PNCB pncb,UCHAR Num,HANDLE hEvent,UCHAR *pBuffer)
{
```

```
    memset(pncb,0,sizeof(NCB));
    pncb->ncb_command=NCBRECV | ASYNCH;
    pncb->ncb_lsn=Num;
    pncb->ncb_buffer=pBuffer;
    pncb->ncb_length=512;
    pncb->ncb_cmd_cplt=0xff;
    pncb->ncb_event=hEvent;
    Netbios(pncb);
}
int main()
{
    NCB ClientNcb;
    UCHAR LocalName;
    UCHAR NameNum,SessionNum;
    HANDLE hEvent;
    char buff[512];
    if (RestNCB()!=0)
        return 0;
    printf("reset ncb ok!\n");
    strcpy(LocalName,"client");
    if (AddName(LocalName,&NameNum))
        return 0;
    printf("add name ok!\n");
    hEvent=CreateEvent(NULL,FALSE,FALSE,"Client");
    if (hEvent==NULL)
        return 0;
    printf("create event ok!\n");
    printf("call ...\n");
    for (;;)
    {
        NetbiosCall(&ClientNcb, LocalName,"server");     //呼叫服务器(server)
        if (ClientNcb.ncb_cmd_cplt!=0)                   //呼叫不成功,继续呼叫
        {
          printf("call ...\n");
          continue;
        }
        SessionNum=ClientNcb.ncb_lsn;          //呼叫成功,得到本地会话号
        break;
    }
```

```
SessionRecv(&ClientNcb,SessionNum, hEvent, (UCHAR *) buff);
WaitForSingleObject(hEvent,0xffffffff);      //等待服务器发来的欢迎消息
printf(buff );
printf("\n");
for (;;)
{
  printf("please input message to send:");
  memset(buff,0,512);
  scanf("%s",buff) ;
  if (strcmp(buff,"exit")==0)
    break;
  SessionSend(&ClientNcb,SessionNum,(UCHAR *) buff,strlen(buff));
                                        //会话发送
}
HangupSession(SessionNum);      //拆除会话
return 0;
}
```

2.6.3　关于会话的讨论

会话通信程序设计的关键是会话设计以及对会话链路的管理。上面的例子只是会话通信的一个简单应用，在实际应用中要考虑各种因素的影响，因此情况可能会复杂的多。本节将对会话通信中可能遇到的问题进行讨论。

(1)何时建立会话链路

会话链路的建立可以有两种考虑。一种是在需要通信时临时建立链路，会话链路建立后，随即进行数据交换，一次数据交换完成后，便及时拆除会话链路，当下一次数据交换开始时，再重新建立会话链路。这种方式的优点是占用较少的系统资源，会话链路的利用率高，但其缺点也是显而易见的，因为每次会话通信都需重复链路建立和拆除的过程，造成通信延时，这将影响通信的实时性，在某些实时性要求很高的场合不宜采用。此外，对于某些周期性的会话通信来说，频繁地建立和拆除会话链路也将消耗系统资源。

另一种方式是会话双方在建立会话链路后，便始终维持这条会话链路，直到任何一方主动拆除链路。在此期间，双方的数据交换可以随时进行，这种方式的优点一是可以有效地保证通信的实时性要求，二是对某些周期性的数据交换来说，避免了频繁建立和拆除会话链路带来的系统开销。但其缺点是占用网络系统资源，尤其是在长时间没有数据交换，而又要维持会话会话链路，使得会话链路的利用率极低，浪费了宝贵的系统资源。此外，为了保证链路始终可用，动态会话链路的维护与管理是必不可少的，这也无形中带来了管理的复杂性，增加了系统的开销。

可以看出，第一种方式适合于对实时性要求不高的间歇性数据数据交换场合。第二种方式适合于对实时性要求较高的周期性数据数据交换场合。在具体应用中，选择何种会话链路的建立方式取决具体的应用以及相关指标的要求。

(2)动态链路的维护

动态链路是指会话双方在建立会话链路后，便始终维持这条会话链路，在此期间，双方可以随时通过这条会话链路进行数据交换。换句话说，这条会话链路必须始终处于活动就绪状态。如何来保证这一点呢？这就要用到动态链路管理机制。实现动态链路管理的基础是利用NetBIOS的超时机制，我们知道，NetBIOS提供了发送和接收两种超时，分别对应着的NCB的ncb_rto和ncb_sto这两个字段。这两个字段如果设置为0，表示没有超时机制，如果为一个大于0的整数值，则该整数值即为超时值(单位为ms)。需要注意的是，发送超时和接收超时时限是在建立会话(执行Call或Listen命令)的时候指定的。

只要会话双方在建立会话时指定适当的超时时限，便能实现链路的动态维护。举个例子来说，假设双方在执行Call或Listen命令时规定超时时限为1s，如果该会话链路在过去的1s内没有任何数据交换或者由于某种故障造成链路中断，此时，超时机制将会起作用，发送或接收命令将在命令的最终返回码中返回一个超时错误码NRC_CMDTMO(0x05)，只要在程序中判断这个错误码，然后双方重新发起会话连接，恢复会话链路。

(3)多路侦听问题

对服务器来说，连接成功后，需要针对同一个LANA编号执行另一个NCBLISTEN命令。之所以要这样做，是由于一旦原始的侦听操作成功，则服务器会停止在那个LANA编号上对客户机的连接进行侦听，直到递交了另一个NCBLISTEN为止。因此，假如服务器需要频繁地为多个客户提供服务，便需在同一个LANA上执行多个NCBLISTEN命令，以便能够同时接受多个客户机发出的连接请求。

多个NCBLISTEN命令的执行应采用异步执行方式，递交的NCB结构必须自执行调用之时开始，一直持续到调用结束为止。这便要求我们在执行命令前动态分配每一个NCB结构，或者维持一个全局性的NCB结构池，以便在异步调用中使用。对NCBLISTEN来说，应设置希望通过它进行调用的那个LANA编号。指定ASYNCH命令时，对ncb_post和ncb_event这两个字段来说，其中任意一个必须设为非零值。否则，Netbios调用就会出错，报告NRC_ILLCMD(非法命令)错误。最后，Listen会发出对Netbios的一个调用，调用立即便会完成，Netbios函数将已提交的NCB结构的ncb_cmd_cplt字段设为NRC_PENDING(0xFF)——表示“待决”，直到命令执行完毕为止，判断ncb_cmd_cplt字段得值，如果为NRC_GOODRET(0x00)，表示服务器已接受了一个客户机发出的连接请求，一个会话链路已经创建，按照异步调用机制在这条链路上执行响应的处理，同时服务器上其余的“待决”NCBLISTEN命令仍在继续侦听新的连接请求。

习题与思考题

2.1 简要说明NetBIOS编程接口对应于OSI模型的哪几层。

2.2 给出网络控制块NCB的结构，并简要说明各字段的含义。

2.3 NetBIOS提供了哪两通信方式，其对应的最大信息长度分别为多少？

2.4 NetBIOS名字分为几种？名字的长度为多少字节？名字保存在工作站的什么地方？

2.5 简述加名字的基本过程并给出加名字函数的基本结构。

2.6 命令的等待方式与非等待方式有何区别？命令的立即返回码和最终返回码的作用是什

么？为获得命令的最终执行结果，应检查哪个返回码？

2.7　在进行网络编程时，应考虑哪些设计要素？并简要说明。

2.8　结合 NetBIOS 异步接收命令，简要说明利用 NetBIOS 异步命令进行网络通信编程的实现过程。

2.9　简述 NetBIOS 会话建立的基本过程并给出客户端与服务器端的处理流程。

2.10　简述如何利用超时机制进行动态会话链路的维护。

2.11　编程实现一个简单的数据报通信程序。

2.12　编程实现一个简单的会话通信程序。

第3章 基于 TCP/IP 协议的网络编程

3.1 概述

TCP/IP 是发展至今最成功的通信协议之一。它起源于 20 世纪 60 年代末美国政府资助的一个分组交换网络研究项目 ARPRANET，其目的是允许分布在各地的装着完全不同的操作系统的计算机互相通信。TCP/IP 以其开放性的特点，成了 Internet 的基础，通过 Internet 把全世界数以千万的计算机连接在一起，是事实上的工业标准。

TCP/IP 协议是一个四层协议，它的结构如图 3.1 所示。

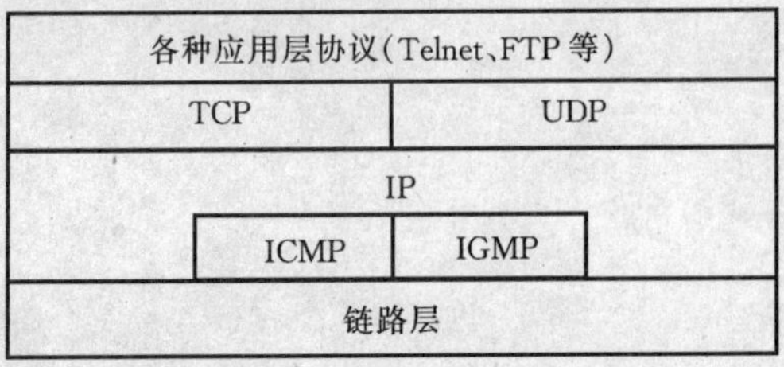

图 3.1　TCP/TP 协议簇的体系结构

每一层负责的功能如下：

链路层：也被称为数据链路层或网络接口层，通常包括操作系统中的设备驱动程序和计算机中对应的网络接口卡，它们一起处理与电缆(或其他任何传输媒介)的物理接口细节。该层包括的协议有：ARP(Address Resolution Protocol，地址转换协议)和 RARP(Reverse Address Resolution Protocol，反向地址转换协议)。

网络层：也称为互联网层，负责报文分组在网络中的活动，包括 IP 协议(网际协议)、ICMP (Internet 互联网控制报文协议)以及 IGMP 协议(Internet 组管理协议)等。

传输层：该层主要为两台主机上的应用程序提供端到端的数据通信，它分为两个不同的协议：TCP(Transport Control Protocol，传输控制协议)和 UDP(User Datagram Protocol，用户数据报协议)。TCP 协议提供端到端的质量得到保证的数据传输，该层负责数据的分组、质量控制和超时重发等，对于应用层来说，就可以忽略这些工作。UDP 协议则只提供简单的把数据报从一端发送到另一端，至于数据是否到达或按时到达、数据是否损坏都必须由应用层来做。这两种协议各有各自的用途，前者可用于面向连接的应用，后者在及时性服务中有着重要的用途，如网络多媒体通信等。

应用层:该层负责处理实际的应用程序细节,包括 Telnet(远程登录)、HTTP(World Wide Web 服务)、SMTP(Simple Mail Transfer Protocol,简单邮件传输协议)、FTP(File Transfer Protocol,简单文件传输协议)和 SNMP(Simple Network Management Protocol,简单网络管理协议)等著名协议。

早期的 TCP/IP 协议开发接口是 UNIX 操作系统下的 Socket。Socket 首先被用于 Berkeley Software Distribution(BSD)的 UNIX 系统中,随着 UNIX 操作系统的广泛使用,套接字 Socket 成为当前最流行的网络通信应用程序接口之一。Winsock 是从 UNIX 系统的 Socket 接口演变而来的。在 20 世纪 90 年代初,网络软件开发商决定为 Windows 开发一套通用 TCP/IP 编程接口,类似于 UNIX 下的 Socket,到 1994 年,它被正式称为 Winsock,这一接口迅速被所有的软件商所接受,通过 C 语言动态链接库方式提供给用户及软件开发者。

Winsock 继承了 Berkeley Sockets 的主要特征,同时进行了重要扩充。主要是提供了一些异步函数,并增加了符合 Windows 消息驱动机制的网络事件异步选择方式。这些扩充有利于程序员编写符合 Windows 编程模式的软件。Winsock 接口包含了一组网络 I/O 和获取网络信息的库函数,网络应用程序通过调用这部分函数实现自己的功能。Winsock 库函数包含在 Winsock. dll 这个动态链接库(Winsock1. 1 包含在该动态链接库中,而 Winsock 2. 0 的动态链接库改为 WS2_32. dll)中,应用程序调用 Winsock 的 API 实现相互之间的通信,而 Winsock 则利用下层的网络通信协议功能和操作系统调用实现实际的通信工作。这一章我们只介绍基于 TCP/IP 协议的 Winsock 编程。

3.2 协议简介

下面介绍常用的 IP 层的 IP 协议,传输层的 TCP,UDP 协议。

3.2.1 IP 协议

IP 层作为通信子网的最高层,提供无连接的数据报传输机制。所以 IP 协议非常简单,不能保证传输的可靠性。IP 层对等实体之间的通信不经过中间机器,对等实体所在机器位于同一物理网络,有直接的物理连接。IP 协议解决的最大的一个问题是路由选择问题。

TCP/IP 技术是为包容物理网络技术的多样性而设计的,而这种包容性主要体现在 IP 层当中。各种网络技术的帧格式、地址格式等上层协议可见的因素差别很大,TCP/IP 的重要思想之一就是通过各种 IP 数据报和 IP 地址将它们统一起来,来屏蔽低层细节,提供一致性。IP 数据报对物理帧的统一如图 3.2 所示。在 TCP/IP 协议簇中,所有上层软件都必须通过 IP 层

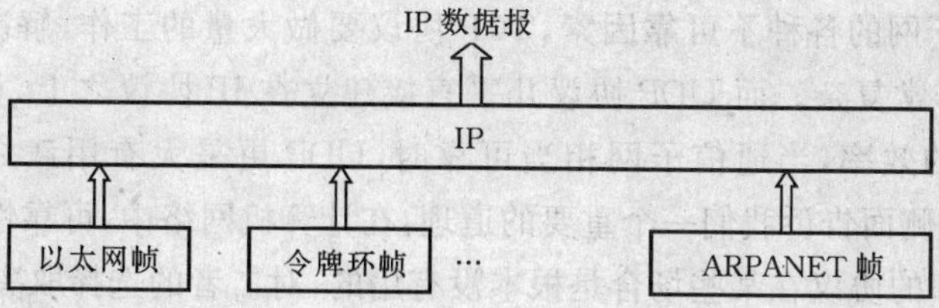

图 3.2 IP 数据报对物理帧的统一

传输外出数据报，而所有下层协议接收到的进入信息首先必须交给 IP 层处理(判断是接受还是抛弃)。IP 协议的这一特点充分体现了它在 TCP/IP 分层结构中的重要作用，作为通用的数据报传输手段，IP 协议可以说是 TCP/IP 协议簇的核心。

IP 协议定义了数据报(datagram)，它是 Internet 上数据通信的基本单元。IP 数据报的格式如图 3.3 所示。

<table>
<tr><td>版本</td><td colspan="2">报头长度</td><td>服务类型</td><td colspan="2">总长度</td></tr>
<tr><td colspan="4">信息包标识</td><td>标志</td><td>分段偏移量</td></tr>
<tr><td colspan="2">生命周期</td><td colspan="2">协议</td><td colspan="2">校验和</td></tr>
<tr><td colspan="6">源 IP 地址</td></tr>
<tr><td colspan="6">目的IP 地址</td></tr>
<tr><td colspan="6">IP 选项与填充符</td></tr>
</table>

图 3.3 IP 数据报格式

其中，版本字段用于指定 IP 协议的版本号，目前的版本为 4。报头长度字段用于指定 IP 报文的长度，它以 4B 为单位，且至少为 5，即 20 个字节或 160 位(比特)；需要注意的是，IP 报头长度不包含数据区中的数据。服务类型(TOS)字段共占用 8 位。总长度字段用于指定 IP 数据报的总长度(包含数据区中的数据)，它以字节为单位，理论最大值为 65535。生命周期(TTL)字段用于控制 IP 数据报在网络中存在时间的长短，其理论最大值为 255，每经过一个路由器，TTL 值就减 1，当 TTL 等于 0 时，设备将丢弃该 IP 数据报，并向源主机发送一个错误信息，该错误信息中含有该 IP 数据报所经过的路由器的地址。校验和字段用于对 IP 报头进行校验，它只用于 IP 报头，而非整个 IP 数据报。而源 IP 地址和目的 IP 地址分别包含了发送该报文和接收该报文的计算机 IP 地址。

3.2.2 传输层协议

TCP/IP 协议簇中在传输层有两个并列的协议：TCP 和 UDP。其中 TCP 是面向连接的，相当于 OSI 的 TP4。UDP 是无连接的，相当于 OSI 的 TP0。一般情况下，TCP 和 UDP 共存于一个网络中，前者提供高可靠性服务，后者提供高效率服务。高可靠性的 TCP 用于一次传输要交换大量报文的情形(比如文件传输、远程登录等)；高效率的 UDP 用于一次传输交换少量报文(尤其是交易型应用，比如数据库查询)的情形，其可靠性由应用程序提供，因为交换次数不多，即便发生传输错误而必须重传，应用程序也不会为此付出太大的代价。

为了包容通信子网的各种不可靠因素，TCP 协议要做大量的工作，解决它的各种可靠性问题，因此 TCP 协议非常复杂。而 UDP 协议几乎直接建立在 IP 协议之上，相对简单得多。UDP 协议的价值在于它的效率，当通信子网相当可靠时，UDP 更是大有用武之地。传输层既提供 TCP 又提供 UDP 从侧面告诉我们一个重要的道理：在计算机网络中，可靠性并不比效率更重要，只有可靠性而无效率的协议在某些场合是根本没有用的，对二者的选择取决于应用环境和需求。

(1)TCP 协议

TCP 协议的可靠性很高，几乎可以解决所有的传输可靠性问题。用一句话来概括：TCP 提供面向连接的流传输。面向连接对可靠性的保证首先是它在进行实际数据传输前，必须在信源端和信宿端建立一条连接。假如由于种种原因，连接建立不成功，则信源端不会像 UDP 一样贸然向信宿端发送数据。其次，面向连接传输的每一个报文都需接收端确认，未确认的报文被认为是出错报文。TCP 协议是建立在不可靠的 IP 协议之上的，IP 不能提供任何可靠性机制，所以 TCP 的可靠性完全由自己实现。TCP 采用的最基本的可靠性技术是：确认与重传。

TCP 流的特点是无结构的字节流，流中数据是一个个字节构成的序列，而无任何可供解释的结构。这一特点在 TCP 的基本传输单元——段(segment)格式中体现为段不定长。TCP 协议的确认是所谓的“累计确认”。TCP 确认针对流中的字节，而不是段。一般情况下，接收方确认已收到的最长的连续的流前部，每个确认指出下一个希望接收的字节(比流前部字节数大 1 的位置)，如图 3.4 所示。

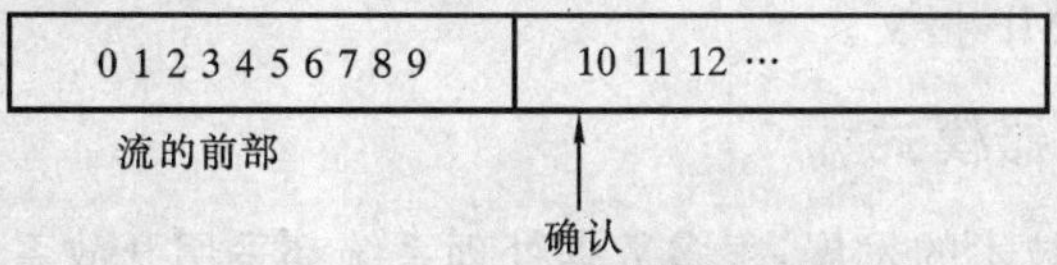

图 3.4　累计确认第 10 字节的情形

累计确认的一个优点是确认丢失后不一定导致重传。假设收方当前正确收到第 10 号字节以前的流前部，将发送一报文确认第 11 号字节，紧接着又收到第 11，12 号字节，又发送一个确认第 13 号字节的报文。确认第 11 号字节的报文丢失并不一定导致重传，因为假如确认第 13 号字节的报文在第 11 号字节确认超时之前传回发送方，发送方将不进行重传。

影响确认超时重传最关键的因素在于定时时间片的大小。在网络环境下，要确定合适的定时时间片是一件相当困难的事情。一方面，网络进程通信既可能就在一个局域网上进行，也可能要穿越许多各种各样的中间网络，传输延迟变化范围相当大；另一方面，不同进程对之间的通信延迟还取决于不同信道的负载变化情况。总之，从发出数据到收到确认所需的往返时间(Round Trip Time，简称 RTT)呈动态变化，很难把握。为适应上述情况，TCP 采用一种适应性重传算法。大致思想是：TCP 监视每一条连接的性能，由此推算出合适的时间片，当连接性能发生变化时，TCP 随即改变时间片值。TCP 计算时间片的公式如下：

$$\text{Timeout}=\beta*\text{RTT} \tag{3.1}$$

其中，β 为一个大于 1 的常数加权因子，RTT 为估算的往返时间。RTT 是一个加权平均值，其计算公式如下：

$$\text{RTT}=\alpha*\text{old\_RTT}+(1-\alpha)*\text{New\_Round\_Trip\_Sample} \tag{3.2}$$

其中，old_RTT 是上一个往返时间估算值，New_Round_Trip_Sample 是实际测出的前一个段的往返时间(样本)。α 也是一个常数加权因子($0<\alpha<1$)。

上述两式中，式(3.2)的 α 决定 RTT 对延迟变化的反应速度：当 α 接近 1 时，短暂的延迟变化对 RTT 不起作用；当 α 接近 0 时，RTT 将紧紧跟随延迟变化。式(3.1)中的 β 因子很难确定：当 β 接近 1 时，TCP 能迅速检测报文丢失，及时重传，减少等待时间，但可能引起许多重传报文；当 β 太大时，重传报文减少，但等待时间太长。TCP 推荐 $\beta=2$。

(2)UDP 协议

用户数据报协议 UDP 建立在 IP 协议之上，同 IP 协议一样提供无连接数据报传输。相对于IP协议,它唯一增加的能力是提供协议端口,以保证进程通信。许多基于UDP协议的应用程序在高可靠性,低延迟的局域网上运行得很好,而一旦到了通信子网QOS很低的网间网环境下,可能根本不能运行,原因就在于UDP的不可靠,而这些应用程序本身又没有做可靠性处理。因此,基于UDP的应用程序在不可靠子网上必须自己解决可靠性(报文丢失、重复、失序和流控等)问题。既然UDP不可靠,为何要采用它呢?这是因为UDP的高效率,UDP往往面向交易型应用,一次交易往往只有一来一回两次报文交换,假如为此而建立连接和撤除连接,开销是相当大的。这种情况下使用UDP就很有效了。即使因为报文丢失而重传一次,其开销也比建立连接的开销小。发送数据时,UDP软件构造一个数据报,然后将它交给IP软件,便完成所有的工作。接收数据时,UDP软件先要判断接收数据报的信宿端口是否与当前使用的某端口匹配。假如是,则将数据报放入相应接收队列,否则抛弃该数据报,并向信源端发送"端口不可到达"ICMP报文。

3.2.3 客户机/服务器模式

随着计算机和网络技术的发展,很多数据处理系统都采用开放系统结构的客户机/服务器(Client/Server)网络模型。我们后边讲到的Winsock编程采用的就是客户机/服务器模型。服务器是一个进程,它一直等待着客户进程的请求以便为客户进程服务,客户进程向服务器提出请求,服务器对请求做相应的处理并执行被请求的任务,然后将结果返回给客户机。这种方式隐含了在建立客户机/服务器间通信时的非对称性。

客户机/服务器模型工作时要求有一套为客户机和服务器所共识的惯例来保证服务能够被提供(或被接受),这一套惯例包含了一套协议,它必须在通信的两端——客户机和服务器都被实现。根据实际情况,协议可以是对称的,也可以是非对称的。在对称的协议中,每一方都有可能扮演主从角色,例如Internet中用于终端仿真的Telnet;在非对称协议中,一方不可改变地被认为是主机,而另一方则是从机,例如Interenet中的HTTP。但是无论具体的协议是对称的还是非对称的,当服务被提供时必然存在客户进程和服务进程。典型的情况如下:

①服务器进程开始执行,首先初始化本身,然后进入睡眠状态以等待客户进程的请求。通常是在一个众所周知的地址侦听客户对服务的请求。

②在本系统或与服务器相连的其他系统上,某一客户进程开始执行,把请求发送给服务器进程要求服务。

③服务器进程"惊醒"并且为客户提供服务,作出适当的反应。

3.3 地址与名字解析

3.3.1 IP地址

网络互连的目的是提供一个无缝的通信系统,为此,互连网协议必须屏蔽物理网络的具体细节,并提供一个虚拟网络的功能,使设计者可以在不考虑物理硬件细节的情况下自由地选择地址。在TCP协议栈中,编址由IP协议规定,IP标准分配给每台主机一个32位的二进制数作为该主机的IP地址。在新出台的IPv6中,IP地址升至128位,这样IP地址资源就变得更加丰富,但离实用化还有一段距离。

32位IP地址被分割为两部分:前缀和后缀。前缀用于确定计算机所从属的物理网络,称为网络标识(Network Number),后缀则用于确定网络上一台单独的计算机,称为主机标识。互连网中每一个物理网络都有一个唯一的值作为网络标识。IP 地址的这种层次性保证了以下两个重要性质:

- 每台计算机分配一个唯一的地址;
- 虽然网络号分配必须全球一致,但主机标识可本地分配,不需全球一致。

IP 地址分为五类:A 类、B 类、C 类、D 类和 E 类。其中 A 类、B 类和 C 类为基本类,D 类多用于多播传送,E 类属于保留类,现在不用。它们的格式如下(其中,* 代表网络标识位数):

A 类:0 * * * * * * * x x x x x x x x x x x x x x x x x x x x x x x x
B 类:1 0 * * * * * * * * * * * * * * x x x x x x x x x x x x x x x x
C 类:1 1 0 * x x x x x x x x
D 类:1 1 1 0 x x x x x x x x x x x x x x x x x x x x x x x x x x x x
E 类:1 1 1 1 x x x x x x x x x x x x x x x x x x x x x x x x x x x x

IP 地址一般采用点分十进制的表示方法,例如:

100000001 00110100 00000110 00000000 →129.52.6.0

采用点分十进制表示方法后的地址分类如表 3.1 所示。

表 3.1　各类 IP 地址的范围

类型	范围
A 类	0.0.0.0～127.255.255.255
B 类	128.0.0.0～191.255.255.255
C 类	192.0.0.0～223.255.255.255
D 类	224.0.0.0～239.255.255.255
E 类	240.0.0.0～247.255.255.255

此外,需要注意以下几个特殊的 IP 地址。

- 网络地址:IP 中主机地址为 0 的地址表示网络地址,如 128.211.0.0。
- 广播地址:网络标识后跟一个所有位都是 1 的后缀,就是直接广播地址。
- 回送地址:127.0.0.1 用于测试。

除了每个主机分配一个 IP 地址外,IP 协议规定也应给路由器分配一个 IP 地址。事实上,每个路由器被分配了两个或更多的 IP 地址。一个路由器连接到多个物理网络,这样路由器就存在多个 IP 地址,每一个 IP 地址包含一个特定物理网络的网络标识。所以可以说一个 IP 地址并不标识一台特定的计算机,而是标识一台计算机和网络之间的一个连接。

现在所有的主机都要求支持子网编址。不是把 IP 地址看成由单纯的一个网络标识和一个主机标识组成,而是把主机标识再分成一个子网号和一个主机号。这样做的原因是因为 A 类和 B 类地址为主机标识分配了太多的空间,可分别容纳的主机数为 $2^{24}-2$ 和 $2^{16}-2$,而事实上,在一个网络中人们并不安排这么多主机。在 InterNIC(互联网络信息中心)获得某类 IP 网络标识后,就由当地的系统管理员来进行分配,由他来决定是否建立子网,以及分配多少位给子网号和主机号。例如,先获得一个 B 类网络地址(140.252),在剩下的 16 位中,8 位分配给子网号，8位分配给主机号，格式如图3.5所示。这样就允许有254个子网，每个子网可以有254个主机。

	16位	8位	8位
B类	网络号140.252	子网号	主机号

图3.5 B类地址的一种子网编址

除了地址以外，主机还需要知道有多少位用于子网号及多少位用于主机号。这是通过子网掩码来确定的。子网掩码是一个32位的值，其中值为1的位留给网络号和子网号，为0的位留给主机号。上面的例子，子网掩码为255.255.255.0。借助掩码，可以获取主机的网络地址信息，有以下关系：

网络/子网地址＝主机IP地址 && 子网掩码

3.3.2 地址解析

地址解析(address resolution)就是将计算机的IP地址翻译成物理地址(或称MAC地址)，地址解析只能在本地网中进行。在任何一个物理网络中，各站点都有一个机器可识别的地址，该地址叫物理地址。该物理地址被分配给每一块网络适配卡，它是一个48位的二进制数，表现形式如："A0-05-05-1B-11-1C"。网卡地址存放在网卡的ROM中，它唯一地标识网络中的主机。由于该地址存放在硬件设备中，所以当该设备从一个网络移动到另一个网络时，这一地址保持不变。而IP地址是一个32位的二进制数，通常由网络管理员分配给网络中的设备。如果该设备从一个网络移动到另一个网络中时，则需相应地改变它的IP地址。所以，要在变化的IP地址和固定的硬件地址之间建立映射关系。这种映射包括两方面内容：从IP地址到物理地址的映射和从物理地址到IP地址的映射。在TCP/IP协议簇中，分别由ARP和RARP完成。

3.3.3 域名解析

IP地址为互连网络提供了统一的寻址方式，直接使用IP地址便可以访问互连网中的主机资源。但是由于IP地址只是一串数字，没有任何意义，对于用户来说，记忆起来十分困难。在指定计算机时，许多人更愿意利用一个易记的、友好的主机名而不是IP地址。在TCP/IP协议簇中，域名系统(Domain Name System, DNS)用来完成主机名(及电子邮件地址)到IP地址之间的映射。

DNS的核心是分级的、基于域的命名机制和为了实现这个命名机制的分布式数据库系统。DNS是典型的客户机/服务器模式，安装了DNS，提供域名解析功能的计算机就是域名服务器。因特网域名结构是按照层次结构组织的。首先把整个因特网划分为多个域，我们称为顶级域，并为每个顶级域规定了国际通用的域名，如表3.2所示。

顶级域名的划分采用了两种划分模式：组织模式和地理模式。前7个域对应于组织模式，其余的域对应于地理模式。地理模式的顶级域名是按国家划分的，每个申请加入的国家都可以作为一个顶级域，并向InterNIC注册一个顶级域名，如cn代表中国、us代表美国、uk代表英国等。

表 3.2　顶级域名分配

顶级域名	分配情况
com	商业组织
edu	教育机构
gov	政府部门
mil	军事部门
net	主要网络支持中心
org	上述以外的组织
int	国际组织
国家代码	各个国家

其次,NIC 将顶级域名的管理权分派给指定的管理机构,各管理机构对其管理的域进行继续划分,即划分成二级域,并将二级域的管理权授予给其下属的管理机构,如此下去,便形成了层次型域名结构。由于管理机构是逐级授权的,所以最终的域名都得到 NIC 承认,成为因特网中的正式名字。对于域名由各级名字服务器来管理。

因特网中的这种命名结构只代表着一种逻辑的组织方法,并不代表实际的物理连接。位于同一个域中的主机并不一定要连接在一个网络中或在一个地区,它可以代表分布在全球的任何地方。在这种命名结构中的主机名,其书写方法与邮政系统中的地址书写方法非常相似。一台主机的主机名应由它所属的各级域的域名与分配给该主机的名字共同构成,顶级域名在最右边,分配给主机的名字在最左边,各级名字之间用“.”隔开。例如,西安交通大学的域名为 www. xjtu. edu. cn,其中:cn 为一级域名,edu 为二级域名,xjtu 为三级域名。这种主机名的书写方法允许在不同的域下面可以有相同的名字,而不会造成混淆。

因特网域名系统的提出为用户提供了极大的方便。通常构成主机名的各个部分(各级域名)都具有一定的含义,相对于主机的 IP 地址来说更容易记忆。但计算机之间不能直接使用主机名进行通信,而是要使用 IP 地址来进行数据传输。所以当网络应用程序接收到用户输入的主机名时,必须负责找到与该主机名对应的 IP 地址。这个任务就要由一组既独立又协作的域名服务器来完成,每台域名服务器保存它所管辖区域内的主机名与 IP 地址的对照表,这组名字服务器是解析系统的核心。域名服务器记录本域的域名注册信息并提供两种 IP 地址/域名的解析服务:直接解析和间接解析。直接解析直接查找本地数据库,提供域内服务;间接解析或者将 DNS 请求提交给根域名服务器,或者与其他服务器即时交换全网的 DNS 信息。

3.4　网间进程通信及端口号

链路层的硬件接口负责 LAN 或 WAN(广域网)的物理连接。网络层通过网络连接对在同一网络中或不同网络中的两台主机之间的 IP 数据报的传递进行路由选择,同时还完成 Internet 的网络编址。这两层都不能在通信主机内部独立操作。传输层是在计算机网络中通信主机内部进行独立操作的第一层,传输层与网络层在功能上的最大区别在于传输层支持进程通信功能,而后者不支持进程通信功能。为了实现进程间通信,网络通信的最终地址就不能仅仅是主机的网络地址了,还必须包括可以描述的各个进程的某种描述符。

由于通信主机有多于一个进程在其控制之下,因而需要对数据报进行附加的编址,使之识别所有进行网络通信的主机进程,这个附加的编址信息作为 UDP 或 TCP 数据报头的一部分传输。为此,TCP 或 UDP 提出了协议端口的概念,用于标识通信主机中不同的通信进程,简称端口。各个通信进程通过系统调用与某些端口建立绑定,传输层传送到该端口的所有数据相应地被与其绑定的进程接收。也可以说,端口用于标识用户希望访问的进程。TCP 和 UDP 采用 16 位的端口号来识别进程。由于 TCP 和 UDP 是完全独立的两个软件模块,因此各自的端口号也相互独立。例如,TCP 有一个 1001 号端口,同样 UDP 也可以有一个 1001 号端口,它们并不冲突。端口与协议在进程通信中是密不可分的,不同协议的端口之间没有任何的联系。对 TCP 和 UDP 而言,可以提供 65 535(2^{16})个端口,如何为进程分配端口是一个重要的问题。

例如,不同主机上的两个进程 A 和 B 进行通信,假定 A 进程想要向 B 进程发送数据,则 A 进程必须知道 B 进程的地址,包括网络地址和端口号。网络地址是全网唯一的,很容易获取;端口号则是每台主机都有自己的一套端口号,无法做到全网统一。因此,端口号有其一定的分配机制。TCP/IP 采用静态分配和动态分配相结合的做法。TCP/IP 将全部端口号分为保留端口号和自由端口号两部分。任何 TCP/IP 实现所提供的服务都用 1～1023 之间的端口号。这些保留端口号或叫知名端口号由 IANA(Internet Assigned Numbers Authority,Internet 号分配机构)来管理。TCP 和 UDP 都规定,把 1～255 之间的端口号作为保留端口。这些端口以静态方式进行分配,对应于一些通用的服务器进程(即一些应用层协议)。每一个标准的应用层协议都拥有一个全网公认的端口号,不同主机上相同的应用层协议,其端口号相同。自由端口占全部端口的绝大部分,以动态方式进行分配,动态分配端口在 1 024～5 000 之间,256～1 023 之间的端口通常由 UNIX 系统占用,提供一些特定的 UNIX 服务。当一个进程要与远地进程通信时,需要先申请一个自由端口号,然后根据静态分配的保留端口号或双方协商好的端口号与远地进程建立连接,才能传输数据。TCP 和 UDP 都有自己的保留端口,而且都是从 0 号端口开始顺序向上分配。例如,FTP 采用 20 端口和 21 端口,HTTP 采用 80 端口。

3.5 Winsock 的基本概念

(1)套接字

套接字是通信的基石,是支持 TCP/IP 协议网络通信的基本操作单元。一个套接字是通信的一个端点,一个正在被使用的套接字都有它的类型和与其相关的进程。套接字存在于通信域中,通信域是为了处理一般的线程通过套接字通信而引进的抽象概念,比如 Winsock 规范只支持单一的通信域,即 Internet 域,套接字通常和同一域中的套接字交换数据。套接字可以根据通信的性质进行分类。套接字根据通信性质分为两类:会话套接字和数据报套接字,应用程序一般仅在同一类套接字之间通信。

会话套接字提供双向的、有序的、无重复并且无记录边界的数据流服务,即一种可靠的面向连接的数据传输方法。会话套接字使用 TCP 协议,当要发送大批量数据或想让发出的数据按顺序无重复地到达目的地时,就要使用会话套接字。会话套接字是面向连接的,所以通信双方进行数据交换前，必须建立一条连接，而建立连接会带来很多开销。而且，大部分面向连接的协议为保证发送无误，可能会需要执行额外的计算来验证正确性，因此会进一步增加开销。

数据报套接字支持双向通信，提供不可靠的、非连接的数据报通信方式。也就是说，一个从数据报套接字接收信息的进程可能发现信息重复、接收顺序与发送顺序不同等情况，接收程序应具有处理这些情况的能力。数据报套接字使用 UDP 协议，具有向多个目标地址发送广播数据报的能力。数据报套接字是无连接的，它不保证接收端是否正在侦听。因此数据报并不十分可靠，需要应用程序负责管理数据报的排序和可靠性。

(2)带外数据

带外数据，也称为 TCP 紧急数据，它是相连的每一对套接字间一个逻辑上独立的传输通道。带外数据是独立于普通数据传送给用户的，这就要求带外数据设备必须支持每一时刻至少一个带外数据消息被可靠地传送。对于仅支持带内数据的通信协议来说(例如紧急数据是与普通数据在同一序列中发送)，系统通常把紧急数据从普通数据中分离出来单独存放。这就允许用户在顺序接收紧急数据和非顺序数据之间作出选择。

(3)广播

数据报套接字可以用来向网络发送广播数据。要实现这种功能，网络本身必须支持广播功能。广播信息将会给网络造成极重的负担，因为它们要求网络上的每台主机都为它们服务，所以发送广播数据包的能力被限制于那些用显式标记了允许广播的套接字中。

广播通常应用于两种情况：一种是应用程序希望在本地网络中找到一个资源，而应用程序对该资源的地址有没有任何先验知识。而另一种是一些重要的功能，例如路由要求把它们的信息发送给所有可以找到的邻机。

TCP/IP 协议支持一个标记地址——INADDR_BROADCAST 用于广播。由于使用广播之前必须捆绑一个数据报套接字，所以所有收到的广播信息都带有发送者的地址和端口。

(4)字节顺序

不同的计算机使用不同的字节顺序存储数据。Intel 处理器使用的字节顺序称为“Little-Endian”，而 Internet 网络的字节顺序称为“Big-Endian”，它们的字节顺序是相反的。所以用户在使用时要特别小心以保证正确的顺序。

任何 Winsock 函数对 IP 地址和端口号的使用均是按照网络字节顺序组织的。在很多情况下，用户要在主机字节顺序和网络字节顺序之间进行转换，应该使用 Winsock API 中标准的转换函数，而不要自己编写转换代码。因为将来的 Winsock 实现有可能在主机字节顺序和网络字节顺序相同的机器上运行，因此只有使用标准的转换函数应用程序才可以移植。后面会详细叙述标准的字节转换函数格式和用法。

(5)原始套接字

原始套接字是用 SOCK_RAW 打开的套接字。利用原始套接字(raw socket)可访问位于基层的网络协议(例如 IP 协议、ICMP 协议、IGMP 协议等)，而不像其他套接字类型只能访问传输层 TCP 和 UDP 协议。要想使用原始套接字，要求对基层的协议结构有一定程度的理解。

(6)阻塞和非阻塞

套接字可以处于阻塞模式或非阻塞模式。在阻塞模式下，I/O 操作完成前，执行操作的 Winsock 函数会一直等待下去，不会立即返回(将控制权交还给程序)，这就意味着任一个线程在某一时刻只能执行一个 I/O 操作，而且应用程序很难同时通过多个建好连接的套接字进行通信；而非阻塞模式下没有这样的要求，Winsock 函数无论如何都会返回并交出程序的控制权。在默认的情况下，套接字是阻塞模式。

(7)错误检查与控制

对编写成功的 Winsock 应用程序而言，错误检查和控制是至关重要的。因为对于 Winsock 函数而言，返回错误值是非常常见的。但是多数情况下，这些错误是无关紧要的，通信仍可在套接字上进行。返回的错误值可以有多种，但最常见的错误是 SOCK_ERROR。SOCK_ERROR 的值是－1，但这个值仅仅是函数的返回值，由此还不能看出到底是什么具体类型的错误，要想获得具体的错误代码，还必须在 Winsock 函数调用之后，用 WSAGetLastError 函数来获得错误代码，这个错误代码能明确地表明产生错误的原因。该函数的定义为：

```
int WSAGetLastError(void);
```

发生错误后调用这个函数，就会返回所发生的特定的错误代码。这些错误都是已经预定义的常量值。在后面几乎所有的例子中，都能看到这个函数的使用。

3.6 常用 Winsock 函数

这里只介绍 Winsock 1.1 函数，同样功能的 Winsock 2.2 函数可以参考附录。这是因为 Winsock 2.2 函数是在版本 1.1 基础上进行了更新和扩展，若 Winsock 2 在规格中更新或增添了新的 API 函数，该函数名就会采用 WSA 作为前缀。

3.6.1 Winsock 初始化函数

(1)WSAStartup( )

功能：加载 Winsock DLL 的相应版本。

格式：int WSAStartup(WORD wVersionRequested, LPWSADATA lpWSAData);

参数说明：

wVersionRequested：用于指定准备加载的 Winsock 版本，高位字节指定所需要的 Winsock 库的副版本，而低位字节则是主版本。可用宏 MAKEWORD(X,Y)来生成 wVersionRequested 的正确值(X 是高位字节，Y 是低位字节)。

lpWSAData：指向 WSADATA 结构的指针，用来接收有关 Winsock 库版本的细节信息，WSAData 结构定义如下：

```
    typedef struct WSAData
    {
            WORD             wVersion;
            WORD             wHighVersion;
            char             szDescription[WSADESCRIPTION_LEN+1];
            char             szSystemStatus[WSASYS_STATUS_LEN+1];
            unsigned short   iMaxSockets;
            unsigned short   iMaxUdpDg;
            char FAR *       lpVendorInfo;
} WSADATA, FAR *LPWSADATA;
```

字段说明：

wVersion 和 wHighVersion：wVersion 表示打算使用的 Winsock 版本。wHighVersion 返回现有 Winsock 库的最高版本。这两个字段中，高位字节表示 Winsock 的副版本，低位字节表示 Winsock 主版本。

szDescription 和 szSystemStatus：由特定的 Winsock 实施方案设定，实际上不用。

iMaxSockets 和 iMaxUdpDg：分别为打开的套接字数和数据报的最大长度，一般不要使用它们，若想知道数据报的最大长度则应通过 WSAEnumProtocols 函数来查询协议信息。同时最多打开套接字的数目是不固定的，很大程度上和可用物理内存的多少有关。

lpVendorInfor：是为 Winsock 实施方案有关的指定厂商预留的，任何一个 Win32 平台上都没有使用这个参数。

注释：如果调用 Winsock 函数之前没有加载 Winsock 库，函数会返回 SOCKET_ERROR，错误代码是 WSANOTINITIDLISED。

(2) WSACleanup()

功能：终止对 Winsock DLL 的使用，并释放资源。

格式：

int WSACleanup(void);

注释：该函数不带任何参数，若调用成功则返回 0，否则返回错误。

3.6.2　基本 Winsock 函数

Winsock 基本函数包括 socket，bind，connect，listen，accept，closesocket，shutdown 等。

(1) socket()

功能：创建一个套接字。

格式：

SOCKET socket(int af, int type, int protocol);

参数说明：

af：指定网络地址类型，一般取 AF_INET，表示该套接字在 Internet 域中进行通信。

type：用于指定套接字类型，套接字类型可以取 5 个值：SOCK_STREAM（会话套接字）、SOCK_DGRAM（数据报套接字）、SOCK_SEQPACKET、SOCK_RAW（原始套接字）和 SOCK_RDM。

protocol：指定网络协议，一般取 0，表示默认为 TCP/IP 协议。

注释：Winsock API 是建立在套接字基础上的。套接字从实质上讲，就是一个指向传输提供者的句柄。Win32 中套接字不同于其他文件描述符，它是一个独立的类型——SOCKET。

(2) bind()

功能：将一本地地址与一套接字绑定。

格式：

int bind(SOCKET s, const struct sockaddr * name, int namelen);

参数说明：

s：标识一未绑定套接字的句柄。

name：指向与协议有关的地址结构的指针，我们把这个结构称为套接字地址结构。该结构的类型是 struct sockaddr,定义如下：

```
struct sockaddr{
                u_short sa_family;
                char sa_data[14];
              };
```

一般情况下另一个与该地址结构大小相同的 sockaddr_in 结构更为常用，sockaddr_in 结构用来标识 TCP/IP 协议下的地址。sockaddr_in 的结构定义如下：

```
struct sockaddr_in
{
  short            sin_family;
  u_short          sin_port;
  struct in_addr   sin_addr;
  char             sin_zero[8];
}
```

其中：

sin_family 字段必须设为 AF_INET，表示该 socket 处于 Internet 域。

sin_port 字段用于指定服务端口，在选择服务端口时必须特别小心，因为有些可用端口已为固定的服务保留，而且还要注意，应当把端口号由主机字节顺序转换为网络字节顺序。如果把端口号设为 0，则 Winsock 将为应用程序分配一个在 1 024～5 000 之间的端口值。

sin_addr 字段用于把一个 IP 地址保存为一个 4 字节的数，它是无符号整数类型。函数 inet_addr 可以把点分式 IP 地址转换为一个 32 位的无符号长整数。inet_addr 定义如下：

unsigned long inet_addr(const char FAR *cp);

其中，参数 cp 是一个空终止符字符串，它认可点分式表示的 IP 地址。这个函数的返回是一个网络字节顺序的 32 位长整数。

sin_zero 字段只充当填充项的作用，以使 sockaddr_in 结构和 sockaddr 结构的长度一样。

namelen：代表 name 指向的地址结构的长度。

注释：bind 将指定的套接字同一个已知地址和端口绑定在一起。一旦出错，bind 函数会返回 SOCKET_ERROR 。对 bind 来说，最常见的错误是 WSAEADDRINUSE。如果使用 TCP/IP，那么该错误表示另一个进程已经同本地 IP 地址及端口号绑定到了一起，或者这个 IP 地址和端口号处于 TIME_WAIT 状态。假如对一个已绑定套接字调用 bind，便会返回 WSAEFAULT 错误。

下面举例说明如何 在一个 TCP 连接上进行套接字绑定。

例 3.1 在 TCP 连接上进行套接字绑定示例。

```
SOCKET s;
struct sockaddr_in tcpaddr;
int port=5150;
int nSockErr;
s=socket(AF_INET,SOCK_STREAM,IPPROTO_TCP);
tcpaddr.sin_family=AF_INET;
tcpaddr.sin_port=htons(port);
```

```
tcpaddr.sin_addr.s_addr=htonl(INADDR_ANY);
if(bind(s,(SOCKADDR *)&tcpaddr,sizeof(tcpaddr))==SOCKET_ERROR)
                    //调用 bind 函数进行绑定
{
    //处理错误
    nSockErr=WSAGetLastError();
}
```

在这个例子中，先创建了一个套接字，然后设置了 IP 地址，最后把套接字绑定到默认 IP 地址的 5150 端口上。这里的 IP 地址为常量 INADDR_ANY，意为由系统自动选择 IP 地址。如果主机只有一个 IP 地址，可以使用这个常量，但如果主机有多个 IP 地址，则最好自己指定。

(3)listen()

功能：将套接字置为侦听模式，等待客户端提出的连接申请。

格式：

```
int PASCAL FAR listen(SOCKET s, int backlog);
```

参数说明：

s：标识一个已绑定但未连接套接字的句柄。

backlog：表示等待连接队列的最大长度。这个参数非常重要，因为完全可能同时出现几个服务器的连接请求。例如，假定参数 backlog 值为 2，此时如果三个客户进程同时发出连接请求，那么前两个会被放到一个等待处理队列中，以便应用程序依次为它们提供服务，而第三个连接请求会造成一个 WSAECONNEREFUSED 错误。一旦服务器接受了一个连接，那个连接请求就会从队列中删去，以便别人可以继续发出请求。就 backlog 参数而言，其大小是由底层协议决定的，如果出现非法值，那么会用与之最接近的一个合法值来取代。

注释：如果无错误发生，listen 返回 0，否则返回 SOCKET_ERROR 错误，最常见的错误类型是 WSAEINVAL，该错误通常表示 listen 之前没有调用 bind。应用程序可通过 WSAGetLastError()获取相应具体错误代码。

(4)accept()

功能：在指定套接字上接受一个连接。

格式：

```
SOCKET PASCAL FAR accept(SOCKET s, struct sockaddr FAR * addr, int
                         FAR * addrlen);
```

参数说明：

s：套接字句柄，该套接字在 listen()后已经侦听连接。

addr：连接请求方 SOCKADDR_IN 结构的地址。

addrlen：SOCKADDR_IN 结构长度。

注释：调用 accept()函数后，服务器就可以为等待连接队列中的第一个连接请求提供服务了。accept()函数返回一个新的套接字，addr 参数变量中会包含发出连接请求的客户机的 IP 地址信息，而 addrlen 参数指出该结构的长度。对于该客户端后续的所有操作，都应使用这个新套接字。至于原来那个套接字，它仍然用于接受其他客户端连接，而且仍然处于侦听状态，如果有新请求，可以通过 accept()函数的再一次调用而获得接受。如果无连接请求，服务进程被阻塞。如果调用accept()函数出错，会返回INVALID_SOCKET，如果要获得具体错误代码可以调用WSAGetLastError。

下面的代码说明了accept()的调用过程。

例3.2 accept()的调用过程示例。

```
SOCKET sServSock;
sockaddr_in addr;
int nSockErr;
int nNumConns;
SOCKET sConns[5];
sockaddr Connaddrs[5];
int nAddrLen=sizeof(sockaddr);
//建立socket对象
sServSock=socket(AF_INET,SOCK_STREAM,0);
//为socket分配端口
addr.sin_family=AF_INET;
addr.sin_port=htons(5050);
addr.sin_addr.s_addr=htonl(INADDR_ANY);
if(bind(sServSock,(LPSOCKADDR)&addr,sizeof(addr))==SOCKET_ERROR)
{
 nSockErr=WSAGetLastError();
}
//侦听客户连接请求
if(listen(sServSock,2)==SOCKET_ERROR)
{
 nSockErr=WSAGetLastError();
 //处理错误,不再继续
}
while(nNumconns<5)
{
 //接受连接
 sConns[nNumConns]=accept(sServSock,ConnAddrs[nNumConns],&nAddrLen);
 if(sConns[nNumConns]=INVALID_SOCKET)
 {
 nSockErr=WSAGetLastError();
 //处理错误
 }
 else
 {
 //新socket已经成功地连接
 StartNewHandleThread(sConns[nNumConns]);
```

```
    nNumConns++;
}
```

在这个例子中，先创建一个服务器套接字，然后再赋给套接字一个地址，并侦听客户端的连接请求。该套接字可以接收 5 个不同的连接，并且将套接字句柄和相应的地址保存到一个数组中，接着调用一个函数来启动一个新线程对连接进行处理。有关线程编程的知识后面第 5 章会详细介绍。

(5) connect()

功能：用于建立与一个服务器端的连接。

格式：

```
int PASCAL FAR connect(SOCKET s, const struct sockaddr FAR * name, int
                        namelen);
```

参数说明：

s：标识一个未连接套接字的句柄。

name：是套接字地址结构(SOCKADDR_IN)指针，标识服务进程 IP 地址及端口信息。

namelen：标识 name 参数的长度。

注释：本函数利用套接字地址结构来与一个远程主机建立连接，函数调用一旦成功返回，就能收发数据了。对于数据报类套接字(SOCK_DGRAM 类型)，也可以调用 connect，但 connect 函数并不是真正地发出连接请求，而是仅仅将服务器端的地址信息保存下来，在发送数据的过程中，系统会自动在发送和接收函数中填入服务器地址而不需要由客户端程序填写，所以可以用后面将要讲到的基于连接的套接字函数 send()与 recv()实现数据的收发。当连接请求到来后，accept()函数生成一个新的套接字与客户套接字建立连接。

(6) closesocket()

功能：关闭一个套接字。

格式：

```
int PASCAL FAR closesocket( SOCKET s);
```

参数说明：

s：准备关闭的套接字。

注释：closesocket 的调用会释放套接字句柄 s，以后再对 s 的访问均以 WSAENOTSOCK 错误返回。

(7) shutdown()

功能：禁止在一个套接字上进行数据的接收与发送。

格式：

```
int PASCAL FAR shutdown( SOCKET s, int how);
```

参数说明：

s：套接字句柄。

how：标志，用于描述禁止哪些操作。可能的取值是：SD_REVIEVE，SD_SEND 或 SD_BOTH。SD_RECEIVE 表示不允许再调用接收函数。SD_SEND 表示不允许再调用发送函数。SD_BOTH 表示取消连接两端的收发操作。

注释：通信任务一旦完成，就必须关掉连接以释放套接字所占的资源。通常调用 closesocket 即可。但是直接调用 closesocket 可能会带来负面影响，导致数据的丢失。因此，应该在调用 closesocket 函数之前，利用 shutdown 函数从容中断连接。从容中断连接只出现在面向连接的协议中。在这种关闭过程中，一方开始关闭通信会话，但另一方仍然可以读取线上或网络堆栈中已挂起的数据。如果面向连接协议不支持从容中断，结果是只要其中一方关闭了通信信道，都会导致连接立即中断，那么数据有可能丢失，接收端不能读取这些数据。所以，连接双方都必须执行一次关闭，以便完全中断连接。shutdown()函数并不关闭套接字，且套接字所占有的资源将被一直保持到 closesocket()调用。如果没有错误发生，shutdown()返回 0。否则的话，返回 SOCKET_ERROR 错误，应用程序可通过 WSAGetLastError()获取相应错误代码。

3.6.3 数据传输函数

(1)send()

功能：向一个已连接的套接字发送数据。

格式：

int PASCAL FAR send(SOCKET s, const char FAR * buf, int len, int flags);

参数说明：

s：是已连接套接字的句柄，发送数据操作将在这个套接字上进行。

buf：发送数据缓冲区，包含待发送数据。

len：发送缓冲区中的字符数。

flags：调用的执行方式。可以为 0，MSG_DONTROUTE，MSG_OOB 或这些标志按位“或”运算的结果。MSG_DONTROUTE 要求传输层不要把它发出的包路由出去，MSG_OOB 标志数据应被带外发送。

注释：send 函数调用成功则返回实际发送数据的字节数，若发生错误，就返回 SOCKET_ERROR。常见的错误是 WSAECONABORTED，这一错误一般发生在虚拟回路由于超时或协议有错而中断的时候，发生这种情况时，应该关闭这个套接字。另一个常见错误是 WSAETIMEOUT，它发生在连接由于网络故障或远程连接系统异常死机而引起的连接中断时。

(2)recv()

功能：从已建立连接的套接字接收数据。

格式：

int PASCAL FAR recv(SOCKET s, char FAR * buf, int len, int flags);

参数说明：

s：标识已连接套接字的描述字。

buf：用于接收数据的字符缓冲区。

len：准备接收的字节数或 buf 缓冲区长度。

flags：指定调用方式。可以是 0，MSG_PEEK，MSG_OOB 或这些标志按位“或”运算的结果。0 表示无特殊行为，MSG_PEEK 使有用的数据复制到所提供的接收端缓冲区内，但没有把它从系统缓冲区中删除。

注释：rec 函数调用成功则返回实际发送的字节数。

(3)sendto()

功能:向一指定目的地发送数据。

格式:

int PASCAL FAR sendto(SOCKET s, const char FAR * buf, int len, int flags,
　　const struct sockaddr FAR * to, int tolen);

参数说明:

s:标识套接字的句柄。

buf:待发送数据的缓冲区。

len:待发送的字节数。

flags:调用方式标志位。可以为 0,MSG_DONTROUTE,MSG_OOB 或这些标志按位"或"运算的结果。MSG_DONTROUTE 要求传输层不要把它发出的包路由出去,MSG_OOB 标志数据应被带外发送。

to:(可选)指针,指向目的套接字的地址结构(SOCKADDR 结构)。

tolen:to 所指地址结构的长度。

注释:用于无连接的数据报套接字,成功地完成 sendto()调用并不意味着数据能被接收方正确接收。

(4)recvfrom()

功能:接收一个数据报并保存发送方地址结构信息。

格式:

int PASCAL FAR recvfrom(SOCKET s, char FAR * buf, int len, int flags,
　　struct sockaddr FAR * from, int FAR * fromlen);

参数说明:

s:标识套接字的句柄。

buf:接收数据缓冲区。

len:准备接收的字节数或 buf 缓冲区长度。

flags:调用操作方式。可以是 0,MSG_PEEK,MSG_OOB 或这些标志按位"或"运算的结果。0 表示无特殊行为,MSG_PEEK 使有用的数据复制到所提供的接收端缓冲区内,但没有把它从系统缓冲区中删除。

from:(可选)指针,用来接收发送方套接字地址结构信息。

fromlen:(可选)指针,指向 SOCKADDR 地址结构的长度。

注释:recfrom 调用成功则返回实际接收的字节数。

3.6.4　字节顺序及地址转换函数

在前面曾经讲到,基于 Intel 处理器的主机字节顺序和网络字节顺序是相反的,那么它们之间怎么转换呢?同样,点分式 IP 地址和 32 位无符号长整数之间也需要进行转换。要完成这些转换工作,就要用到字节顺序转换函数和地址转换函数。

(1)字节顺序转换函数

下面 4 个 API 函数可以把一个数从主机字节顺序转换为网络字节顺序。

u_long　htonl(u_long hostlong);

```
int        WSAHtonl(SOCKET s,u_long hostlong,u_long FAR * lpnetlong);
u_short    htons(u_short hostshort);
int        WSAHtons(SOCKET s,u_short hostshort,u_short FAR * lpnetshort);
```

htonl 和 WSAHtonl 的 hostlong 参数是按主机字节顺序的一个 4 字节数。htonl 函数返回一个按网络字节顺序的 4 字节值，而 WSAHtonl 函数则通过 lpnetlong 参数返回这个值。

htons 和 WSAHtons 的 hostshort 参数是按主机字节顺序的一个 2 字节数。htons 函数返回一个按网络字节顺序的 2 字节值，而 WSAHtons 函数通过 lpnetshort 参数返回这个值。

下面 4 个 API 函数可以把网络字节顺序转换为主机字节顺序：

```
u_long     ntoh(u_long netlong);
int        WSANtohl(SOCKET s,u_long netlong,u_long FAR * lphostlong);
u_short    ntohs(u_short netshort);
int        WSANtohs(SOCKET s,u_short netlong,u_short FAR * lphostlong);
```

这 4 个函数的作用和上面 4 个函数的作用正好相反。

(2)地址转换函数

inet_addr()将点分式 IP 地址转换为一个 32 位的无符号长整数。格式如下：

```
unsigned long inet_addr(const char FAR * cp);
```

cp 是一个以 Internet 标准“.”间隔的 IP 地址字符串。这个函数的返回是一个网络字节顺序的 32 位长整数。

inet_ntoa()将 32 为无符号长整数转换为点分式 IP 地址。格式如下：

```
char * inet_ntoa(struct int_addr inaddr);
```

inaddr 是 32 为长整数。

注释：IP 地址用“.”间隔的地址表达方式：a. b. c. d，每个部分都解释成一个字节数据，从左到右组成 Internet 四字节地址。请注意：当一个 Internet 地址在 Intel 机器上表示成一个 32 位整型数时，则上述的字节为“d. c. b. a”。这是因为 Intel 处理器的字节是从右向左排列的。

3.6.5 网络信息查询函数

(1)getpeername()

功能：获取通信对方的套接字地址结构信息。

格式：

```
int PASCAL FAR getpeername(SOCKET s, struct sockaddr FAR * name,int
                           FAR * namelen);
```

参数说明：

s：已连接的套接字。

name：通信对方的套接字地址结构。

namelen：一个指向地址结构长度的指针。

(2)getscokname()

功能：该函数是 getpeer 的对应函数。获取指定套接字的本地地址结构信息。

格式：

```
int PASCAL FAR getsockname(SOCKET s, struct sockaddr FAR * name, int
                           FAR * namelen);
```

参数说明：

s:标识一个已绑定套接字的句柄。

name:套接字的地址结构。

namelen:一个指向地址结构长度的指针。

(3)gethostbyname()

功能:返回对应于给定主机名的主机信息。在已知主机名而打算查找其 IP 地址的时候，可以使用这个函数。

格式：

```
struct hostent FAR * gethostbyname(const char FAR * name);
```

参数说明：

name:指向主机名的指针。

注释:gethostbyname()返回一个指向 hostent 结构的指针。hostent 结构定义如下：

```
struct hostent
{
        char FAR *          h_name;
        char FAR * *        h_aliases;
        short               h_addrtype;
        short               h_length;
        char FAR * *        h_addr_list;
};
```

h_name 字段是正式的主机名。

h_aliases 字段是一个由主机备用名组成的空终止符数组。

h_addrtype 字段表示返回的地址家族,对于 Winsock,这个域总是 AF_INET。

h_legnth 字段对 h_addr_list 字段中每个地址定义其长度(字节数),对应于 AF_INET 这个域应该为 4。

h_addr_list 字段是一个由主机 IP 地址组成的空终止符数组,返回的地址是网络顺序的。为了保证其他旧的软件的兼容性,h_addr_list[0]被定义为宏 h_addr。

(4)gethostbyaddr()

功能:返回对应于给定 IP 地址的主机信息。在已知 IP 地址,打算查找其友好主机名的时候,可以使用这个函数。

格式：

```
struct hostent FAR * gethostbyaddr(const char FAR * addr, int len, int type);
```

参数说明：

addr:是一个指向网络字节顺序 IP 地址的指针。

len: 地址的长度,在 AF_INET 类型地址中为 4。

type:地址类型,应为 AF_INET。

注释:gethostbyaddr()返回对应于给定 IP 地址的包含主机名字和地址信息的 hostent 结

构指针。

(5)getservbyname()

功能:返回对应于给定服务名和协议名的相关服务信息。在已知服务的情况下,要查找其对应的端口号,可以使用这个函数。

格式:

```
struct servent FAR * getservbyname(const char FAR * name, const char FAR
                    * proto);
```

参数说明:

name:一个指向服务名的指针。

proto:指向协议名的指针(可选)。如果这个指针为空,getservbyname()返回第一个 name 与 s_name 或者某一个 s_aliases 匹配的服务条目。否则 getservbyname()对 name 和 proto 都进行匹配。

注释:getservbyname()返回一个服务信息结构指针。结构的定义如下:

```
struct servent {
            char FAR *      s_name;
            char Far * *    s_aliases;
            short           s_port;
            char FAR *      s_proto;
        };
```

s_name 字段表示正规的服务名。

s_aliases 字段表示一个以空指针结尾的可选服务别名队列。

s_port 字段表示连接该服务时需要用到的端口号,返回的端口号是以网络字节顺序排序的。

s_proto 字段表示连接该服务时用到的协议名。

如果没有错误发生,getservbyname()返回如上所述的一个指向 servent 结构的指针,否则,返回一个空指针。应用程序可以调用 WSAGetLastError()来得到一个特定的错误代码。

3.7 会话通信程序设计

3.7.1 会话通信程序结构

会话套接字定义了一种可靠的面向连接的服务,实现无差错无重复的顺序数据传输。会话套接字的服务进程和客户进程在通信前必须建立各自的套接字并进行连接,然后才能对相应的套接字进行“读”、“写”操作,实现数据的传输。在会话通信程序中使用的基本 Winsock 函数有 socket,bind,listen,accept,connect,shutdown 和 closesocket 等,使用的数据传输函数有 send 和 recv。

会话通信程序的步骤如下:

第一步,要将指定协议的套接字绑定到它已知的名字上。这个名字就是本地的 IP 地址加端口号。这个过程通过 bind 函数来完成。

第二步,服务进程要处于侦听状态,等待任意数量的客户端连接,以便为它们的请求提供服务。服务进程必须在所绑定的名字上进行侦听。因此需要把套接字置为侦听模式。通过listen函数来实现。

第三步,服务进程调用函数accept或WSAAccept准备接受来自客户端的连接。如果一个客户端这时用connnect函数试图建立连接,服务进程就可以接受连接。

第四步,连接建立后,服务器端和客户端之间就可以使用send和recv函数进行通信。这里要说明的是,默认情况下recv函数处于阻塞模式,在接收到数据前,程序将不向下执行。

图3.6描述了会话套接字的编程模型。

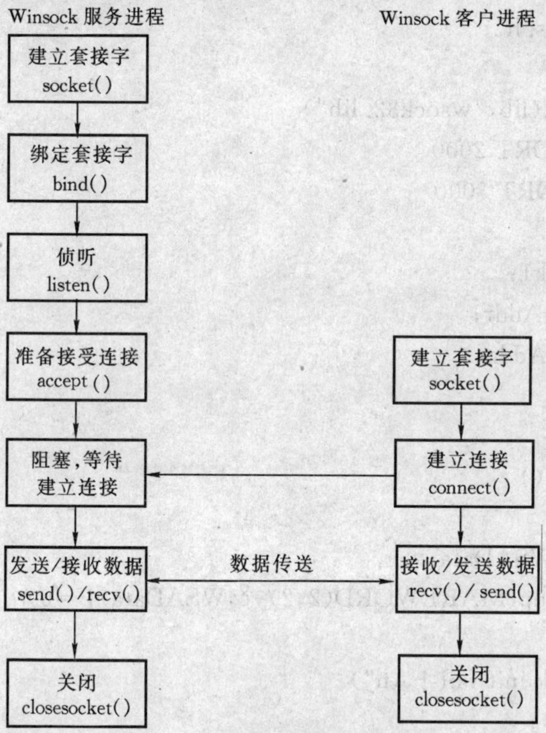

图3.6　会话套接字的编程模型

3.7.2　会话通信程序实例1

(1)实例描述

该实例完成一个服务器端和客户端简单的会话通信过程。要求主机上安装TCP/IP协议,并设定IP地址为24.85.151.24。服务器端和客户端使用同一台主机的不同端口号,服务器端使用的端口号为2000,客户端使用的端口号为3000。

服务器端程序先运行,首先初始化Winsock,然后创建套接字,在2000端口上进行绑定,接着在2000端口进行侦听,并进入等待连接状态。客户端后运行,同样首先初始化Winsock,然后创建套接字,接着尝试和服务器端的连接。连接一旦建立,就可以在服务器端和客户端之间进行通信。客户端提示输入一个数字,比如输入50,那么客户端会从“data0”到“data49”发送50个字符串,输入0退出。

这个程序虽然简单，但是它却包含了一个会话通信程序最基本的框架。程序中所包含的头文件是 Winsock 程序所必须的。

“Winsock. h”：Winsock 头文件，版本 1. 1 使用 Winsock. h，版本 2 使用 Winsock2. h。

“windows. h”：创建一个 Windows console 程序所必需的头文件。

#pragma comment(lib, "wsock32. lib")：指定连接的库文件。版本 Winsock 1. 1 使用 wsock32. lib，版本 Winsock 2 使用 ws2_32. lib。

(2)服务器端程序

例 3. 3 会话通信程序实例 1 的服务器端程序。

```
#include "Winsock.h"
#include "windows.h"
#include "stdio.h"
#pragma comment(lib,"wsock32.lib")
#define RECV_PORT 2000
#define SEND_PORT 3000

SOCKET sock,sock1;
sockaddr_in ServerAddr;
sockaddr_in ClientAddr;
int Addrlen;

DWORD StartSock()
{
    WSADATA WSAData;
    if (WSAStartup(MAKEWORD(2,2),&WSAData)!=0)   //初始化套接字
    {
      printf("sock init fail !\n");
      return(-1);
    }
    return(1);
}
DWORD CreateSocket()
{
    sock=socket(AF_INET,SOCK_STREAM,0);              //创建套接字
    if (sock==SOCKET_ERROR)
    {
      printf("sock create fail !\n");
      WSACleanup();
      return(-1);
    }
    ServerAddr.sin_family=AF_INET;        //填充服务器地址及端口号
```

```
    ServerAddr.sin_addr.s_addr=htonl(INADDR_ANY);
    ServerAddr.sin_port=htons(RECV_PORT);
    if (bind( sock, (struct sockaddr FAR * ) &ServerAddr,
                sizeof(ServerAddr)) == SOCKET_ERROR)   //绑定套接字
    {
      printf("bind is the error");
      return(-1);
    }
    return (1);
}
DWORD ConnectProcess()
{
    char buff[80];
    Addrlen=sizeof(sockaddr_in);
    if (listen( sock, 5 ) < 0)                    //置本地套接字为侦听模式
    {
      printf("Listen error");
      return(-1);
    }
    printf("Listening...\n");
    for (;;)
    {
      sock1 = accept( sock,(struct sockaddr FAR * ) &ClientAddr,&Addrlen);
                                                        // 接受连接

      for ( ;; )
      {
        memset(buff,0,80);
        if (recv(sock1,buff,80,0)<=0)
        {
          break;
        }
        printf(buff);
        printf("\n");
      }
    }
}

int main()
{
```

```
    if (StartSock()==-1)
      return(-1);

    if (CreateSocket()==-1)
      return(-1);

    if (ConnectProcess()==-1)
      return(-1);

    return(1);
}
```

(3) 客户端程序

例 3.4 会话通信程序实例 1 的客户端程序。

```
#include "Winsock.h"
#include "windows.h"
#include "stdio.h"
#pragma comment(lib,"wsock32.lib")
#define RECV_PORT 2000
#define SEND_PORT 3000

SOCKET sock;
sockaddr_in ServerAddr;

DWORD StartSock()
{
    WSADATA WSAData;

    if (WSAStartup(MAKEWORD(2,2),&WSAData)!=0)          //初始化套接字
    {
      printf("sock init fail!\n");
      return(-1);
    }
    ServerAddr.sin_family=AF_INET;            //填充服务器地址及端口号
    ServerAddr.sin_addr.s_addr=inet_addr("24.85.151.22");
    ServerAddr.sin_port=htons(RECV_PORT);
    return(1);
}

DWORD CreateSocket()
```

```
{
    sock=socket(AF_INET,SOCK_STREAM,0);         //创建套接字
    if (sock==SOCKET_ERROR)
    {
        printf("sock create fail ! \n");
        WSACleanup();
        return(-1);
    }
    return (1);
}

DWORD CallServer()            //呼叫服务器,请求连接
{
    CreateSocket();
    if (connect( sock, (struct sockaddr * ) &ServerAddr,
        sizeof( ServerAddr))==SOCKET_ERROR)
    {
        printf("Connect fail \n");
        closesocket( sock );
        return(-1);
    }
    return(1);
}

DWORD TCPSend(char data[])          //向服务器方发送数据
{
    int length;
    length=send(sock,data,strlen(data),0);
    if (length<=0)
    {
        printf("send data error ! \n");
        closesocket(sock);
        WSACleanup();
        return(-1);
    }
    return(1);
}

int main()
```

```
{
    char buff[80];
    int num,i;
    StartSock();
    while (CallServer()==-1);
    printf("connect ok! \n");
    printf("press any key to send !");
    getchar();
    for (;;)
    {
      printf("Input the number of message to send:(0-exit)");
      memset(buff,0,80);
      scanf("%d",&num) ;
      if (num<=0)
      break;
      for (i=0;i<num;i++)
      {
        sprintf(buff,"data%d",i);
        printf(buff);
        printf("\n");
        TCPSend(buff);
        Sleep(100);
      }
    }
  return(0);
}
```

3.7.3 会话通信程序实例 2

(1)实例描述

该实例完成模拟的 FTP 功能。服务器端程序在 2000 端口进行侦听,并进入等待连接状态。客户端尝试和服务器端的连接。连接一旦建立,就可以在服务器端和客户端之间进行文件传输,程序里要求文件小于 32KB。客户端提示输入文件名,该文件名可以带路径,服务器端收到文件后,将其写到相应位置。

(2)服务器端程序

例 3.5 会话通信程序实例 2 的服务器端程序。

```
#include "winsock. h"
#include "windows. h"
#include "stdio. h"
#pragma comment(lib,"wsock32. lib")
```

```
#define RECV_PORT 2000
#define SEND_PORT 3000
#define MAX_FILESIZE 32 * 1024

SOCKET sock,sock1;
sockaddr_in ServerAddr;
sockaddr_in ClientAddr;

struct Filedata
{
    char ffname[30];
    char ffdata[MAX_FILESIZE];
    int len;
}DataPacket;
int Addrlen;

DWORD StartSock()
{
    WSADATA WSAData;
    if (WSAStartup(MAKEWORD(2,2),&WSAData)!=0)      //初始化套接字
    {
      printf("sock init fail! \n");
      return(-1);
    }
    return(1);
}

DWORD CreateSocket()
{
    sock=socket(AF_INET,SOCK_STREAM,0);      //创建套接字
    if (sock==SOCKET_ERROR)
    {
      printf("sock create fail! \n");
      WSACleanup();
      return(-1);
    }
    ServerAddr.sin_family=AF_INET;      //填充服务器地址
    ServerAddr.sin_addr.s_addr=htonl(INADDR_ANY);
    ServerAddr.sin_port=htons(RECV_PORT);
```

```
    if (bind( sock, (struct sockaddr FAR * ) &ServerAddr,
          sizeof(ServerAddr)) == SOCKET_ERROR)    //绑定套接字
    {
      printf("bind is the error");
      return(-1);
    }
    return (1);
}

DWORD WriteFile(char * fname,char * fdata,int flen)
{
    int i;
    FILE * fp;
    fp=fopen(fname,"w");      //以写方式打开一个文件
    if(fp==NULL)
    {
      printf("cannot open this file\n");
    }
    i=0;
    for(i=0;i<flen;i++)
    {
      fputc(fdata[i],fp);      //逐个字节写入文件
    }
    fclose(fp);
    return(1);
}

DWORD ConnectProcess()
{
    Addrlen=sizeof(sockaddr_in);
    if (listen( sock, 5 ) < 0)       //置本地套接字为侦听模式
    {
      printf("Listen error");
      return(-1);
    }
    printf("Listening...\n");
    for (;;)
    {
      sock1 = accept ( sock,(struct sockaddr FAR * ) &ClientAddr,&Addrlen);
```

```
                    // 接受连接
    for ( ;; )
    {
      memset(DataPacket.ffname,0,30);
      memset(DataPacket.ffdata,0,MAX_FILESIZE);
      DataPacket.len=0;
      if (recv(sock1,(char *)&DataPacket,sizeof(Data Packet),0)<=0)
                          // 接收数据
      {
        break;
      }
      printf ("Has recieved file:%s,length is %d",DataPacket.ffname,DataPa ck-
          et.len);
      WriteFile(DataPacket.ffname,DataPacket.ffdata,DataPacket.len);
                          // 写文件
      printf("\n");
    }
  }
}

int main()
{
    if (StartSock()==-1)
      return(-1);
    if (CreateSocket()==-1)
      return(-1);
    if (ConnectProcess()==-1)
      return(-1);
    return(1);
}
```

(3)客户端程序

例 3.6 会话通信程序实例 2 的客户端程序。

```
#include "winsock.h"
#include "windows.h"
#include "stdio.h"
#include "stdlib.h"
#include "string.h"
#pragma comment(lib,"wsock32.lib")
#define RECV_PORT 2000
#define SEND_PORT 3000
```

```
#define MAX_FILESIZE 32 * 1024

SOCKET sock;
sockaddr_in ServerAddr;

struct Filedata
{
    char ffname[30];
    char ffdata[MAX_FILESIZE];
    int len;
}DataPacket;

DWORD StartSock()
{
    WSADATA WSAData;
    if (WSAStartup(MAKEWORD(2,2),&WSAData)!=0)        //初始化套接字
    {
      printf("sock init fail ! \n");
      return(-1);
    }
    ServerAddr.sin_family=AF_INET;        //填充服务器地址及端口号
    ServerAddr.sin_addr.s_addr=inet_addr("24.85.151.23");
    ServerAddr.sin_port=htons(RECV_PORT);
    return(1);
}

DWORD CreateSocket()
{
    sock=socket(AF_INET,SOCK_STREAM,0);        //创建套接字
    if (sock==SOCKET_ERROR)
    {
      printf("sock create fail ! \n");
      WSACleanup();
      return(-1);
    }
    return (1);
}

void CallServer()
```

```
{
    CreateSocket();
    while (connect( sock, (struct sockaddr * ) &ServerAddr,
        sizeof( ServerAddr))==SOCKET_ERROR)  //请求与服务器建立连接
    {
      printf("Connect ...\n");
    }
}

DWORD GetFile(char * fname)
{
    FILE *fp;
    int Filesize;
    int i;
    char c;
    int count, total = 0;
    char buffer[100];
    char Senddata[MAX_FILESIZE];
    fp=fopen(fname,"r");  //以读方式打开打开一个文件

    if (fp==NULL)
    {
      printf("cannot open this file\n");
      return(0);
    }
    i=0;
    Filesize=0;
    memset(Senddata, 0, MAX_FILESIZE);
    while( ! feof( fp ) )
    {
     count = fread( buffer, sizeof( char ), 100, fp ); //读文件,一次读入 100 个字节
     if( ferror( fp ) )
     {
       printf( "Read File error" );
       break;
     }
     Filesize += count;
     if(Filesize>MAX_FILESIZE)   //如果文件大于 32KB,提示出错信息
     {
```

```
            printf("your file is too big\n");
            fclose(fp);
            return(0);
        }
        memcpy(&Senddata[i],buffer,count);
        i+=count;
    }
    fclose(fp);
    Senddata[i]='\0';
    strcpy(DataPacket.ffname,fname);
    memcpy(DataPacket.ffdata,Senddata,Filesize);
    DataPacket.len=Filesize;
    printf("%s   %d\n",DataPacket.ffname,DataPacket.len);
    return(1);
}
DWORD TCPSendPacket(struct Filedata Packet)    //发送文件数据
{
    int length;
    length=send(sock,(char *)&Packet,sizeof(DataPacket),0);
    if (length<=0)
    {
      printf("send Filedata error ! \n");
      closesocket(sock);
      WSACleanup();
      return(-1);
    }
    return(1);
}
int main()
{
    char sendfilename[30];    //发送的文件名
    char c;
    StartSock();
    CallServer();
    printf("connect ok! \n");
    while (1)
    {
      printf("please input your filename to send(exit-退出)\n");
      scanf("%s",sendfilename);
```

```
        if ( strcmp(sendfilename,"exit")==0)
            break;
        if (GetFile(sendfilename)==0)
            continue;

        TCPSendPacket(DataPacket);
    }
    closesocket(sock);
    return(0);
}
```

3.8　数据报通信程序设计

3.8.1　数据报通信程序结构

数据报套接字是无连接的，它的编程过程比流套接字模型要简单一些。数据报套接字编程模型使用的基本 Winsock 函数与会话套接字模型使用的函数是一样的，而数据传输函数则和会话套接字不同，发送数据用 sendto 函数，接收数据使用 revfrom 函数。

数据报通信程序步骤如下。

第一步，服务器端和客户端都要创建一个数据报套接字。

第二步，服务器端调用 bind 函数给套接字分配一个公认的端口，在开发应用程序时，这个公认端口通常是指定的。客户端同样也需要对套接字进行绑定。

第三步，客户端和服务器端都可以使用 sendto 函数发送数据，使用 recvfrom 接收数据，完成数据报传递。通信结束时调用 closesocket 关闭套接字。默认情况下 recvfrom 函数处于阻塞模式，在接收到数据前，程序将不向下执行。

数据报套接字编程模型如图 3.7 所示。

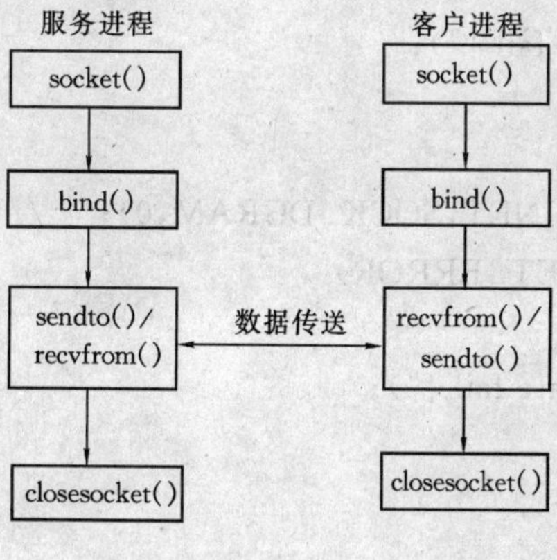

图 3.7　数据报套接字编程模型

3.8.2 数据报通信实例

(1)实例描述

该实例完成一个服务器端和客户端简单的数据报通信过程。要求主机上安装 TCP/IP 协议,并设定 IP 地址为 24.85.151.24。服务器端和客户端使用同一台主机的不同端口号,服务器端使用的端口号为 2000,客户端使用的端口号为 3000。服务器端首先初始化 Winsock,然后创建套接字,在 2000 端口上进行绑定,然后等待接收客户端发送的数据。客户端后运行,同样首先初始化 Winsock,然后创建套接字,在 3000 端口上进行绑定,然后就可以向服务器端发送数据。客户端提示按任意键进行发送,按任意键后,客户端会从"data0"到"data49"发送 50 个字符串,再按任意键退出。这个程序包含了一个数据报通信程序最基本的框架。

(2)服务器端程序

例 3.7 数据报通信实例的服务器端程序。

```
#include "Winsock.h"
#include "stdafx.h"
#include "windows.h"
#include "stdio.h"
#pragma comment(lib,"wsock32.lib")
#define RECV_PORT 2000
#define SEND_PORT 3000

SOCKET sock;
DWORD StartSock()
{
    WSADATA WSAData;
    sockaddr_in ServerAddr;
    if (WSAStartup(MAKEWORD(2,2),&WSAData)!=0)    //初始化套接字
    {
      printf("sock init fail !");
      return(-1);
    }
    sock=socket(AF_INET,SOCK_DGRAM,0);   //创建套接字
    if (sock==SOCKET_ERROR)
    {
      printf("sock create fail !");
      WSACleanup();
      return(-1);
    }
    ServerAddr.sin_family=AF_INET;   //填充本地地址
    ServerAddr.sin_addr.s_addr=htonl(INADDR_ANY);
    ServerAddr.sin_port=htons(RECV_PORT);
```

```
    if (bind(sock,(struct sockaddr *)&ServerAddr,
      sizeof(struct sockaddr_in))==SOCKET_ERROR)  //绑定套接字
    {
      printf("sock bind error code !");
      closesocket(sock);
      WSACleanup();
      return(-1);
    }

    return(1);
}

DWORD UdpRecv()
{
    char RecvBuff[80];
    int RecvLength;
    int alen;
    int i;
    int length;
    sockaddr_in Client;
    Client.sin_family=AF_INET;    //填充发送方地址及端口号
    Client.sin_addr.s_addr=inet_addr("24.85.151.24");
    Client.sin_port=htons(SEND_PORT);
    alen=sizeof(Client);
    printf("Waiting for recv\n");
    for (;;)
    {
      memset(RecvBuff,0,80);
      RecvLength=recvfrom(sock,RecvBuff,80,0,
      (struct sockaddr *)&Client, &alen);    //接收数据
      if (RecvLength<=0)
      {
          printf("data receive faile ");
          closesocket(sock);
          WSACleanup();
          return(-1);
      }
      else
      {
```

```
        if (strcmp( RecvBuff,"exit")==0)
          break;
        for (i=0;i<RecvLength;i++)
          printf("%c",RecvBuff[i]);
        length=sendto(sock,RecvBuff,RecvLength,MSG_DONTROUTE,
          (struct sockaddr *)&Client,sizeof(Client));
                                          //把收到的数据再返还回去

        printf("\n");
      }
    }
    return(1);
}

void main()
{
    StartSock();
    UdpRecv();
}
```

(3)客户端程序

例 3.8 数据报通信实例的客户端程序。

```
#include "ioctl.h"
#include "Winsock.h"
#include "stdafx.h"
#include "windows.h"
#include "stdio.h"
#pragma comment(lib,"wsock32.lib")
#define RECV_PORT 2000
#define SEND_PORT 3000
SOCKET sock;
DWORD StartSock()
{
      WSADATA WSAData;
      sockaddr_in ClientAddr;
      BOOL optval=TRUE;
      DWORD mode;
      if (WSAStartup(MAKEWORD(2,2),&WSAData)!=0)    //初始化套接字
      {
      printf("sock init fail!\n");
      return(-1);
      }
```

```
    sock=socket(AF_INET,SOCK_DGRAM,0);    //创建套接字
    if (sock==SOCKET_ERROR)
    {
      printf("sock create fail ! \n");
      WSACleanup();
      return(-1);
    }

    ClientAddr.sin_family=AF_INET;    //填充本地地址
    ClientAddr.sin_addr.s_addr=htonl(INADDR_ANY);
    ClientAddr.sin_port=htons(SEND_PORT);
    if (bind(sock,(struct sockaddr *)&ClientAddr,
     sizeof(struct sockaddr_in))==SOCKET_ERROR)  //绑定套接字
    {
      printf("sock bind error code ! \n");
      closesocket(sock);
      WSACleanup();
      return(-1);
    }
    return(1);
}
DWORD UDPSend(char data[])
{
    char Buff[80];
    int length;
    int alength;
    int i;
    struct sockaddr_in Server;
    Server.sin_family=AF_INET;  //填充目的方地址
    Server.sin_addr.s_addr=inet_addr("24.85.151.24");
    Server.sin_port=htons(RECV_PORT);
    length=sendto(sock,data,strlen(data),MSG_DONTROUTE,
                        (struct sockaddr *)&Server,sizeof(Server));  //发送数据
    if (length<=0)
    {
      printf("send data error ! \n");
      closesocket(sock);
      WSACleanup();
      return(-1);
```

```
    }
    alength=sizeof(Server);
    length=recvfrom(sock,Buff,80,0, (struct sockaddr *)&Server, &alength);
                                            //接收对方返还的数据
    for(i=0;i<length;i++)
      printf("%c",Buff[i]);
    printf("\n");
    return(1);
}

int main()
{
    char buff[80];
    int i;
    StartSock();
    printf("press any key to continue!");
    getchar();

    for (i=0;i<50;i++)
    {
      sprintf(buff,"data%d",i);
      UDPSend(buff);
      Sleep(100);
    }
    getchar();
    return 0;
}
```

3.9 Winsock 多播与广播通信程序设计

3.9.1 广播通信

(1)广播通信的实现

现在大多数网络都支持广播(broadcast)通信,用 TCP/IP 来实现广播通信,首先必须设置好子网掩码和广播地址,这样网络才能够接收广播信息。TCP/IP 协议是通过 IP 地址来对计算机进行识别的,IP 地址分为标识网络的网络标识和标识网络内唯一主机的主机标识两部分,广播地址是主机标识编码全为 1 的 IP 地址。

使用广播通信进行数据通信的最大好处在于:当多台计算机进行交叉数据传送时连接数不会造成级数增长,数据传输量相对减少,参与通信的计算机数量对程序透明并且增加、减少计算机不会影响程序的执行；此外，广播通信是对等(peer to peer)，没有客户和服务器之分，参与通信的计算机可以使用同一个通信程序。因此，对于可靠性要求不是很高的多机通信系统，使用广播通信是一个很好的解决方案。当然，广播通信也有其缺点：

- 当广播在整个网段上发送时，容易引起网络的阻塞。
- 广播数据不能越过路由器，使位于不同网段的计算机不能收到广播消息。
- 作为一种对等通信，它没有权限设置，不利于网络维护。

使用 Winsock 实现广播通信的一般步骤：

第一步，创建数据报套接字。在 Winsock 支持的套接字类型中，只有数据报套接字(SOCK_DGRAM)才支持广播通信。

第二步，绑定数据报套接字于指定的地址和端口。

第三步，通过套接字选项设置数据报套接字的广播属性。

下面的程序段就是创建一个广播套接字的过程。

例 3.9　创建广播套接字程序示例。

```
BOOL optval=TRUE;
SOCKET s;
SOCKETADDR_IN in;

if((s= socket(AF_INET,SOCK_DGRAM,0))==INVALID_SOCKET)
{
//创建套接字失败
}
in.sin_family=AF_INET;
in.sin_addr.s_addr=INADDR_ANY;
in.sin_port=htons(PORT);    //PORT 为预定义的变量
if(bind(s,(LPSOCLADDR)&in,sizeof(in)))
{
//绑定失败
    closesocket(s);
    return FALSE;
}
if(setsockopt(s,SOL_SOCKET,SO_BROADCAST,
            (char *)&optval,sizeof(optval)==SOCKET_ERROR)
{
//套接字选项设置失败
    closesocket(s);
    return FALSE;
}
```

第四步，通过 sendto 函数发送广播信息。发送广播信息和流套接字的数据发送不同，它只能使用 sendto 函数，而不能使用 send 函数。发送地址必须为 INADDR_BROADCAST(广播地址)。

下面的程序段显示了广播消息发送的实现过程。

例 3.10 发送广播消息程序示例。

```
int length;
SOCKADDR to;    //发送目标
to.sin_family=AF_INET;
to.sin_addr.s_addr=INADDR_BROADCAST;
to.sin_port=htons(PORT);
//s是通过前面三个步骤创建的广播套接字
if((length=sendto(s,lpBuffer,len,0,(LPSOCKADDR)&to,
                    sizeof(SOCKADDR)))==SOCKET_ERROR)
{
//发送失败
   closesocket(s);
   return FALSE;
}
```

第五步,接收广播消息。可以通过 recvfrom()函数接收广播消息,下面一段代码显示了接收广播消息的过程。

例 3.11 接收广播消息程序示例。

```
int erron,len,fromlen;
SOCKADDR_IN from;
fromlen=sizeof(SOCKADDR)
if((len=recvfrom(s,lpBuffer,length,0,
  (LPSOCKADDR) &from,&fromlen))==SOCKET_ERROR)
{
     //接收失败
     closesocket(s);
     return FALSE;
}
else
{
     //接收成功
}
```

(2)广播通信实例

下面的例子是一个实现广播消息的发送通信程序。发送方的 IP 地址为“24.85.151.24”,在端口 3000 进行广播发送,接收方在端口 2000 进行数据的接收。至于接收方程序使用数据报通信程序例程中的接收程序,这里就不再给出。

例 3.12 广播通信中发送方程序。

```
#include "winsock.h"
#include "windows.h"
#include "stdio.h"
```

```
#pragma comment(lib,"wsock32.lib")
#define RECV_PORT 2000
#define SEND_PORT 3000

BOOL optval=TRUE;
SOCKET s;
SOCKADDR_IN from;       //发送方
SOCKADDR_IN to;         //发送目标

DWORD StartSock()
{
    WSADATA WSAData;
    if (WSAStartup(MAKEWORD(2,2),&WSAData)!=0)   //初始化套接字
    {
      printf("sock init fail !");
      return(-1);
    }
    s=socket(AF_INET,SOCK_DGRAM,0);   //创建套接字
    if (s==SOCKET_ERROR)
    {
      //创建套接字失败
      printf("sock create fail !");
      WSACleanup();
      return(-1);
    }
    from.sin_family=AF_INET;
    from.sin_addr.s_addr=htonl(INADDR_ANY);   //填充本地地址
    from.sin_port=htons(SEND_PORT);  //SEND_PORT为预定义的变量
    if(bind(s,(struct sockaddr *)&from,sizeof(from)))   //绑定套接字
    {
      //绑定失败
      printf("sock bind error code !");
      closesocket(s);
      WSACleanup();
      return (-1);
    }
    if(setsockopt(s,SOL_SOCKET,SO_BROADCAST,
      (char *)&optval,sizeof(optval))==SOCKET_ERROR)
    {
      //套接字选项设置失败
```

```
        printf("sock set error code !");
        closesocket(s);
        WSACleanup();
        return (-1);
    }
    return(1);
}

DWORD BroadSend(char data[])
{
    int length;
    to.sin_family=AF_INET;
    to.sin_addr.s_addr=INADDR_BROADCAST;
    to.sin_port=htons(RECV_PORT);
    //s是通过前面三个步骤创建的广播套接字
    length=sendto(s,data,strlen(data),MSG_DONTROUTE,
                  (struct sockaddr *)&to,sizeof(sockaddr));
    if (length<=0)
    {
        printf("send data error ! \n");
        closesocket(s);
        WSACleanup();
        return(-1);
    }
    return(1);
}
int main()
{
    char buff[80];
    int i;
    StartSock();
    printf("press any key to continue!");
    getchar();
    for (i=0;i<50;i++)
    {
        sprintf(buff,"data%d",i);
        printf(buff);
        printf("\n");
        BroadSend(buff);
```

```
        Sleep(100);
    }
    getchar();
    return 0;
}
```

3.9.2　多播通信

(1)概念

多播亦称“多点传送”(multicasting),是一种让数据从一个成员送出,然后复制给其他多个成员的技术。采用这种技术,可有效减轻网络通信的负担,避免资源的无谓浪费。使用多播的目的是弥补“广播”(broadcasting)通信的不足。假如过度使用广播技术,极易造成网络带宽的大幅占用,影响整个网络的通信效率。多播通信则不同,对一个网络内的工作站来说,只有在上面运行的进程表示自己“有兴趣”,多播数据才会复制给它们。然而,并非所有协议都支持多播通信,对 Win32 平台而言,仅 IP 和 ATM 两种协议才提供了对多播通信的支持。通过本节的学习,读者可掌握多播通信的一些基本知识,同时理解如何利用 IP 协议实现多播通信。

多播通信具有两个层面的重要特征:控制层面和数据层面。其中,“控制层面”(control plane)定义了组成员的组织方式;而“数据层面”(data plane)决定了在不同的成员之间,数据如何传送。这两方面的特征既可以是“有根的”(rooted),也可以是“无根的”(nonrooted)。“有根”与“无根”的控制层面模型比较如图 3.8 所示。

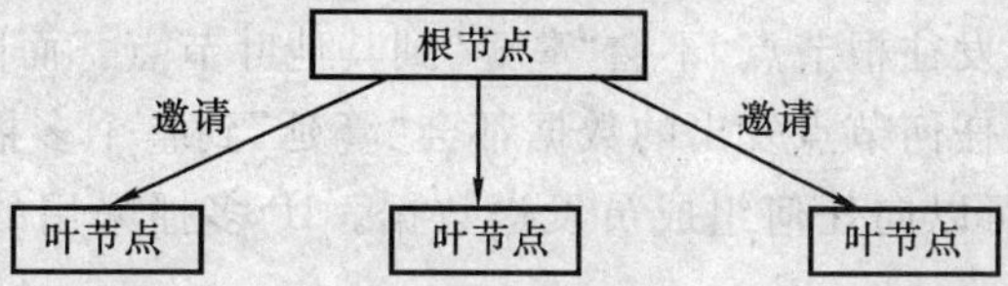

(a)有根控制层结构

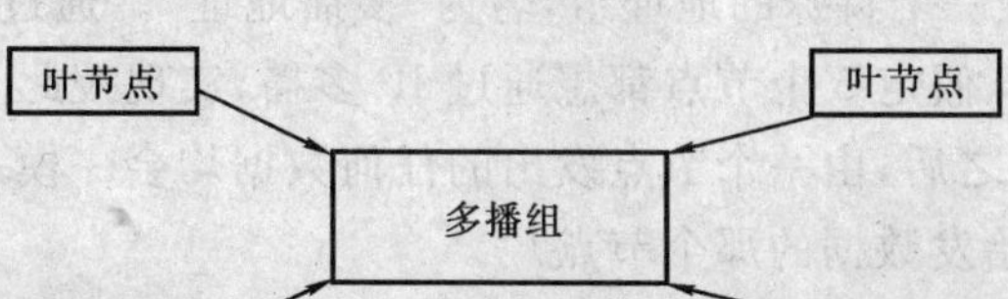

(b)无根控制层结构

图 3.8　有根和无根控制层模型比较

在一个“有根的”控制层面内,存在着一个特殊的多播组成员,叫作根节点,而剩下的每个组成员都叫作叶节点。大多数情况下,根节点需负责多播组的建立,涉及到同任意数量的叶节点建立连接。对任何一个具体的组来说,都只能存在一个根节点。在有根控制层面中,根节点必须明确邀请每个叶节点加入该组,叶节点才能加入。ATM 协议便是“有根控制层面”的典型例子。而对一个“无根的”控制层面来说,任何节点都能自由加入多播组。

数据层面也存在着“有根的”和“无根的”两种形式。有根及无根数据层面的区别如图 3.9

所示。对一个有根数据层面而言,它有一个参与者叫作根节点。数据传输只能在数据根和多播会话的其他所有成员叶节点之间进行。这种传输既可单向进行,也可双向进行。但既然是一个有根数据层面,很明显出自一个叶节点的数据只会被根节点接收到;而自根节点发出的数据却可由每个叶节点收到。

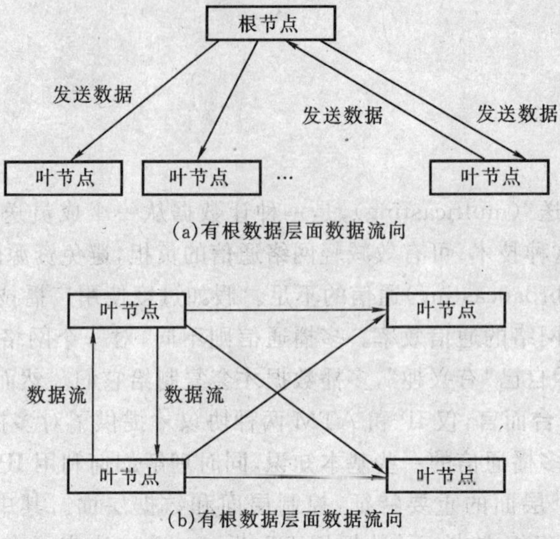

图 3.9 有根数据和无根数据层面数据流比较

在图 3.9 所示的有根数据层面中,自根节点发出的数据会传送给每一个叶节点;而自一个叶节点发出的数据却只会发往根节点,不会"蔓延"到其他叶节点。而图 3.9(b)所示的是典型的无根数据层面示例。从任何节点发出的数据都会"蔓延"到整个多播组,每个节点对于数据的发送也没有任何限制,可以向任何组成员发送数据。IP 多播采用的就是两个层面上的"无根"方式。

IP 多播通信需要依赖一个特殊的地址组,名为"多播地址"。通过这个组地址就可以访问指定的组。举个例子来说,假定 5 个节点都想通过 IP 多播,实现彼此间的通信,它们便可加入同一个组地址。全部加入之后,由一个节点发出的任何数据均会一模一样地复制一份,发给组内的每个成员,甚至包括始发数据的那个节点。

多播 IP 地址是一个 D 类 IP 地址,范围在 224.0.0.0 到 239.255.255.255 之间,但是其中还有许多地址是为特殊用途而保留的。比如,224.0.0.0 根本没有使用(也不能使用),224.0.0.1 代表子网内的所有系统(主机),而 224.0.0.2 代表子网内的所有路由器。在实际应用中,可使用除这三个保留多播地址之外的任何地址。

为了支持多播,专门引入了一个特殊的协议 IGMP(Internet 组管理协议),以便管理多播主机及它们在多播组内的成员关系。IGMP 是 IP 多播方案的基础,要使多播能够正常工作,两个多播节点之间的所有路由器都必须提供对 IGMP 的支持。多播主机利用 IGMP 通知路由器,路由器所在子网的一台计算机想加入一个特定的多播组。例如,假定机器 A 和 B 加入了多播组 224.1.2.3,两者间总共存在着三个路由器。此时,三个路由器都必须具有 IGMP 能力,以保障通信的成功进行。若某个路由器不支持 IGMP,那么收到多播数据后,会将它草草地丢弃了事。若一个主机要加入多播组,向子网上一个特殊的 IP 地址 224.0.0.2(所有路由器)发送一条 IGMP“加入”命令,通知所有路由器,该主机对一个特定的多播地址产生了兴趣,即它想加入那个多播组。以后,假如路由器收到了发给这个多播地址的数据,便会将其转发给所有多播主机。

对多播通信而言,有一个很重要的参数:TTL(生存时间)。通过该参数,我们便知道多播数据能够蔓延得多“远”,也就是能跨越多少个路由器。举例说明,假定我们编写了一个 IP 多播程序,令其加入组 Group,同时 TTL 值设为 3。这时主机会向本地子网上的“所有路由器”组发送一个加入命令,子网内的路由器会根据这一命令,判断出自己以后应将多播数据转发到该主机地址。随后路由器会将 TTL 值减 1,再将一条加入命令传给与自己相邻的各个网络,那些网络上的路由器会如法炮制,最后又将 TTL 值减去 1,直至 TTL 值已经变成了 0,该命令就不再继续传递下去(不再传给相邻的网络),那么其他路由器将并不清楚该主机属于组 Group,因此即使收到发给 Group 的多播数据也不会转发给该主机。

(2)Winsock 多播通信的实现

针对 IP 多播,Winsock 提供了两种不同的实现方法,具体取决于使用的是哪个版本的 Winsock。第一种方法是 Winsock 1.1 提供的,要求通过套接字选项来加入一个组。Winsock 2.2 则引入了一个新函数,专门负责多播组的加入。这个函数便是 WSAJoinLeaf,它与基层协议是无关的。下面,我们只介绍 Winsock 1.1 方法,这也是应用得最广的一种方法(特别由于它是自 Berkeley 套接字衍生出来的)。

Winsock 1.1 中,加入 IP 多播组所需的基本步骤如下。

第一步,用 socket 函数创建一个套接字,注意:要设为 AF_INET 地址家族以及 SOCK_DGRAM 套接字类型。这时不必设置任何特殊标志,因为 socket 函数本身便没有提供什么标志参数。

第二步,如果想从多播组内接收数据,将套接字同一个本地端口绑定到一起。

第三步,调用 setsockopt 函数,设置 IP_ADD_MEMBERSHIP 选项,同时指定想加入的那个组的地址结构。

假如一个应用程序只是打算发送数据,便不必加入一个 IP 多播组。向多播组发送数据时,网络中传输的数据包与普通 UDP 包大致相同,只是目的地址换成了一个特殊的多播地址而已。但假如想接收多播数据,便必须加入一个组。除了对组成员资格的要求之外,IP 多播通信与普通的 UDP 协议通信并无什么区别:两者都是无连接的、不可靠的。

IP 多播组的加入和离开都是用 setsockopt 命令来完成的,不同的是所使用的选项不同:IP_ADD_MEMBERSHIP 是加入组,而 IP_DROP_MEMBERSHIP 是脱离组。使用这两个套接字选项时,必须传递一个 ip_mreq 结构,它的定义如下:

```
struct ip_mreq
{
struct in_addr imr_multiaddr;
struct in_addr imr_interface;
}
```

imr_multiaddr 字段用于指定要加入的多播组。

imr_interface 字段指定送出多播数据的本地 IP 地址。如果将 imr_interface 设为 INADDR_ANY,便会自动使用默认 IP 地址,否则需要指定本地的 IP 地址。下面的程序段展示了如何加入一个多播组 234.5.6.7：

```
SOCKET s;
struct ip_mreq ipmr;
SOCKETADDR_IN local;
int len=sizeof(ipmr);
s=socket(AF_INET,SOCK_DGRAM,0);

local.sin_family=AF_INET;
local.sin_addr.s_addr=htonl(INADDR_ANY);
local.sin_port=htons(10000);
ipmr.imr_multiaddr.s_addr=inet_addr("234.5.6.7");
ipmr.imr_interface.s_addr=htonl(INADDR_ANY);
bind(s,(SOCKETADDR *)&local,sizeof(local));
setsockopt(s,IPPROTO_IP,IP_ADD_MEMBERSHIP,(char *)&ipmr,&len);
```

要离开一个多播组，只需调用 setsockopt，同时设置 IP_DROP_MEMBRSHIP。注意：仍然要传递一个 ip_mreq 结构，其中的值与加入那个组时是一样的。如下所示：

```
setsockopt(s, IPPROTO_IP, IP_DROP_MEMBRSHIP, (char *)&ipmr,&len);
```

另外需要强调的是，采用广播方式也能实现组播。采用的方法是选用特定的子网编址作为广播地址，这样就可以在该子网内部实现广播通信，从整个网络来看，就实现了组播。这种方式读者自己考虑。

(3)多播通信举例

下面的例子是一个简单的 IP 多播示范程序。接收方首先加入一个指定的组"234.5.6.7"，发送方将数据发给多播组，接收方只是利用一个循环结构，等候进入的数据。要注意的是，发送方作为多播组的成员将数据发给多播组，会出现发送方也可以收到自己所发出的数据的情况。我们称这种情况为“多播返还”(multicast loopback)。而且，只有在使用 IP 多播通信时，才会出现这一情况。本节稍后，还会讲到如何禁止进行这种“返还”。

例 3.13 多播通信中的发送方程序。

```
#include <windows.h>
#include <winsock.h>
#include <stdio.h>
#include <stdlib.h>
#pragma comment(lib,"wsock32.lib")

#define MCASTADDR "234.5.6.7"
#define MCASTS_PORT 25000          //发送端口
#define MCASTR_PORT 24000          //接收端口
#define BUFSIZE 80
#define DEFAULT_COUNT 50
```

```
DWORD dwInterface,              // 绑定的本地接口
      dwMulticastGroup,         //加入的多播组
      dwCount;                  //发送的消息数
struct sockaddr_in    local, remote;
SOCKET                sockM;
struct ip_mreq        mcast;

DWORD StartSock()
{
    WSADATA     wsd;
    dwInterface = INADDR_ANY;
    dwMulticastGroup = inet_addr(MCASTADDR);
    dwCount = DEFAULT_COUNT;
    //初始化套接字
    if (WSAStartup(MAKEWORD(1, 1), &wsd) != 0)
    {
      printf("WSAStartup failed\n");
      return -1;
    }
    //创建套接字
    if ((sockM = socket(AF_INET, SOCK_DGRAM,
        0)) == INVALID_SOCKET)
    {
      printf("socket failed with: %d\n", WSAGetLastError());
      WSACleanup();
      return -1;
    }

    //填充本地地址
    local.sin_family = AF_INET;
    local.sin_port = htons(MCASTS_PORT);
    local.sin_addr.s_addr = dwInterface;
    //绑定套接字
    if (bind(sockM, (struct sockaddr *)&local,
      sizeof(local)) == SOCKET_ERROR)
    {
      printf("bind failed with: %d\n", WSAGetLastError());
      closesocket(sockM);
      WSACleanup();
```

```
        return -1;
    }
    //填充组播的地址及端口号
    remote.sin_family = AF_INET;
    remote.sin_port = htons(MCASTR_PORT);
    remote.sin_addr.s_addr = dwMulticastGroup;
    return(1);
}

DWORD MCastSend(char data[])
{
    // 发送数据
    if (sendto(sockM, (char *)data, BUFSIZE, 0,
        (struct sockaddr *)&remote, sizeof(remote)) == SOCKET_ERROR)
    {
        printf("sendto failed with: %d\n",WSAGetLastError());
        closesocket(sockM);
        WSACleanup();
        return -1;
    }
    return(1);
}

int main()
{
    DWORD        i;
    CHAR         sendbuf[BUFSIZE];
    int          len = sizeof(struct sockaddr_in);

    if(StartSock()==-1)
        return(-1);
    printf("press any key to send!");
    getchar();
    for(i = 0; i < dwCount; i++)
    {
        sprintf(sendbuf, "data%d", i);
        printf(sendbuf);
        printf("\n");
        MCastSend(sendbuf);
```

```
    Sleep(500);
  }
  return 0;
}
```

例 3.14　多播通信中的接收方程序。

```
#include <StdAfx.h>
#include <windows.h>
#include <winsock.h>
#include <stdio.h>
#include <stdlib.h>
#pragma comment(lib,"wsock32.lib")

#define MCASTADDR "234.5.6.7"
#define MCASTS_PORT 25000          //多播发送端口
#define MCASTR_PORT 24000          //多播接收端口
#define BUFSIZE 80

DWORD dwInterface,                 // 绑定的本地接口
      DwMulticastGroup;            // 加入的多播组

struct sockaddr_in  local, remote;
SOCKET              sockM;
struct ip_mreq      mcast;

DWORD StartSock()
{
  WSADATA         wsd;
  dwInterface = INADDR_ANY;
  dwMulticastGroup = inet_addr(MCASTADDR);
  //初始化套接字
  if (WSAStartup(MAKEWORD(1, 1), &wsd) != 0)
  {
    printf("WSAStartup failed\n");
    return -1;
  }
  //创建套接字
  if ((sockM = socket(AF_INET, SOCK_DGRAM,
    0)) == INVALID_SOCKET)
```

```
    {
        printf("socket failed with: %d\n", WSAGetLastError());
        WSACleanup();
        return -1;
    }
    //填充本地地址及端口号
    local.sin_family = AF_INET;
    local.sin_port = htons(MCASTR_PORT);
    local.sin_addr.s_addr = dwInterface;
    //绑定套接字
    if (bind(sockM, (struct sockaddr *)&local,
    sizeof(local)) == SOCKET_ERROR)
    {
        printf("bind failed with: %d\n", WSAGetLastError());
        closesocket(sockM);
        WSACleanup();
        return -1;
    }
    // 建立 im_req 结构体指示本机的 IP 地址及加入的组
    mcast.imr_multiaddr.s_addr = dwMulticastGroup;
    mcast.imr_interface.s_addr = dwInterface;
    if (setsockopt(sockM, IPPROTO_IP, IP_ADD_MEMBERSHIP,
        (char *)&mcast, sizeof(mcast)) == SOCKET_ERROR)
    {
        printf("setsockopt(IP_ADD_MEMBERSHIP) failed: %d\n",
                WSAGetLastError());
        closesocket(sockM);
        WSACleanup();
        return -1;
    }
    return(1);
}

DWORD MCastRec()
{
    // 接收数据
    CHAR        recvbuf[BUFSIZE];
    int         RecLength;
    int         ret;
```

```
    RecLength=sizeof(SOCKADDR);
    if ((ret = recvfrom(sockM, recvbuf, BUFSIZE, 0,
        (struct sockaddr *)&remote, &RecLength)) == SOCKET_ERROR)
    {
        printf("recvfrom failed with: %d\n",WSAGetLastError());
        closesocket(sockM);
        WSACleanup();
        return -1;
    }
    printf("RECV: %s from <%s>\n", recvbuf,inet_ntoa(remote.sin_addr));
    memset(recvbuf,0,BUFSIZE);
    return(1);
}

DWORD Dropmember()
{
        // 离开组
        if (setsockopt(sockM, IPPROTO_IP, IP_DROP_MEMBERSHIP,
                (char *)&mcast, sizeof(mcast)) == SOCKET_ERROR)
        {
            printf("setsockopt(IP_DROP_MEMBERSHIP) failed: %d\n",
                WSAGetLastError());
        }
        closesocket(sockM);
        WSACleanup();
        return(1);
    }

    int main(int argc, char * * argv)
    {
        int  len = sizeof(struct sockaddr_in);
        StartSock();
        printf("Wait for Recv!...\n");
        for( ; ; )
        {
          MCastRec();
          Sleep(500);
        }
        Dropmember();
```

```
    return 0;
}
```

用 Winsock 1.1 的方法来实现多播通信时，必须特别注意：使用正确的文件和库进行链接。如果装载的是 Winsock 1.1 库，便应将 Winsock.h 包括进来，并同 Wsock32.lib 建立链接关系。假如装载的是 Winsock 2.2 或更高版本的库，便需同时包括 Winsock.h 和 Ws2tcpip.h，并同 Ws2_32.lib 建立链接关系。

无论 Winsock 1.1 还是 Winsock 2.2，IP 多播都有三个专用的套接字选项，分别是：IP_MULTICAST_TTL，IP_MULTICAST_IF 和 IP_MULTICAST_LOOP。这三个套接字选项是 IP 多播所独有的。这里只介绍 IP_MULTICAST_TTL 和 IP_MULTICAST_LOOP。

• IP_MULTICAST_TTL

该选项用于设置多播数据的 TTL(生存时间)值。在默认情况下，TTL 值为 1。也就是说，多播数据遇到第一个路由器，便会被它丢弃，不允许传出本地网络之外，即只有同一个网络内的多播成员才会收到数据。假如增大 TTL 的值，多播数据就可经历多个路由器传到其他网络。TTL 的值是多少，最多便能经过多少个路由器。假如路由器收到一个数据包，并判断出自己应将这个包转发给相邻的网络，那么 TTL 值随即会被减 1。若减 1 之后，发现 TTL 的新值变成了 0，路由器便会将这个包即时地丢弃，因为它的“生存时间”已经到了。若多播数据包的目标地址在 224.0.0.0 到 224.0.0.255 之间，那么多播路由器不会对其进行转发，无论它们的 TTL 有多大，因为这个地址范围是为路由协议以及其他低级维护协议所保留的，不可擅用。设置 TTL 参数需要调用 setsockopt 函数，其中 level 参数为 IPPROTO_IP，optname 参数为 IP_MULTICAST_TTL，而 optval 参数是一个整数，用于指定新的 TTL 值。下述代码片断阐述了具体如何设置 TTL 的值。

例 3.15 设置 TTL 值的代码片断。

```
int optval;
optval=8;
if(setsockopt(s,IPPROTO_IP,IP_MULTICAST_TTL,
              (char *)optval,sizeof(int))==SOCKET_ERROR)
{
  //错误
}
```

• IP_MULTICAST_LOOP

该选项决定了应用程序是否接收自己的多播数据。如应用程序加入了一个多播组，并向这个组发送数据，应用程序便会接收到那些数据。数据送出的时候，假如有一个 recvfrom 调用正处于“待决”状态，便会收到这些数据。需要强调的是，若只是想让应用程序将数据发给一个多播组，那么它并不一定非要加入多播组。当希望接收发给那个组的数据时，才需要加入那个组。设计 IP_MULTICAST_LOOP 套接字选项的目的便是禁止将数据返还给本地接口。使用这个选项，我们可将一个整数值作为 optval 参数传递，它其实仅仅是一个“布尔”值，用于指出到底允许还是禁止多播返还。请来看看下述示范代码：

例 3.16 IP_MULTICAST_LOOP 选项的示范代码。

```
int optval;
optval=0;        //禁用回环
```

```
if(setsockopt(s,IPROTO_IP,IP_MULTICAST_LOOP,(char *)optval,
    sizeof(int))==SOCKET_ERROR)
{
    //错误
}
```

3.10　Winsock I/O 模型

3.10.1　套接字的阻塞与非阻塞模式

Winsock 套接字在两种模式下执行 I/O 操作：阻塞和非阻塞。在阻塞模式下，在 I/O 操作完成前，执行操作的 Winsock 函数（比如 send 和 recv）会一直等候下去，不会立即返回程序（将控制权交换给程序）。这就意味着任一个线程在某一时刻只能执行一个 I/O 操作，而且应用程序很难同时通过多个建好连接的套接字进行通信。在默认的情况下，套接字为阻塞模式，我们前面举的例子可以说都是阻塞模式。而非阻塞模式下，Winsock 函数无论如何都会立即返回并交出程序的控制权。

(1)阻塞模式

阻塞模式的套接字上调用任何一个 Winsock 函数，都会得到相同的结果，只不过所耗费的时间或长或短。大多数基于 Winsock 的应用都是遵照一种"生产者/消费者"模型来编制的。在这种模型中，应用程序需要读取（或写入）指定数量的字节，然后以这些数据为基础进行处理。如下所示是一个典型的例子。

例 3.17　阻塞模式的应用程序示例。

```
SOCKET sock;
chr buff[256];
int done=0;
...
while(! done)
{
    nBytes=recv(sock,buff,65);
    if(nBytes==SOCKET_ERROR)
    {
        printf("recv failed with error %d\n");WSAGetLastError();
        Return;
    }
    DoComputationOnData(buff);
}
...
```

这段程序的问题在于，只有从系统缓冲区读取数据，才可以执行 if 语句，如果系统没有读取数据，程序可能永远无法向下进行。解决这个问题的办法是将应用程序划分为一个"读线程"和一个"计算线程"。两个基本点线程共享一个数据缓冲区。"读线程"的职责是从网络连续地读入数据，并将其置入共享缓冲区中。在"读线程"将计算线程开始工作需要的数据量拿到手后，便会触发一个事件，通知计算进程可以工作了。随后，计算线程从缓冲区中取走（删除）一个数据块，然后进行处理。关于线程编程的问题，后面的章节会详细讨论，这里不再赘述。这种方案虽然可行，但缺点是扩展性极差，以后如果同时处理大量套接字时，会很不方便，所以我们要考虑使用非阻塞模式。

（2）非阻塞模式

非阻塞模式使用上虽然比阻塞模式难一点，但是其功能是非常强大的，除具备阻塞模式已有的各项优点外，还进行了扩充，使功能更强。下面的例子，展示了如何创建一个套接字，并将其设为非阻塞模式。

例 3.18 创建套接字并将其设为非阻塞模式的程序示例。

```
SOCKET s;
Unsigned long ul=1;
int nRet;
s=socket(AF_INET,SOCK_STREAM,0);
nRet=ioctlsocket(s,FIOBIO,(unsigned long *)*ul);

if(nRet==SOCKET_ERROR)
{
//将套接字设成非阻塞模式
}
```

将一个套接字置为非阻塞模式时后，Winsock 函数调用立即会返回。大多数情况下，函数调用其结果会“失败”，并返回一个 WSAEWORLDBLOCK 错误，意味着请求的操作在调用期内没有时间完成。比如，系统的输入缓冲区内没有“待读”的数据，那么 recv（接收数据函数）调用就会返回 WSAEWOULDBLOCK 错误。所以，通常我们需要重复调用一个函数，直至获得一个成功返回代码。所以程序员需要通过不断地检查函数返回代码以判断一个套接字何时可以可供读写。为了免去这样的麻烦，Winsock 提供了集不同的套接字 I/O 模型对 I/O 进行管理，包括：select（选择），WSAAsyncSelect（异步选择），WSAEventSelect（事件选择），Overlapped（重叠）以及 Completion port（完成端口）。

3.10.2 I/O 模型

（1）WSAAsyncSelect 模型

WSAAsynSelect 是 Winsock 提供的一个常用的 I/O 模型，在这里作为推荐使用的 I/O 模型。利用这个模型，应用程序可以在一个套接字上，接收 Windows 网络事件消息。该模型的实现方法是通过调用 WSAAsynSelect 函数自动将套接字设置为非阻塞模式，向 Winsock DLL 注册一个或多个感兴趣的网络事件，同时提供一个通知时使用的窗口句柄，当注册的网络事件发生时，对应的窗口将收到一个消息。

要想使用 WSAAsyncSelect 模型，在应用程序中，首先必须用 CreateWindow 函数创建一个窗口，再为该窗口提供一个窗口过程函数（WinProc）。关于这部分内容，可以复习前面第 1 章 Win32 SDK 编程的基本知识。设置好窗口的框架后，便可开始创建套接字，并调用 WSAAsyncSelect 函数，打开窗口消息通知。WSAAsyncSelect 函数定义如下：

```
int WSAAsyncSelect(SOCKET s,HWND hWnd,unsigned int wMsg,long lEvent);
```

参数说明：

s：指定需要事件通知的套接字的句柄。

hWnd：标识一个在网络事件发生时需要接收消息的窗口句柄。

WMsg：指定在发生网络事件时，打算接收的消息。该消息会投递到由 hWnd 窗口句柄指定的那个窗口。

lEvent：指定一个位掩码，对应于一系列事件的组合。用于 WSAAsyncSelect 函数的网络事件类型如表 3.3 所示。

表 3.3　用于 WSAAsyncSelect 函数的网络事件类型

事件类型	含　义
FD_READ	应用程序想要接收有关是否可读的通知，以便读入数据
FD_WRITE	应用程序想要接收有关是否可写的通知，以便读入数据
FD_OOB	应用程序想要接收是否有带外(OOB)数据抵达的通知
FD_ACCEPT	应用程序想要接收与进入连接有关的通知
FD_CONNECT	应用程序想要接收与一次连接或者多点 join 操作完成的通知
FD_CLOSE	应用程序想要接收与套接字关闭有关的通知
FD_QOS	应用程序想要接收套接字“服务质量”(QOS)发生更改的通知
FD_GROUP_QOS	应用程序想要接收套接字组“服务质量”发生更改的通知(现在没有用，为将来套接字组的使用保留)
FD_ROUTING_INTERFACE_CHANGE	应用程序想接收在指定的方向上，与路由接口发生变化的通知
FD_ADDRESS_CHANGE	应用程序想要接收针对套接字的协议家族，本地地址列表发生变化的通知

大多数应用程序感兴趣的网络事件类型包括：FD_READ，FD_WRITE，FD_ACCEPT，FD_CONNECT 和 FD_CLOSE。如果应用程序同时对多个网络事件有兴趣，需对各种类型执行一次简单的按位 OR(或)运算，然后将它们分配给 lEvent。举例来说：

```
WSAAsyncSelect(s,hWnd,WM_SOCKET,
                    FD_CONNECT| FD_READ| FD_WRITE| FD_CLOSE)
```

调用这个函数，应用程序就可以在套接字 s 上，接收到有关连接、发送、接收以及套接字关闭等网络事件的通知。特别要注意的是，多个事件必须在套接字上一次注册。一旦某个套接字上允许了事件通知，那么这个事件通知一直有效，除非以后明确调用 closesocket 命令，或者由应用程序再次调用 WSAAsyncSelect，更改注册网络事件类型。

若应用程序调用了 WSAAsyncSelect，那么套接字的模式从“阻塞”自动变成“非阻塞”。应用程序在一个套接字上成功调用了 WSAAsyncSelect 之后，应用程序会在 hWnd 窗口句柄参数对应的例程中，以 Windows 消息的形式，接收网络事件通知。窗口过程函数通常定义如下：

```
LRESULT CALLBACK WindowProc(
                    HWND hWnd,
                    UNIT uMsg,
```

```
                        WPARAM wParam,
                        LPARAM lParam
                        );
```

参数说明：

hWnd：指定一个窗口句柄，对窗口例程的调用正是由那个窗口发出的。

uMsg：指定需要对那些消息进行处理。对 WSAAsyncSelect 模型来说，感兴趣的是 WSAAsyncSelect 调用中定义的消息。

wParam：指定在其上发生网络事件的套接字.

lParam：包含了两方面的信息。低位字指定了已经发生的网络事件，高位字包含了可能出现的错误代码。

网络事件消息抵达一个窗口过程后，应用程序首先应检查 lParam 的高字位，以判断是否在套接字上发生了一个网络错误。这里有一个特殊的宏：WSAGETSELECTERROR，可用它返回高字位包含的错误信息。若应用程序发现套接字上没有产生任何错误，接着便应调查到底是哪个网络事件类型，造成了这条 Windows 消息的触发，具体的做法便是读取 lParam 之低字位的内容。此时可使用另一个特殊的宏：WSAGETSELECTEVENT，用它返回 lParam 的低字位部分。

下面的例子演示了如何使用 WSAAsyncSelect 这种 I/O 模型，来实现窗口消息的管理。在源程序中，我们着重强调的是开发一个基本服务器应用要涉及到的基本步骤，忽略了开发一个完整的 Windows 应用需要涉及到的大量编程细节。

这个例子只给出如何开发一个简单的服务器程序。它会侦听 2000 端口上的连接请求，并且接受 TCP 连接。当这个程序收到来自客户端的/数据，直到客户端关闭连接。客户端程序使用前面会话套接字例子中的客户端程序。

例 3.19 使用 WSAAsyncSelect 模型实现窗口消息管理的服务器端程序示例。

```
#include <winsock2.h>
#include <windows.h>
#include <stdio.h>
#include <conio.h>
#pragma comment(lib,"ws2_32.lib")
#define PORT 2000
#define DATA_BUFSIZE 80
#define WM_SOCKET (WM_USER + 1)

HWND MakeWorkerWindow(void);
LRESULT CALLBACK WindowProc (HWND hwnd, UINT uMsg, WPARAM
wParam, LPARAM lParam);

Void main()
{
    MSG msg;
```

```
DWORD Ret;
SOCKET Listen;
SOCKADDR_IN InternetAddr;
HWND Window;
WSADATA wsaData;
//建立窗口
if ((Window=MakeWorkerWindow())==NULL) return;
//初始化套接字
if ((Ret=WSAStartup(0x0202, &wsaData))!=0)
{
  printf("WSAStartup failed with error %d\n", Ret);
  return;
}
//创建套接字
if ((Listen=socket (AF_INET, SOCK_STREAM, 0))
    ==INVALID_SOCKET)
{
  printf("socket() failed with error %d\n", WSAGetLastError());
  return;
}
//异步选择
WSAAsyncSelect(Listen, Window, WM_SOCKET,
                FD_ACCEPT|FD_CLOSE);
//本地地址填充
InternetAddr.sin_family=AF_INET;
InternetAddr.sin_addr.s_addr=htonl(INADDR_ANY);
InternetAddr.sin_port=htons(PORT);
  //套接字绑定
if (bind(Listen, (PSOCKADDR) &InternetAddr, sizeof(InternetAddr)) ==
  SOCKET_ERROR)
{
  printf("bind() failed with error %d\n", WSAGetLastError());
  return;
}
//置套接字为侦听模式
if (listen(Listen, 5))
{
  printf("listen() failed with error %d\n", WSAGetLastError());
  return;
```

```
    }
    printf("listen.......\n");

    // 为应用程序解释和分发窗口消息
    while(Ret = GetMessage(&msg, NULL, 0, 0))
    {
        if (Ret==-1)
        {
            printf("GetMessage() failed with error %d\n", GetLastError());
            return;
        }
        TranslateMessage(&msg);
        DispatchMessage(&msg);
    }
}

LRESULT CALLBACK WindowProc(HWND hwnd, UINT uMsg,
        WPARAM wParam, LPARAM lParam)   //窗口过程函数
{
    SOCKET Accept;
    char DataBuf[80];
    memset(DataBuf,0,80);
    if (uMsg==WM_SOCKET)
    {
      if (WSAGETSELECTERROR(lParam))
      {
          printf ("Socket failed with error %d\n", WSAGETSELECTERROR
                (lParam));
        closesocket(wParam);
      }
      else
      {
        switch(WSAGETSELECTEVENT(lParam))
        {
          case FD_ACCEPT: //接受连接
            if ((Accept=accept(wParam, NULL, NULL))==INVALID_SOCK-
                ET)
            {
              printf("accept() failed with error %d\n", WSAGetLastError());
```

```
            break;
          }
          printf("Socket number %d connected\n", Accept);
          WSAAsyncSelect(Accept, hwnd, WM_SOCKET,
               FD_READ|FD_WRITE|FD_CLOSE);
          break;
      case FD_READ:
          // 读数据
          if (recv(wParam,DataBuf,80,0)==SOCKET_ERROR)
          {
            if (WSAGetLastError()!=WSAEWOULDBLOCK)
            {
              printf("WSARecv() failed with error %d\n",
                   WSAGetLastError());
              return 0;
            }
          }
          else    // 没有错误则输出接收到的数据
          {
              printf(DataBuf);
              printf("\n");
          }
          break;
      case FD_CLOSE:
          printf("Closing socket %d\n", wParam);
          closesocket(wParam);
          break;
      }
    }
    return 0;
  }
  return DefWindowProc(hwnd, uMsg, wParam, lParam);
}

HWND MakeWorkerWindow(void)    //注册并创建创建窗口
{
    WNDCLASS wndclass;
    CHAR *ProviderClass="AsyncSelect";
    HWND Window;
```

```
        wndclass.style=CS_HREDRAW | CS_VREDRAW;
        wndclass.lpfnWndProc=(WNDPROC)WindowProc;
        wndclass.cbClsExtra=0;
        wndclass.cbWndExtra=0;
        wndclass.hInstance=NULL;
        wndclass.hIcon=LoadIcon(NULL, IDI_APPLICATION);
        wndclass.hCursor=LoadCursor(NULL, IDC_ARROW);
        wndclass.hbrBackground=(HBRUSH) GetStockObject(WHITE_BRUSH);
        wndclass.lpszMenuName=NULL;
        wndclass.lpszClassName=ProviderClass;
        if (RegisterClass(&wndclass)==0)    //注册窗口
        {
          printf("RegisterClass() failed with error %d\n", GetLastError());
          return NULL;
        }

    // 创建一个窗口
    if ((Window = CreateWindow(
        ProviderClass,
        "",
        WS_OVERLAPPEDWINDOW,
        CW_USEDEFAULT,
        CW_USEDEFAULT,
        CW_USEDEFAULT,
        CW_USEDEFAULT,
        NULL,
        NULL,
        NULL,
        NULL))==NULL)
        {
          printf("CreateWindow() failed with error %d\n", GetLastError());
          return NULL;
        }
        return Window;
    }
```

(2)select 模型

之所以称为“select 模型”,是由于其“中心思想”是利用 select 函数,实现对 I/O 的管理。利用 select 函数,可以判断套接字上是否存在数据,或者能否向一个套接字写入数据。select

函数格式如下：

```
int select(int nfds,fd_set FAR * readfds,fd_set FAR * writefds,
           fd_set FAR * exceptfds,const struct timeval FAR * timeout);
```

参数说明：

nfds：会被忽略。之所以提供这个套接字，是为了与早期的 Berkeley 套接字程序想兼容。

readfds：指向等待可读性检查的套接组。

writefds：指向等待可写性检查的套接组。

exceptfds：指向等待错误检查的套接组。

在这三个参数中，至少有一个不为空值(NULL)。在任何不为空的集合中，必须包含至少一个套接字句柄。否则，select 函数便没有任何东西可以等待了。

timeout：是一个 timeval 结构，用于决定 select 最多等待 I/O 操作完成的时间。如果 timeout 是一个空指针，那么 select 调用会无限期地"阻塞"或等待下去，直到至少有一个描述符符合指定的条件后结束。Timeval 结构的定义如下：

```
struct timeout
{
    long tv_sec;
    long tv_usec;
}
```

其中：

tv_sec 字段：以秒(s)为单位指定等待时间。

tv_usec 字段：以毫秒(ms)为单位指定等待时间。

select()调用成功完成后，fd_set 结构中将存有满足一定条件的套接字组的子集。并且 select()返回满足条件的套接字的数目。若超过 timeout 设定的时间，便会返回 0，若调用失败，则返回 SOCKET_ERROR。

Winsock 提供了 FD_SETSIZE 变量用于确定一个集合中最多的套接字描述字数目(FD_SIZE 缺省值为 64，可以在包含 Winwock.h 前用 #define FD_SETSIZE 来改变该值)。此外，还提供了四个宏对 fd_set 结构进行操作。

- FD_CLR(s, * set)：从集合 set 中删除套接字 s。
- FD_ISSET(s, * set)：若 s 为集合 set 中的一员，其值为非零，否则为零。
- FD_SET(s, * set)：向集合 set 添加描述字 s。
- FD_ZERO(* set)：将 set 初始化为空集 NULL。

假如，我们想知道是否可以从一个套接字中安全地读取数据，而不会处于无休止的阻塞状态，便可使用 FD_SET 宏，将自己的套接字分配给 fd_read 集合，再来调用 select。要想检测自己的套接字是否仍属 fd_read 集合的一部分，可使用 FD_ISSET 宏。采用以下步骤，便可完成 select 操作一个或多个套接字句柄的全过程。

第一步，使用 FD_ZERO 宏，初始化自己感兴趣的每一个 fd_set。

第二步，使用 FD_SET 宏，将套接字句柄分配给自己感兴趣的每个 fd_set。

第三步，调用 select 函数，然后等待在指定的 fd_set 集合中，I/O 活动设置好一个或多个套接字句柄。select 完成后，会返回在所有 fd_set 集合中设置的套接字句柄总数，并对每个集合进行相应的更新。

第四步，根据 select 的返回值，应用程序便可判断出哪些套接字存在着尚未完成的 I/O 操作，具体的办法是使用 FD_ISSET 宏，对每个 fd_set 集合进行检查。

第五步，知道了每个集合中“待决”的 I/O 操作之后，对 I/O 进行处理，然后返回第一步，继续进行 select 处理。

下面的例子，说明了将一个套接字设置成 select 模型所需的基本步骤。

例 3.20　将套接字设置成 select 模型。

```
SOCKET s;
fd_set fdread;
int ret;
//创建套接字,并且接受一个连接,管理套接字上的I/O操作
while(true)
{
    //在调用select()之前清除读列表
    FD_ZERO(&fdread);
    //在读列表中添加套接字s
    FD_SET(s,&fdread);
    if(ret==select(0,&fdread,NULL,NULL,NULL)==SOCKET_ERROR)
    {
      //错误处理
    }
    if(ret>0)
    {
    //对于这个简单的例子,select()应该返回值1。处理多个套接字的
    //应用程序应该返回比1大的值。因此,应用程序应该检查套接字
    //是否属于某个列表
      if(FD_SET(s,&fdread))
      {
        //套接字s上发生读事件
      }
    }
}
```

若想要在这个应用程序中添加更多的套接字，只需为额外的套接字维护一个列表。

(3)WSAEventSelect 模型

WSAEnentSelect 模型是 Winsock 提供的另一个有用的异步模型。它和 WSAAsyncSelect 模型类似的是，它也允许应用程序在一个或多个套接字上，接收以事件为基础的网络事件通知，并且它支持的网络事件与 WSAAsyncSelect 模型一样。它与 WSAAsyncSelect 模型最主要的差别在于网络事件会被发送到一个事件句柄，而不是发送到一个窗口。

使用 WSAEventSelect 模型，要经过以下几步：

第一步，首先创建一个事件对象。创建方法是调用 WSACreateEvent 函数，它的定义如

下：

WSAEVENT WSACreateEvent(void)；

WSACreateEvent 函数的返回值很简单，就是一个创建好的事件对象句柄。

第二步，创建好事件对象句柄后，接下来必须将其与某个套接字关联在一起，同时注册自己感兴趣的网络事件类型，如表 3.3 所示。方法是调用 WSAEventSelect 函数，对它的定义如下：

int WSAEventSelect(SOCKET s，WSAEVENT hEventObject，long lNetworkEvents)；

其中：

s：为套接字。

hEventObject：指定要与套接字关联在一起的事件对象，即前面用 WSACreateEvent 取得的那一个。

lNetworkEvents：则对应一个"位掩码"，用于指定应用程序感兴趣的各种网络事件类型(如表 3.3 所示)的一个组合。要想获知对这些事件类型的详细说明，请参考早先讨论过的 WSAAsyncSelect I/O 模型。

为 WSAEventSelect 创建的事件拥有两种工作状态，以及两种工作模式。其中，两种工作状态分别是"已传信"(signaled)和"未传信"(nonsignaled)。工作模式则包括"人工重设"(manual reset)和"自动重设"(auto reset)。WSACreateEvent 最开始在一种未传信的工作状态中，并用一种人工重设模式，来创建事件句柄。随着网络事件触发了与一个套接字关联在一起的事件对象，工作状态便会从"未传信"转变成"已传信"。由于事件对象是在一种人工重设模式中创建的，所以在完成了一个 I/O 请求的处理之后，应用程序需要负责将工作状态从已传信更改为未传信。要做到这一点，可调用 WSAResetEvent 函数，对它的定义如下：

BOOL WSAResetEvent(WSAEVENT hEvent)；

该函数唯一的参数便是一个事件句柄，基于调用是成功还是失败，会分别返回 TRUE 或 FALSE。应用程序完成了对一个事件对象的处理后，便应调用 WSACloseEvent 函数，释放由事件句柄使用的系统资源。对 WSACloseEvent 函数的定义如下：

BOOL WSACloseEvent(WSAEVENT hEvent)；

该函数也要拿一个事件句柄作为自己唯一的参数，并会在成功后返回 TRUE，失败后返回 FALSE。

第三步，一个套接字同一个事件对象句柄关联在一起后，应用程序便可开始 I/O 处理；方法是等待网络事件触发事件对象句柄的工作状态。WSAWaitForMultipleEvents 函数的设计宗旨便是用来等待一个或多个事件对象句柄，并在事先指定的一个或所有句柄进入"已传信"状态后，或在超过了一个规定的时间周期后，立即返回。

WSAWaitForMultipleEvents 函数的定义如下：

```
DWORD WSAWaitForMultipleEvents(
      DWORD cEvents,
      const WSAEVENT FAR * lphEvent,
      BOOL fwaitAll,
      DWORD dwTimeout,
      BOOL fAlertable
```

);

其中,参数 cEvents 和 lphEvents 定义了由 WSAEVENT 对象构成的一个数组。在这个数组中,cEvents 指定的是事件对象的数量,而 lphEvents 对应的是一个指针,用于直接引用该数组。

要注意的是,WSAWaitForMultipleEvents 只能支持由 WSA_MAXIMUM_WAIT_EVENTS 常量规定的一个最大值,在此定义成 64 个。因此,针对发出 WSAWaitForMultipleEvents 调用的每个线程,该 I/O 模型一次最多都只能支持 64 个套接字。假如想让这个模型同时管理不止 64 个套接字,必须创建额外的工作者线程,以便等待更多的事件对象。

参数 fWaitAll 指定了 WSAWaitForMultipleEvents 如何等待在事件数组中的对象。若设为 TRUE,那么只有等 lphEvents 数组内包含的所有事件对象都已进入"已传信"状态,函数才会返回;但若设为 FALSE,任何一个事件对象进入"已传信"状态,函数就会返回。就后一种情况来说,返回值指出了到底是哪个事件对象造成了函数的返回。通常,应用程序应将该参数设为 FALSE,一次只为一个套接字事件提供服务。

参数 dwTimeout 规定了 WSAWaitForMultipleEvents 最多可等待一个网络事件发生有多长时间,以毫秒为单位,这是一项"超时"设定。超过规定的时间,函数就会立即返回,即使由 fWaitAll 参数规定的条件尚未满足也如此。如超时值为 0,函数会检测指定的事件对象的状态,并立即返回。这样一来,应用程序实际便可实现对事件对象的"轮询"。但考虑到它对性能造成的影响,还是应尽量避免将超时值设为 0。假如没有等待处理的事件,WSAWaitForMultipleEvents 便会返回 WSA_WAIT_TIMEOUT。如 dwsTimeout 设为 WSA_INFINITE(永远等待),那么只有在一个网络事件传信了一个事件对象后,函数才会返回。最后一个参数是 fAlertable,在我们使用 WSAEventSelect 模型的时候,它是可以忽略的,且应设为 FALSE。该参数主要用于在重叠式 I/O 模型中,在完成例程的处理过程中使用。后面还会对此详述。若 WSAWaitForMultipleEvents 收到一个事件对象的网络事件通知,便会返回一个值,指出造成函数返回的事件对象。这样一来,我们的应用程序便可引用事件数组中已传信的事件,并检索与那个事件对应的套接字,判断到底是在哪个套接字上,发生了什么网络事件类型。对事件数组中的事件进行引用时,应该用 WSAWaitForMultipleEvents 的返回值,减去预定义值 WSA_WAIT_EVENT_0,得到具体的引用值(即索引位置)。如下所示:

```
index=WSAWaitForMultipleEvents(...);
MyEvent=EventArray[index-WSA_WAIT_EVENT_0];
```

知道了造成网络事件的套接字后,接下来可调用 WSAEnumNetworkEvents 函数,调查发生了什么类型的网络事件。该函数定义如下:

```
int WSAEnumNetworkEvent(
    SOCKET s,
    WSAEVENT hEventObject,
    LPWSANETWORKEVNETS lpNetworkEvents
    );
```

参数 s:对应于造成了网络事件的套接字。

hEventObject:是可选的;它指定了一个事件句柄,对应于打算重设的那个事件对象。由于我们的事件对象处在一个"已传信"状态,所以可将它传入,令其自动成为"未传信"状态。如果不想用 hEventObject 参数来重设事件，那么可使用 WSAResetEvent 函数，该函数早先已经讨论过了。

lpNetworkEvents：代表一个指针，指向 WSANETWORKEVENTS 结构，用于接收套接字上发生的网络事件类型以及可能出现的任何错误代码。下面是 WSANETWORKEVENTS 结构的定义：

```
typedef struct _WSANETWORKEVENTS
{
        long lNetworkEvents;
        int iErrorCode[FD_MAX_EVENTS];
}WSANETWORKEVENTS,FAR * LPWSANETWORKEVENTS;
```

lNetworkEvents 字段：指定了一个值，对应于套接字上发生的所有网络事件类型(参见表 3.3)。注意一个事件进入传信状态时，可能会同时发生多个网络事件类型。例如，一个繁忙的服务器应用可能同时收到 FD_READ 和 FD_WRITE 通知。

iErrorCode 字段：指定的是一个错误代码数组，同 lNetworkEvents 中的事件关联在一起。针对每个网络事件类型，都存在着一个特殊的事件索引，名字与事件类型的名字类似，只是要在事件名字后面添加一个"_BIT"后缀字串即可。例如，对 FD_READ 事件类型来说，iErrorCode 数组的索引标识符便是 FD_READ_BIT。下述代码片断对此进行了阐释(针对 FD_READ 事件)：

```
//处理 FD_READ 通知事件
if(NetworkEvents.lNetworkEvents & FD_READ)
{
        if(NetworkEvents.iErrorCode[FD_READ_BIT]!=0)
        {
          printf("FD_READ failed with error %d\n",
                NetworkEvent.iErrorCode[FD_READ_BIT]);
        }
}
```

完成了对 WSANETWORKEVENTS 结构中的事件的处理之后，我们的应用程序应在所有可用的套接字上，继续等待更多的网络事件。

限于篇幅，这里对事件选择模型不再举例。

习题与思考题

3.1　简述 TCP 协议和 UDP 协议各有什么特点，适用于什么样的场合？

3.2　一个 B 类网络的网络地址为 154.100.0.0，现在主机标识中取出 5 位作为子网标识，试计算其子网掩码和网络/子网地址。

3.3　地址解析和域名解析各指什么意思？

3.4　什么叫套接字，套接字按通信性质，可以分为哪几类？

3.5　编写一个会话通信程序服务器端程序段(面向连接)，使其可以侦听客户端的连接请求。

3.6 接上题,完成该服务器端程序和客户端程序,客户端发送的数据从“data0”到“data9”(字符串),服务器端每收到一个数据,回应一个 echo 信号,如“echo data0”。

3.7 完成数据报通信程序,要求与上题一样,比较数据报通信程序与会话通信程序之间的区别。

3.8 编写一个广播通信程序,完成数据从“data0”到“data9”(字符串)的发送,要求:发送和接收在同一个程序,而且使用同一个端口。

3.9 广播和组播通信程序中套接字类型应该是什么类型,组播地址应该是哪一类地址,范围为多少?

3.10 采用加入多播组的方法编写一个组播程序,组播地址采用"232.2.3.4",要求实现客户端和服务器端。

3.11 套接字的阻塞模式和非阻塞模式各是什么含义?

3.12 模仿异步选择模式例程编写一个非阻塞模式的会话通信程序。服务器端侦听 5150 端口上的请求,并且接受 TCP 连接。当这个程序收到来自客户端的/数据并进行回应,即收到什么,再把数据进行返还。客户端程序发送从“data0”到“data9”(字符串)的数据。

第4章 进程间通信

4.1 进程与进程间通信

进程是应用程序的执行实例，每个进程都有私有的虚拟地址空间、代码、数据和其他系统资源。操作系统在创建进程时为其分配资源，在进程结束时回收资源。在很多实际应用中，往往需要多个进程协同工作，它们之间经常需要交换一定的数据以便协同进行工作，这就要用到进程间通信机制。

4.2 创建一个进程

可以用 CreateProcess 函数创建一个进程。

函数格式如下：

```
BOOL CreateProcess(
    LPCTSTR lpApplicationName,
    LPTSTR lpCommandLine,
    LPSECURITY_ATTRIBUTES lpProcessAttributes,
    LPSECURITY_ATTRIBUTES lpThreadAttributes,
    BOOL bInheritHandles,
    DWORD dwCreationFlags,
    LPVOID lpEnvironment,
    LPCTSTR lpCurrentDirectory,
    LPSTARTUPINFO lpStartupInfo,
    LPPROCESS_INFORMATION lpProcessInformation
);
```

函数功能：在调用 CreateProcess 时，系统为新进程创建一个虚拟地址空间，并将可执行文件或任何必要的 DLL 文件的代码和数据加载到该进程的地址空间中。通过执行 C/C++运行期启动代码，新进程的主线程便开始运行，它最终调用 WinMain，wWinMain，main 或 wmain 函数。如果系统成功地创建了新进程和主线程，CreateProcess 便返回 TRUE，否则返回 0。

参数说明如下：

lpApplicationName 和 lpCommandLine：分别用于设定新进程将要使用的可执行文件的名字和传递给新进程的命令行字符串。可以使用 pszCommandLine 参数设定一个完整的命令行，以便 CreateProcess 用来创建新进程。当 CreateProcess 分析 pszCommandLine 字符串时，它将查看字符串中的第一个标记，并假设该标记是想运行的可执行文件的名字。如果可执行文件的文件名没有扩展名，便假设它的扩展名为.exe。CreateProcess 也按下面的顺序搜索该可执行文件。

①包含调用进程的.exe 文件的目录。

②调用进程的当前目录。

③Windows 的系统目录。

④Windows 目录。

⑤PATH 环境变量中列出的目录。

当然，如果文件名包含全路径，系统将使用全路径来查看可执行文件，并且不再搜索这些目录。如果系统找到了可执行文件，那么它就创建一个新进程，并将可执行文件的代码和数据映射到新进程的地址空间中。然后系统将调用 C/C++运行期启动例程。正如前面我们讲过的那样，C/C++运行期启动例程要查看进程的命令行，并将地址作为(w)WinMain 的 pszCmdLine 参数传递给可执行文件的名字后面的第一个参数。这一切都是在 pszApplicationName 参数是 NULL(99%以上的时候都应该属于这种情况)时发生的。如果不传递 NULL，可以将地址传递给 pszApplicationName 参数中包含想运行的可执行文件的名字的字符串。请注意：必须设定文件的扩展名，系统将不会自动假设文件名有一个.exe 扩展名。CreateProcess 假设该文件位于当前目录中，除非文件名前面有一个路径。如果在当前目录中找不到该文件，CreateProcess 将不会在任何其他目录中查找该文件。但是，即使在 pszApplicationName 参数中设定了文件名，CreateProcess 也会将 pszCommandLine 参数的内容作为它的命令行传递给新进程。

lpProcessAttributes，lpThreadAttributes 和 bInheritHandles：若要创建一个新进程，系统必须创建一个进程内核对象和一个线程内核对象(用于进程的主线程)，由于这些都是内核对象，因此父进程可以得到机会将安全属性与这两个对象关联起来。可以使用 psaProcess 和 psaThread 参数分别设定进程对象和线程对象需要的安全性。可以为这些参数传递 NULL，在这种情况下，系统为这些对象赋予默认安全性描述符。也可以指定两个 SECURITY_ATTRIBUTES 结构，并对它们进行初始化，以便创建自己的安全性权限，并将它们赋予进程对象和线程对象。如果 bInheritHandles 被置为 TRUE，那么新创建的进程就能继承父进程中的任何可继承句柄。

DwCreationFlags：用于标识标志，以便用于规定如何来创建新进程。如果将标志逐位用 OR 操作符组合起来的话，就可以设定多个标志，这样的标志有多个，下面只介绍其中的几个常用标志。

• DEBUG_PROCESS 标志用于告诉系统，父进程想要调试子进程和子进程将来生成的任何进程。本标志还告诉系统，当任何子进程(被调试进程)中发生某些事件时，将情况通知父进程(这时是调试程序)。

• DEBUG_ONLY_THIS_PROCESS 标志与 DEBUG_PROCESS 标志相类似，差别在于，调试程序只被告知紧靠父进程的子进程中发生的特定事件。如果子进程生成了别的进程，那么将不通知调试程序在这些别的进程中发生的事件。

• CREATE_ SUSPENDED 标志可导致新进程被创建,但是它的主线程则被挂起。这使得父进程能够修改子进程的地址空间中的内存,改变子进程的主线程的优先级,或者在进程有机会执行任何代码之前将进程添加给一个作业。一旦父进程修改了子进程,父进程将允许子进程通过调用 ResumeThread 函数来执行代码。

DwCreationFlags:可以用来设定优先级类。这些优先级类将会影响进程中包含的线程如何相对于其他进程的线程来进行调度。如果没有明确指定优先级类,系统会为新进程赋予一个默认优先级。

表 4.1 显示了各种可能的优先级类别。

表 4.1 进程优先级类

优先级类别	优先级类别标志的标识符
空闲	IDLE_ PRIORITY_ CLASS
低于正常	BELOW_ NORMAL_ PRIORITY_ CLASS
正常	NORMAL_ PRIORITY_ CLASS
高于正常	ABOVE_ NORMAL_ PRIORITY_ CLASS
高	HIGH_ PRIORITY_ CLASS
实时	REALTIME_ PRIORITY_ CLASS

lpEnvironment:用于指向包含新进程将要使用的环境字符串的内存块。在大多数情况下,为该参数传递 NULL,使子进程能够继承它的父进程正在使用的一组环境字符串。

lpCurrentDirectory:允许父进程设置子进程的当前驱动器和目录。如果本参数是 NULL,则新进程的工作目录将与生成新进程的应用程序的目录相同。如果本参数不是 NULL,那么 lpCurrentDirectory 必须指向包含需要的工作驱动器和工作目录的以 0 结尾的字符串。注意:必须设定路径中的驱动器名。

lpStartupInfo:用于指向一个 STARTUPINFO 结构。该结构可用来指定新进程中主窗口的出现形式及一些标识性的信息。大多数应用程序将要求生成的应用程序仅仅使用默认值,因此通常情况下将这个参数设为 NULL 即可。

lpProcessInformation:用于指向一个 PROCESS_ INFORMATION 结构。该结构用来记录进程句柄及进程 ID 号等信息。这些信息可用来对新创建的进程进行跟踪和控制。PROCESS_ INFORMATION 结构如下所示:

```
typedef struct _PROCESS_INFORMATION {
    HANDLE hProcess;
    HANDLE hThread;
    DWORD dwProcessId;
    DWORD dwThreadId;
} PROCESS_INFORMATION;
```

在创建进程的时候,系统为每个对象赋予一个初始使用计数值 1。然后,在 CreateProcess

返回之前，该函数打开进程对象和线程对象，并将每个对象的与进程相关的句柄放入 PROCESS_INFORMATION 结构的 hProcess 和 hThread 成员中。

在终止进程之前，父进程必须关闭子进程和它的主线程的句柄，以避免在应用程序运行时泄漏资源。当然，当进程终止运行时，系统会自动消除这些泄漏现象。但是，当进程不再需要访问子进程和它的线程时，编写得较好的软件应该显式关闭这些句柄（通过调用 CloseHandle 函数来关闭）。忘记关闭这些句柄是开发人员最常犯的错误之一。由于某些原因，许多开发人员认为，关闭进程或线程的句柄，会促使系统撤消该进程或线程。实际情况并非如此，关闭句柄只是告诉系统，你对进程或线程的统计数据不感兴趣。进程或线程将继续运行，直到它自己终止运行。

以上介绍了 CreateProcess 函数和它的参数，下面给出一个创建进程的示例。

例 4.1 创建进程示例。

```
LPPROCESS_INFORMATION lpProcessInfo;
BOOL flag;
flag= CreateProcess(
    "d:\\net\\Example.exe",            //应用程序路径及文件名
    NULL,                              //无命令行参数
    NULL,                              //采用默认进程属性
    NULL,                              //采用默认线程属性
    TRUE,                              //继承父进程中的任何可继承句柄
    NORMAL_PRIORITY_CLASS,             //新创建的进程为正常优先级
    NULL,                              //继承它的父进程正在使用的一组环境字符串
    "d:\\net\\exam",                   //子进程的工作路径
    NULL,                              //使用默认的启动信息
    lpProcessInfo                      //指向结构 PROCESS_INFORMATION 的指针
);
if (flag==FALSE)
{
    printf("Creating process failed!"); //进程创建失败
    return;                            //返回
}
……
```

本例对应用程序"d:\net\Example.exe"创建了一个进程实例。新创建进程的工作路径为"d:\net\exam"，其优先级与父进程的优先级相同。新进程的句柄及 ID 可分别从返回参数 lpProcessInfo->hProcess 和 lpProcessInfo->dwProcessId 中获得。

4.3 终止进程的运行

若要终止进程的运行，可以使用下面三种方法之一：

- 主线程的进入点函数返回（最好使用这个方法）。
- 进程中的一个线程调用 ExitProcess 函数（应该避免使用这种方法）。

• 另一个进程中的线程调用 TerminateProcess 函数(应该避免使用这种方法)。

本节将介绍这三种方法,并且说明进程结束时将会发生什么情况。

(1)主线程的进入点函数返回

始终都应该这样来设计应用程序,即只有当主线程的进入点函数返回时,它的进程才终止运行。这是保证所有线程资源能够得到正确清除的唯一办法。让主线程的进入点函数返回,可以确保下列操作的实现。

• 该线程创建的任何 C++对象将能使用它们的析构函数正确地撤消。
• 操作系统将能正确地释放该线程的堆栈使用的内存。
• 系统将进程的退出代码(在进程的内核对象中维护)设置为进入点函数的返回值。
• 系统将进程内核对象的返回值递减 1。

(2)利用 ExitProcess 函数

当进程中的一个线程调用 ExitProcess 函数时,进程便终止运行。

```
    VOIDExitProcess(
    UINTuExitCode//exitcodeforallthreads
);
```

该函数用于终止进程的运行,并将进程的退出代码设置为 uExitCode。ExitProcess 函数并不返回任何值,因为进程已经终止运行。在调用 ExitProcess 函数时,进程要等到它的所有线程终止运行之后才终止运行。换句话说,进程中运行的任何其他线程都随着进程而一道终止运行。

(3)利用 TerminateProcess 函数

调用 TerminateProcess 函数也能够终止进程的运行:

```
BOOLTerminateProcess(
    HANDLEhProcess,//handletotheprocess
    UINTuExitCode//exitcodefortheprocess
);
```

该函数与 ExitProcess 有一个很大的差别,那就是任何线程都可以调用 TerminateProcess 来终止另一个进程或它自己的进程的运行。hProcess 参数用于标识要终止运行的进程的句柄。当进程终止运行时,它的退出代码由 uExitCode 参数的值确定。只有当无法用另一种方法来迫使进程退出时,才应该使用 TerminateProcess。

值得注意的是,TerminateProcess 函数是个异步运行的函数。也就是说,它会告诉系统你想要进程终止运行,但是当函数返回时,你无法保证该进程已经终止运行。因此,如果想要确切地了解进程是否已经终止运行,必须调用 WaitForSingleObject 函数或者类似的函数,并传递进程的句柄。

(4)进程终止运行时的结束处理

当进程终止运行时,将进行下列结束处理操作。

①进程中剩余的所有线程全部终止运行。

②进程指定的所有用户对象和 GDI 对象均被释放,所有内核对象均被关闭(如果没有其他进程打开它们的句柄,那么这些内核对象将被撤消。但是,如果其他进程打开了它们的句柄,内核对象将不会撤消)。

③进程的退出代码将从 STILL_ ACTIVE 改为由 ExitProcess 或 TerminateProcess 函数

设定的退出代码。

④进程内核对象的状态变成收到通知的状态。系统中的其他线程可以挂起，直到进程终止运行。

⑤进程内核对象的使用计数递减 1。当进程终止运行时，系统能够自动确定它的内核对象的使用计数。如果使用计数降为 0，那么没有其他进程拥有该对象打开的句柄，当进程被撤消时，对象也被撤消。有一点需要特别注意，进程内核对象的寿命可能超过它的进程寿命，如果系统中的另一个进程拥有正在被撤消的进程的内核对象的打开句柄，那么该进程内核对象的使用计数不会降为 0。例如当父进程忘记关闭子进程的句柄时，往往就会发生这样的情况。因此，正确的做法是通过调用 CloseHandle 函数来关闭相应的内核对象句柄，并将它释放，然后再终止进程。

4.4 进程通信

4.4.1 进程通信概述

进程间通信 IPC(Inter Process Communication)机制是指在同一台计算机的不同进程之间，或在网络上不同计算机的进程之间的通信方法。在一个复杂系统中，往往需要多个进程协调工作，不同的进程完成某些特定的任务，而这些进程间的数据交换是必不可少的。例如，在一个实际系统中可能包含网络通信、人机界面处理和数据处理等三个进程，这三个进程各自完成特定的工作。网络通信进程负责底层的网络通信，将接收到的数据交给数据处理进程进行处理，数据处理进程处理的结果再交给人机界面进程进行显示；同样，人机界面进程在接受一个操作命令后，可能将它交给数据处理进程，处理的结果再通过网络通信进程发送出去。可以看出，这三个进程不是完全独立的，它们之间经常需要交换一定的数据协同进行工作，这就要用到 IPC 机制。

4.4.2 进程通信分类

Win32 提供了多种 IPC 机制，如 NetBIOS，Socket，Mailslot(邮槽)，Pipes(管道)Event(事件)以及 FileMapping(文件映射)等。这些机制可以实现同一台计算机的不同进程之间，或在跨越整个网络的不同计算机的进程之间进行通信。NetBIOS 和 Socket 是网间 IPC 机制的典型应用，而同一台计算机不同进程之间的通信则应首选文件映射。

(1)邮槽(Mailslot)

邮槽是一种简单的单向 IPC 机制。通过邮槽，客户机进程可将消息传送或广播给一个或多个服务器进程。在同一台计算机的不同进程之间，或在跨越整个网络的不同计算机的进程之间，协助进行消息的传输。用邮槽来开发应用程序是一件非常简单的事情，不要求对 TCP/IP 或 IPX 这样的基层网络传送协议有着非常深入的了解。由于邮槽是围绕一个广播通信体系设计出来的，所以不能指望通过它实现数据的“可靠”传输。然而，在某些特殊类型的网络编程环境中，假如对数据传输的可靠性要求不高，那么邮槽仍然是一种非常有价值的技术。

(2)命名管道(Named Pipes)

命名管道是一种简单的进程间通信机制。命名管道可在同一台计算机的不同进程之间，或在跨越一个网络的不同计算机的不同进程之间，支持可靠的、单向或双向的数据通信。用命名管道来设计应用程序实际非常简单，并不需要事先深入掌握基层网络传送协议(如 TCP/IP

或 IPX)的知识。这是由于命名管道利用了微软网络提供者(MSNP)重定向器,通过一个网络,在各进程间建立通信。这样一来,应用程序便不必关心网络协议的细节。

(3)事件(Events)

事件是一种简单的进程间通信机制,它主要用来在同一台计算机上多个进程间通知一些简单事件,也可用于进程同步操作。例如,当前进程中的某些异步操作的完成便可以通过事件方式通知其他的进程。

(4)文件映射(FileMapping)

内存映射文件不支持网间进程通信,但在同一台计算机上运行的多个进程能够利用文件映射相互之间共享数据。各个进程对共享数据的操作和使用就如同在自己的地址空间中一样进行,这使得内存映射文件成为单个计算机上的多个进程互相进行通信的最有效的方法。

4.5 内存文件映射

内存映射文件可以用来保留一个地址空间的区域,并将物理存储器提供给该区域。映射就是把一文件的内容拷贝到一个进程的虚拟地址空间中,文件内容的拷贝称作文件视图,操作系统用来维护该副本的内部结构称作文件映射对象。一旦一个文件被映射,就像整个文件已经加载内存一样,你可以在内存中直接对文件进行操作。内存映射文件有两个作用:

①可以使用内存映射文件来访问磁盘上的文件,这使你像对待内存一样对待文件。可以不必对文件执行 I/O 操作,并且可以不必对文件内容进行缓存。

②共享数据。一个进程可以使用另一个进程的文件映射对象在自己的虚拟地址空间中建立一个相同的视图,从而达到共享内存的目的,使得多个进程能够利用共享内存方式相互之间交换数据。

内存文件映射的共享数据特性是进程间通信的主要手段。本节将重点介绍内存文件映射这种 IPC 机制。

4.5.1 创建内存文件映射

若要利用内存映射文件的共享内存特性实现进程间的通信,必须执行以下两个步骤:

第一步,使用 CreateFileMapping 函数创建一个有名或无名的文件映射对象,并告诉系统该内存映射文件的大小和你打算如何访问该文件映射。

第二步,使用 MapViewOfFile 函数让系统将文件映射对象的全部或一部分映射到你的进程地址空间中。

(1)创建文件映射对象(CreateFileMapping)

函数格式:

```
HANDLE CreateFileMapping(
    HANDLE hFile,
    LPSECURITY_ATTRIBUTES lpFileMappingAttributes,
    DWORD flProtect,
    DWORD dwMaximumSizeHigh,
    DWORD dwMaximumSizeLow,
```

```
    LPCTSTR lpName
  );
```

函数功能：创建一个有名或无名的文件映射对象，创建成功返回该文件映射对象的句柄，否则返回 NULL。

参数说明：

hFile：用于标识你想要映射到进程地址空间中的文件对象句柄。对于一个磁盘文件，该句柄可由 CreateFile 函数得到；对于共享内存区操作，将该句柄直接指定为 0xFFFFFFFF。

LpFileMappingAttributes：指向文件映射对象的安全属性 SECURITY_ ATTRIBUTES 结构的指针，通常传递的值是 NULL（提供默认的安全特性）。

FlProtect：指定对文件映射区物理存储器的页面保护属性。保护属性可以取表 4.2 中的 3 个常量值。

表 4.2 文件映射保护属性

保护属性	含义
PAGE_ READONLY	当文件映射对象被映射时，只能读取数据
PAGE_ READWRITE	当文件映射对象被映射时，可以读取和写入数据
PAGE_ WRITECOPY	当文件映射对象被映射时，可以读取和写入数据，在写入数据时，将创建页面的一个私有拷贝

dwMaximumSizeHigh 和 dwMaximumSizeLow：指定该文件映射的最大字节数，保证文件映射对象能够得到足够的物理存储器。它需要两个 32 位的值，因为 Windows 支持的文件大小可以用 64 位的值来表示。dwMaximumSizeHigh 参数用于设定较高的 32 位，而 dwMaximumSizeLow 参数则用于设定较低的 32 位值。

LpName：以 0 结尾的字符串，用于给该文件映射对象赋予一个名字。该名字用于与其他进程共享文件映射对象。

（2）打开文件映射对象（OpenFileMapping）

函数格式：

```
HANDLE OpenFileMapping(
    DWORD dwDesiredAccess,
    BOOL bInheritHandle,
    LPCTSTR lpName
);
```

函数功能：打开一个有名的文件映射对象，打开成功返回该文件映射对象的句柄，否则返回 NULL。

参数说明：

dwDesiredAccess：指定对文件映射对象的访问方式。

bInheritHandle：指定该文件映射对象句柄是否可以被继承，如果指定为 TRUE，则表示该句柄可以被一个新的进程来继承。

lpName：以 0 结尾的字符串，用于指定一个已经创建的文件映射对象名字。系统正是通过这个名字实现与其他进程共享文件映射对象，进而实现进程间的数据交换。

(3)将文件映射对象映射到进程的地址空间

函数格式：

```
LPVOID MapViewOfFile(
    HANDLE hFileMappingObject,
    DWORD dwDesiredAccess,
    DWORD dwFileOffsetHigh,
    DWORD dwFileOffsetLow,
    DWORD dwNumberOfBytesToMap
);
```

函数功能：将文件映射对象的全部或一部分映射到你的进程地址空间中，只有完成了映射，才能在自己的进程地址空间中对文件映射数据进行操作。函数成功返回进程地址空间映射区的首地址，否则返回 NULL。

参数说明：

hFileMappingObject：用于标识一个文件映射对象的句柄，该句柄是前面调用 CreateFileMapping 或 OpenFileMapping 函数所返回的。

DwDesiredAccess ：指定对文件映射数据(视图)的访问方式，见表 4.3。

表 4.3 文件映射视图的访问方式

访问值	含　义
FILE_MAP_WRITE	可以读取和写入文件数据
FILE_MAP_READ	可以读取文件数据
FILE_MAP_ALL_ACCESS	与 FILE_MAP_WRITE 相同
FILE_MAP_COPY	可以读取和写入文件数据。如果写入文件数据，可以创建一个页面的私有拷贝。

dwFileOffsetHigh 和 dwFileOffsetLow ：指定数据文件中的哪个字节应该作为视图中的第一个字节来映射，即视图相对于文件映射数据的位移值。由于 Windows 支持的文件最大可达 16EB，因此必须用一个 64 位的值来设定这个字节的位移值。这个 64 位值中，较高的 32 位传递给参数 dwFileOffsetHigh，较低的 32 位传递给参数 dwFileOffsetLow。注意：文件中的这个位移值必须是系统的分配粒度的倍数(迄今为止，Windows 的所有实现代码的分配粒度均为 64KB)。通常情况下，视图是从文件映射数据的起始抵制开始，即位移值为 0。因此，这两个参数均应设置为 0。

DwNumberOfBytesToMap：指定映射文件有多少字节要映射到地址空间。如果设定的值是 0，那么系统将设法把从文件中的指定位移开始到整个文件的结尾的视图映射到地址空间。

下面的一段代码说明了创建内存文件映射的一般过程。

例 4.2 创建内存文件映射示例。

```
...
HANDLE hMapFile;
LPVOID pAddress;
```

```
hMapFile = CreateFileMapping((HANDLE)0xFFFFFFFF,    //存储块
        (LPSECURITY_ATTRIBUTES) NULL,               //无安全特性
        PAGE_READWRITE,                             //读写访问
        0,                                          //对象最大尺寸
        4096,
        "ShareBuffer");                             //文件映射对象名
{
    ExitProcess(0);
}
pAddress =(LPVOID)MapViewOfFile(hMapFile,           //文件映射对象
        FILE_MAP_ALL_ACCESS,                        //读写访问
        0,
        0,
        0);
if (pAddress==NULL)
{
    ExitProcess(0);
}
...
UnmapViewOfFile(pAddress);
CloseHandle(hMapFile);
...
```

这段代码首先调用 CreateFileMapping 创建一个内存文件映射对象,如果这个内存文件映射对象创建成功,则将对象句柄赋值给变量 hMapFile。该对象大小为 4 096B,可以进行读写操作,对象名为"ShareBuffer"。然后调用 MapViewOfFile 函数将文件映射对象的全部映射到当前进程地址空间中,并将映射区首地址赋值给指针变量 pAddress,同时指定对该映射区可以进行读写访问。随后就可以自 pAddress 开始,在大小为 4 096B 的地址空间内进行通常的内存操作。最后两条是释放和关闭内存文件映射对象。

4.5.2 释放内存文件映射

当完成对内存映射文件的使用时,必须执行下面两个步骤。

第一步,使用 UnmapViewOfFile 函数告诉系统从进程的地址空间中撤消文件映射对象的映像;

第二步,使用 CloseHandle 函数关闭文件映射对象。

(1)释放地址映射(UnmapViewOfFile)

函数格式:

```
BOOL UnmapViewOfFile(
    LPCVOID lpBaseAddress                           // 映射开始地址
);
```

函数功能：从调用进程的地址空间中撤消文件映射对象的映像。必须记住要调用 UnmapViewOfFile 函数。如果没有调用这个函数，那么在进程终止运行前，保留的区域就不会被释放。此外，每当调用 MapViewOfFile 时，系统总是在进程地址空间中保留一个新区域，而以前保留的所有区域将不被释放。函数成功返回一个非 0 值，否则返回 0。

参数说明：该函数的唯一的参数 lpBaseAddress 用于设定释放区域的基地址，该值必须与调用 MapViewOfFile 函数返回的值相同。

(2)关闭文件映射对象(CloseHandle)

函数格式：

```
BOOL CloseHandle(
    HANDLE hObject              // 对象句柄
);
```

函数功能：关闭一个打开的文件映射对象。如果忘记关闭，在进程继续运行时会出现资源泄漏的问题。当然，当进程终止运行时，系统会自动关闭你的进程已经打开但是忘记关闭的任何对象。但是如果进程暂时没有终止运行，将会积累许多资源句柄，造成资源泄漏。函数成功返回一个非 0 值，否则返回 0。

参数说明：该函数唯一的参数 hObject 用于指定一个打开的文件映射对象句柄。

4.5.3　利用内存文件映射共享数据

一个进程可以使用另一个进程的文件映射对象在自己的虚拟地址空间中建立一个相同的视图，从而实现在同一台计算机上运行的多个进程之间共享数据。下面举例说明如何利用文件映射实现进程间的通信。

假定 P1 和 P2 两个进程协同完成某一件工作，利用文件映射的共享内存方式实现它们之间的数据交换过程如下。

P1 进程	P2 进程
①创建一个名为"ShareBuff"文件映射对象；	①打开一个名为"ShareBuff"文件映射对象；
②将文件映射对象映射到 P1 的地址空间中；	②将文件映射对象映射到 P2 的地址空间中；
③在进程 P1 的地址空间中读取数据；	③在进程 P2 的地址空间中读取数据；
④释放地址映射；	④释放地址映射。
⑤关闭文件映射对象。	

下面给出 P1 和 P2 两个进程的程序代码段，在这个例子中，P1 向共享缓冲区写入一个字符串，而 P2 则从共享缓冲区读出一个字符串并显示。

例 4.3　利用内存文件映射共享数据示例。

```
//P1 进程的程序代码段
...
HANDLE hMapFile;
LPVOID pAddress;
char * pBuff;
```

```
hMapFile=CreateFileMapping((HANDLE)0xFFFFFFFF,
        (LPSECURITY_ATTRIBUTES) NULL,
        PAGE_READWRITE,
        0,
        4096,
        "ShareBuff");
if (hMapFile==NULL )
{
   ExitProcess(0);
}
pAddress=(LPVOID)MapViewOfFile(hMapFile,
            FILE_MAP_ALL_ACCESS,0,0,0 );
if (pAddress==NULL)
{
   ExitProcess(0);
}
pBuff=(char * ) pAddress;                       // 让 pBuff 指向共享缓冲区首址
strcpy(pBuff, "This is a test data from P1");  // 向共享缓冲区写如数据
...
UnmapViewOfFile(pAddress);
CloseHandle(hMapFile);
...
//P2 进程的程序代码段
...
HANDLE hMapFile;
LPVOID pAddress;
char * pBuff,Buff[4096];
hMapFile=OpenFileMapping(FILE_MAP_READ,
              FALSE,
           " ShareBuff ");                      // 打开由 P1 创建的文件映射对象
if (hMapFile==NULL )
   ExitProcess(0);
pAddress=(LPVOID)MapViewOfFile(hMapFile, FILE_MAP_READ,0,0,0 );
if (pAddress==NULL)
{
   ExitProcess(0);
}
pBuff=(char * ) pAddress;                       // 让 pBuff 指向共享缓冲区首址
for (;;)
```

```
{
    strcpy(Buff, pBuff);                          // 从共享缓冲区中提取数据
    if ( strlen(Buff)>0 )
      printf(Buff);
    ...
}
...
UnmapViewOfFile(pAddress);
...
```

可以看出,利用文件映射实现进程间的数据交换是非常方便和有效的,但是仅仅利用文件映射还不能完全解决进程同步问题。它通常只是简单地把要交换的数据放到共享缓冲区了事,而不会去主动通知其他进程某个操作已经完成。要解决这个问题,利用事件是一种简单而有效的方法。接下来将简单介绍事件机制。

4.5.4　利用事件实现进程同步

事件是一种简单的 IPC 机制,它主要用来在多个进程间传递消息。例如,当前进程中的某些异步操作的完成便可以通过事件方式通知其他的进程,从而实现进程间的同步。事实上,在很多实际应用中,往往是将文件映射和事件这两种通信机制结合起来使用,利用文件映射实现进程间的数据交换,利用事件实现进程间的消息传递。

与事件相关的 API 函数有如下 7 个:

① 创建事件对象 CreateEvent();

② 打开事件对象 OpenEvent();

③ 设置事件为有信号状态 SetEvent();

④ 设置事件为无信号状态 ResetEvent();

⑤ 关闭事件对象 CloseHandle();

⑥ 等待单个事件 WaitForSingleObject();

⑦ 等待多个事件 WaitForMultipleObjects();

这些函数的详细说明将在下面的一章中介绍。

习题与思考题

4.1　如何创建一个进程?试给出一个利用 CreateProcess 函数创建进程的实例。

4.2　结束一个进程通常有哪几种方式?请分别进行说明。

4.3　IPC 的含义是什么?试举出几种常用 IPC 机制并说明各自的特点。

4.4　内存文件映射的作用是什么?如何利用内存文件映射实现进程间的通信。

4.5　简要说明使用共享内存的基本原理,并给出其方法步骤。

4.6　利用内存文件映射的共享内存机制,写一个程序实现两个进程间的通信。

4.7　当完成对内存映射文件的使用时,为什么要释放相关的系统资源?请给出具体的释放方法和步骤。

第5章 多线程结构的网络编程

5.1 创建线程

5.1.1 线程与进程

多任务操作系统能同时独立运行几个程序，对于同一个程序，它又可以分成若干个独立的执行流，我们称之为线程(thread)，线程提供了多任务处理的能力。用进程和线程的观点来进行程序设计是当今普遍采用的方法，进程和线程的概念的出现，对提高软件的并行性有着重要的意义。

通常，进程是应用程序的执行实例，每个进程都有私有的虚拟地址空间、代码、数据和其他系统资源。操作系统在创建进程时为其分配资源，在进程结束时回收资源。线程是一个独立的执行流，是进程内部的一个独立的执行单元，相当于一个子程序。系统自动为每个进程生成一个主线程，然后由这个主线程生成额外的子线程。一个进程中的所有线程都在该进程的虚拟地址空间中，共享该进程的全局变量和系统资源。进程中的线程是并行执行的，系统为每个线程分配运行时间片(20 ms 左右)。在任何一个时刻，CPU 只执行一个时间片内的线程，每个线程只有在分配的时间片内才有对 CPU 的控制权，多个时间片中的相应线程在 CPU 内轮流执行，所以看上去好像各个线程在计算机中是并行处理的。操作系统是根据线程的优先级来安排 CPU 的时间，优先级高的线程优先运行，优先级低的线程则继续等待。

5.1.2 创建一个线程

在应用程序有几个任务需要异步执行的情况下，多线程处理是很好的解决方法。一个进程的主线程是由操作系统自动生成的，如果要让一个主线程创建额外的子线程，可以通过调用 CreateThread 函数来完成。CreateThread 的参数指明了线程函数开始执行的代码地址，还有一个可选的 32 位指针参数。通常，起始地址是程序代码中定义的函数名。即使这个地址指向数据、代码或其他不可访问的区域，CreateThread 仍会成功，只是当线程执行时，将会出现异常导致线程立即终止。线程函数可以有一个单指针参数且返回一个 DWORD 结果。

CreateThread 函数的声明如下：

```
HANDLE CreateThread(
    LPSECURITY_ATTRIBUTES lpThreadAttributes,    //安全属性
    DWORD dwStackSize,                           //线程堆栈大小
```

```
    LPTHREAD_START_ROUTINE lpStartAddress,    //线程函数地址
    LPVOID lpParameter,                       //线程参数
    DWORD dwCreationFlags,                    //创建标志
    LPDWORD lpThreadId                        //线程 ID
);
```

各参数含义说明如下：

lpThreadAttributes：该参数为一个指向 SECURITY_ATTRIBUTES 结构的指针，这个结构包含一个句柄继承标志和一个指向线程对象的安全性描述结构的指针。如果想让对象为缺省安全属性的话，可以传一个 NULL，如果想让任一个子进程都可继承一个该线程对象句柄，必须指定一个 SECURITY_ATTRIBUTES 结构，其中 bInheritHandle 成员初始化为 TRUE。

dwStackSize：该参数表示线程为自己所用堆栈分配的地址空间大小，0 表示采用系统缺省值。堆栈位于进程空间内，当线程终止时，这些内存被释放。

lpStartAddress：该参数用来表示新线程开始执行时代码所在函数的地址，即为线程函数。

lpParameter：该参数为传入线程函数的参数。

dwCreationFlags：该参数指定控制线程创建的附加标志，可以取两种值。如果该参数为 0，线程就会立即开始执行，如果该参数为 CREATE_SUSPENDED，则系统产生线程后，初始化 CPU，登记 CONTEXT 结构的成员，准备好执行该线程函数中的第一条指令，但并不马上执行，而是挂起该线程。

lpThreadId：该参数是一个 DWORD 类型地址，返回赋给该新线程的 ID 值。

函数调用成功，返回值为新线程的句柄；函数调用失败，返回值为 NULL。

5.1.3　线程的挂起与激活

在创建线程时可以指定线程的初始状态。线程的初始状态可以有执行和挂起两种状态。当线程的初始状态为挂起状态（通过传递 CREATE_SUSPENDED 标志给函数 CreateThread 来实现）时，系统创建指定线程的核心对象，创建线程的栈，并且为线程对象分配一个初始挂起计数值 1，这表明了系统将不再分配 CPU 去执行线程。要开始执行一个线程，另一个线程必须调用 ResumeThread 函数并传递给它调用 CreateThread 时返回的线程句柄。

(1)激活一个线程

ResumeThread 函数用来激活一个线程。ResumeThread 在执行时，首先检查线程的挂起次数，如果挂起次数为 0 表示该线程并非处于挂起状态，否则该线程的挂起次数值将被减 1。该函数的声明如下：

```
DWORD ResumeThread(
    HANDLE hThread          // 线程句柄
);
```

其中参数 hThread 为被激活线程的句柄。

返回值为－1 时表示函数调用失败。当函数调用成功时，返回值表示线程被激活前的挂起次数。如果返回值为 0，表示该线程没有被挂起；如果返回值为 1，表示该线程已由挂起状态变成执行状态；如果返回值大于 1，表示该线程仍然处于挂起状态，但是挂起次数已经减 1。

一个线程可以被挂起多次。如果一个线程被挂起 3 次，则该线程在它被分配 CPU 之前必须被恢复 3 次。

(2)挂起一个线程

除了在创建线程时使用 CREATE_SUSPENDED 标志，还可以用 SuspendThread 函数挂起线程，该函数的声明如下：

```
DWORD SuspendThread(
    HANDLE hThread                          // 线程句柄
);
```

其中参数 hThread 为将被挂起线程的句柄。

返回值为－1 时表示函数调用失败。当函数调用成功时，返回值表示函数执行前线程被挂起的次数。每个线程都有一个挂起计数值，挂起计数值的最大值为 MAXIMUM_SUSPEND_COUNT。如果线程的挂起计数值大于 0，则表示线程处于挂起状态，否则表示线程处于执行状态。每次调用 SuspendThread 函数将导致目标线程的挂起计数值加 1。

5.1.4 线程的优先级

线程具有一定的优先级，操作系统根据线程的优先级进行调度，分配 CPU 时间片。一个线程的优先级首先属于一个类，然后是其在该类中的相对位置。线程优先级的计算可以如下式表示：

线程优先级 ＝ 进程类基本优先级 ＋ 线程相对优先级

每个线程的优先级由下列因素决定。

- 其进程的优先类(空闲、正常或高)。
- 在进程优先类里的线程基本优先段(最低、正常以下、正常、正常以上、最高)。
- 系统给予线程优先级的动态优先级增强。

通常，应用程序可以使用下列方法控制线程的相对优先级：

- 当使用 CreateProcess 时，可指定进程的优先类。若未指定，缺省优先类为正常。
- 可使用 SetPriorityClass 来改变进程的优先类。这影响进程内所有线程的优先级，但线程的相对优先级保持不变。
- 可使用 SetThreadPriority 来改变任何线程的优先级。
- 当一个线程被首次创建时，它的优先类等同于它所属进程的优先类。

(1) 设置线程优先级

在单个进程内可以通过调用 SetThreadPriority 函数改变线程的相对优先级。一个线程的优先级是相对于其所属的进程的优先类而言的。SetThreadPriority 函数的声明如下：

```
BOOL SetThreadPriority(
    HANDLE hThread,                         // 线程句柄
    int nPriority                           // 线程优先级
);
```

其中参数含义如下：

hThread：该参数是指向待修改优先级线程的句柄。

nPriority：该参数表示线程在当前优先类中新的优先级，它必须取以下的值：

THREAD_PRIORITY_IDLE（空闲优先级，仅在系统空闲时执行）

THREAD_PRIORITY_LOWEST（最低优先级）

THREAD_PRIORITY_BELOW_NORMAL（低于正常优先级）

THREAD_PRIORITY_NORMAL（缺省）（正常优先级）

THREAD_PRIORITY_ABOVE_NORMAL（最高优先级）

THREAD_PRIORITY_HIGHEST（实时优先级）

THREAD_PRIORITY_CRITICAL（非常高的优先级）

(2) 获取进程的优先类

用GetPriorityClass可确定当前进程的优先类。GetPriorityClass函数的声明如下：

```
DWORD GetPriorityClass(
    HANDLE hProcess                    // 进程句柄
);
```

其中hProcess为进程句柄。函数调用失败时，返回值为0；函数调用成功时，返回值为进程的优先类。

(3) 获取线程的优先级

用GetThreadPriority可获得线程在优先类中的优先级。GetThreadPriority函数的声明如下：

```
int GetThreadPriority(
    HANDLE hThread                     // 线程句柄
);
```

其中参数hThread为线程的句柄。函数调用失败时，返回值为THREAD_PRIORITY_ERROR_RETURN；函数调用成功时，返回值为线程在优先类中的优先级。

使用高优先类时应当格外小心。如果一条线程以最高优先级执行过长时间，系统中的其他线程可能因等不到CPU时间而“饿死”。如果几条线程被同时设置为高优先级，效果将是中立。

5.1.5 线程的生命期

通过以下几种方式可以终止线程。

(1) 线程内部调用ExitThread退出当前线程的执行。

```
void ExitThread(
    DWORD dwExitCode                   // 线程退出码
);
```

这个函数为调用该函数的线程设置了退出码dwExitCode后，就终止该线程，并导致操作系统清除该线程使用的所有操作系统资源。

(2) 在线程外部利用线程句柄调用TerminateThread，强行终止一个线程的运行。

```
BOOL TerminateThread(
    HANDLE hThread,                    // 线程句柄
    DWORD dwExitCode                   //线程退出码
);
```

该函数用来结束由 hThread 参数指定的线程，并把 dwExitCode 设成该线程的退出码。当某个线程不再响应时，我们可以用其他线程调用该函数来终止这个不响应的线程。

(3) 线程函数正常返回(即线程隐含调用了 ExitThread)。

这是确保所有线程资源被系统正确回收的最佳办法。

(4) 包含线程的进程终止运行。

当整个进程已经正常终止，则进程内部线程所使用的资源已被系统正常回收。

5.2 线程同步

进程中的所有线程共享进程的虚拟地址空间，这意味着所有线程都可以访问进程的资源空间，这一方面为编程带来了方便，但另一方面也容易造成访问冲突。线程同步是为了协调多个线程的执行，保证数据完整性而采取的措施。

线程同步是通过同步对象来实现的。同步对象是一个数据结构，用来协调多线程的执行，它可以被多个线程共享。同步对象的状态要么是有信号的，要么是无信号的。同步对象主要有四种：临界区(critical section)、互斥量(mutex)、信号量(semaphore)和事件(event)。不同的同步对象具有不同的特征。互斥量对象主要用于防止同时访问一个共享资源。信号量对象主要通过计数来限制对共享资源的访问量。事件对象主要用于通知其他等待线程某事件已经发生。临界区对象与互斥量对象相似，但只能被同一进程中的线程使用。

5.2.1 等待函数

等待函数是一组能使线程阻塞其自身执行的函数。这些函数只有在一个或多个特定的同步对象产生信号时才会返回。在超过规定的等待时间后，不管有无信号，函数也都会返回。在等待函数未返回时，线程处于等待状态，此时线程只消耗很少的 CPU 时间。使用等待函数即可以保证线程的同步，又可以提高程序的运行效率。最常用的等待函数有两个，分别是 WaitForSingleObject和 WaitForMultipleObjects。

(1)等待单个对象有信号

WaitForSingleObject 函数用于等待单个对象变为有信号状态，该函数的声明如下：

```
DWORD WaitForSingleObject(
    HANDLE hHandle,                         // 等待对象的句柄
    DWORD dwMilliseconds                    // 等待超时时间
);
```

参数说明如下：

hHandle：是同步对象的句柄。

dwMilliseconds：该参数是以毫秒为单位的超时间隔，如果该参数为 0，那么函数就测试同步对象的状态并立即返回，如果该参数为 INFINITE，则超时间隔是无限的。该函数返回值含义如表 5.1 所示。

表 5.1　WaitForSingleObject 函数返回值的含义

返回值	含　义
WAIT_FAILED	函数失败
WAIT_OBJECT_0	指定的同步对象处于有信号的状态
WAIT_ABANDONED	拥有一个 MUTEX 的线程已经中断了，但未释放该 MUTEX
WAIT_TIMEOUT	超时返回，并且同步对象无信号

(2)等待多个对象有信号

函数 WaitForMultipleObjects 可以同时监测多个同步对象，该函数的声明如下：

```
DWORD WaitForMultipleObjects(
    DWORD nCount,                         // 句柄数组元素个数
    CONST HANDLE *lpHandles,              // 对象句柄数组地址
    BOOL bWaitAll,                        // 等待标志
    DWORD dwMilliseconds                  // 等待超时时间
);
```

参数说明如下：

nCount：该参数是句柄数组中句柄的数目。

lpHandles：该参数代表一个句柄数组。

bWaitAll：该参数说明了等待类型，如果为 TRUE，那么函数在所有对象都有信号后才返回，如果为 FALSE，则只要有一个对象变成有信号的，函数就返回。

dwMilliseconds：该参数是以毫秒为单位的超时间隔，如果该参数为 0，那么函数就测试同步对象的状态并立即返回，如果该参数为 INFINITE，则超时间隔是无限的。函数的返回值含义如表 5.2 所示。

表 5.2　WaitForMultipleObjects 函数返回值的含义

返回值	含　义
WAIT_OBJECT_0 到 WAIT_OBJECT_0+nCount−1	若 bWaitAll 为 TRUE，则返回值表明所有对象都是有信号的。如果 bWaitAll 为 FALSE，则返回值减去 WAIT_OBJECT_0 就是数组中有信号对象的最小索引
WAIT_ABANDONED_0 到 WAIT_ABANDONED_0+nCount−1	若 bWaitAll 为 TRUE，则返回值表明所有对象都有信号，但有一个 mutex 被放弃了。若 bWaitAll 为 FALSE，则返回值减去 WAIT_ABANDONED_0 就是被放弃 mutex 在对象数组中的索引
WAIT_TIMEOUT	超时返回

例 5.1　下面的代码段创建了五个事件对象，然后等待其中一个变为信号状态。

```
HANDLE hEventObjs[5];
ULONG i;
DWORD event;
// 产生 5 个事件对象
```

```
for(i=0;i<5;i++){
    hEventObjs[i]=CreateEvent(NULL,FALSE,FALSE,NULL);
    if(! hEventObjs[i]){
      // 错误处理
    }
while(TRUE){
    event=WaitForMutipleObjects(
        5,                          // 对象数量
        hEventObjs,                 // 事件对象数组
        FALSE,                      // 等待任意事件发生
        500),                       // 等待 0.5 s
    switch(event){
        case WAIT_OBJECT_0:
        case WAIT_OBJECT_1:
        case WAIT_OBJECT_2:
        ...
        case WAIT_TIME_OUT:         // 超时处理
    }
}
```

5.2.2 临界区

临界区是保证在某一个时间只有一个线程可以访问数据的方法。使用它的过程中,需要给各个线程提供一个共享的临界区对象,无论哪个线程占有临界区对象,都可以访问受到保护的数据,这时候其他的线程需要等待,直到该线程释放临界区对象为止,临界区被释放后,另外的线程可以强占这个临界区,以便访问共享的数据。与临界区相关的几个 API 函数说明如下。

(1) 创建临界区

InitializeCriticalSection 函数用于创建临界区,该函数的声明如下:

```
void InitializeCriticalSection(
    LPCRITICAL_SECTION lpCriticalSection    // 临界区
);
```

参数 lpCriticalSection 表示指向临界区的指针。

(2) 删除临界区

DeleteCriticalSection 函数用于删除临界区,该函数的声明如下:

```
VOID DeleteCriticalSection(
    LPCRITICAL_SECTION lpCriticalSection    // 临界区
);
```

参数 lpCriticalSection 表示指向临界区的指针。

(3) 进入临界区

进入临界区相当于申请加锁,如果该临界区正被其他线程使用则该函数会等待到其他线

程释放。通过 EnterCriticalSection 函数可以进入临界区，该函数的声明如下：

```
void EnterCriticalSection(
    LPCRITICAL_SECTION lpCriticalSection    // 临界区
);
```

参数 lpCriticalSection 表示指向临界区的指针。

(4) 尝试进入临界区

尝试进入临界区相当于申请加锁，和 EnterCriticalSection 不同如果该临界区正被其他线程使用则该函数会立即返回 FALSE，而不会等待。通过 TryEnterCriticalSection 函数可以尝试进入临界区，该函数的声明如下：

```
BOOL TryEnterCriticalSection(
    LPCRITICAL_SECTION lpCriticalSection    // 临界区
);
```

参数 lpCriticalSection 表示指向临界区的指针。

(5) 退出临界区

退出临界区相当于申请解锁。通过 LeaveCriticalSection 函数可以退出临界区，该函数的声明如下：

```
void LeaveCriticalSection(
    LPCRITICAL_SECTION lpCriticalSection    // 临界区
);
```

参数 lpCriticalSection 表示指向临界区的指针。

例 5.2　下面的代码说明了如何使用临界区对象来同步线程。

```
int iCounter=0;
CRITICAL_SECTION gCriticalSection;

DWORD threadA(void * pD)
{
    int iID= *(int *)pD;
    for(int i=0;i<8;i++)
    {
        EnterCriticalSection(&gCriticalSection);
        int iCopy=iCounter;
        Sleep(100);
        iCounter=iCopy+1;
        printf("thread %d : %d\n",iID,iCounter);
        LeaveCriticalSection(&gCriticalSection);
    }
    return 0;
}
main()
```

```
{
    DWORD ThreadId[3];
    HANDLE hThread[3];
    //创建临界区
    InitializeCriticalSection(&gCriticalSection);
    //创建线程
    hThread[0]=CreateThread(0,0,(LPTHREAD_START_ROUTINE) threadA,
                (void *)1, 0, & ThreadId [0]);
    hThread[1]=CreateThread(0,0,(LPTHREAD_START_ROUTINE) threadA,
                (void *)2, 0, & ThreadId [1]);
   hThread[2]=CreateThread(0,0,(LPTHREAD_START_ROUTINE) threadA,
                (void *)3, 0, & ThreadId [2]);
    //等待所有线程结束
    WaitForMultipleObjects(3,hThread,TRUE,INFINITE);
    //删除临界区
    DeleteCriticalSection(&gCriticalSection);
}
```

5.2.3 用互斥量对象实现线程同步

互斥量与临界区的作用非常相似,但互斥量是可以命名的,也就是说它可以跨越进程使用,所以创建互斥量需要的资源更多。如果只为了在进程内部使用的话,使用临界区会带来速度上的优势并能够减少资源占用量。因为互斥量是跨进程的,互斥量一旦被创建,就可以通过名字打开它。

Mutex 对象的状态在它不被任何线程拥有时是有信号的,而当它被拥有时则是无信号的。Mutex 对象很适合用来协调多个线程对共享资源的互斥访问(Mutually Exclusive)。与互斥量相关的几个 API 函数说明如下:

(1) 创建互斥量

CreateMutex 函数用于创建互斥量,该函数的声明如下:

```
HANDLE CreateMutex(
    LPSECURITY_ATTRIBUTES lpMutexAttributes,    // 安全参数
    BOOL bInitialOwner,                          // 初始状态
    LPCTSTR lpName                               // 互斥量名
);
```

其中参数含义如下:

lpMutexAttributes:该参数表示安全信息。它是一个指向 SECURITY_ATTRIBUTES 结构的指针。该结构决定返回的句柄是否可以被子进程所继承。如果 lpMutexAttributes 为 NULL 表示句柄不能被继承。

bInitialOwner:该参数表示互斥量初始状态,如果为 TRUE,则表示创建它的线程直接拥有了该互斥量,而不需要再申请。

lpName：该参数表示互斥量的名字，如果为 NULL，则不能被其他线程或进程打开。

(2) 打开一个存在的互斥量

OpenMutex 函数用于打开一个存在的互斥量，该函数的声明如下：

```
HANDLE OpenMutex(
    DWORD dwDesiredAccess,
    BOOL bInheritHandle,
    LPCTSTR lpName
);
```

其中参数含义如下：

dwDesiredAccess：该参数表示对互斥量的存取方式。

bInheritHandle：该参数表示互斥量是否可以被继承。如果为 TRUE 表示可以被继承，否则不能被继承。

lpName ：该参数表示互斥量的名字。

(3) 释放互斥量的使用权

释放互斥量的使用权要求调用该函数的线程拥有该互斥量的使用权。ReleaseMutex 函数用于释放互斥量的使用权，该函数的声明如下：

```
BOOL ReleaseMutex(
    HANDLE hMutex
);
```

参数 hMutex 表示互斥量句柄。

(4) 关闭互斥量

CloseHandle 函数用于关闭互斥量，该函数的声明如下：

```
BOOL CloseHandle(
    HANDLE hObject
);
```

参数 hObject 表示互斥量句柄。

线程用 CreateMutex 函数来建立 Mutex 对象，在建立 Mutex 时，可以为对象起个名字，这样其他的线程可以用 OpenMutex 函数打开指定名字的 Mutex 对象句柄。在完成对共享资源的访问后，线程可以调用 ReleaseMutex 来释放 Mutex，以便让别的线程能访问共享资源。如果线程终止而不释放 Mutex，则认为该 Mutex 被废弃。

例 5.3　下面的代码演示了如何使用互斥量来同步线程。

```
DWORD threadA(void * pD)
{
    int iID= *(int *)pD;
    //在线程内部重新打开
    HANDLE hCounterIn=OpenMutex(MUTEX_ALL_ACCESS,FALSE,"MyMutex");
    printf("%d wait for object\n",iID);
    WaitForSingleObject(hCounterIn,INFINITE);
    printf("\t\tthread %d has received MyMutex \n",iID);
```

```
    ReleaseMutex(hCounterIn);
    CloseHandle(hCounterIn);
    return 0;
}

main()
{
    DWORD ThreadId[3]
    HANDLE hThread[3];
    //创建互斥量
    HANDLE hMutex=NULL;      //互斥量句柄
    if((hMutex =OpenMutex(MUTEX_ALL_ACCESS,FALSE,
                          "MyMutex"))==NULL)

    {
      //如果没有其他进程创建这个互斥量,则重新创建
      hMutex = CreateMutex(NULL,FALSE," MyMutex ");
    }
    //创建线程
    hThread[0]=CreateThread(0,0,(LPTHREAD_START_ROUTINE) threadA,
                            (void *)1, 0, & ThreadId [0]);
    hThread[1]= CreateThread(0,0,(LPTHREAD_START_ROUTINE) threadA,
                            (void *)2, 0, & ThreadId [1]);
    hThread[2]=CreateThread(0,0,(LPTHREAD_START_ROUTINE) threadA,
                            (void *)3, 0, & ThreadId [2]);

    //等待所有线程结束
    WaitForMultipleObjects(3,hThread,TRUE,INFINITE);
    //关闭句柄
    CloseHandle(hMutex);
}
```

5.2.4 用信号量对象实现线程同步

信号量对象可用来限制对共享资源进行访问的线程数量。它要求每个线程在执行访问共享资源的代码之前,等待对互斥对象的拥有权。信号量对象维护一个从 0 开始的计数,在计数值大于 0 时对象是有信号的,而在计数值为 0 时则是无信号的。

一般把信号量的初始计数设置成最大值。每次当信号量有信号使等待函数返回时,信号量计数就会减 1,而释放信号量可以增加信号量的计数。计数值越小就表明访问共享资源的程序越多。

1. 与信号量相关的几个 API 函数

(1) 创建信号量

```
HANDLE CreateSemaphore(
    LPSECURITY_ATTRIBUTES lpSemaphoreAttributes,   // 安全属性
    LONG lInitialCount,                            // 信号量初始值
    LONG lMaximumCount,                            // 信号量最大值
    LPCTSTR lpName                                 // 名字
);
```

(2) 打开信号量

```
HANDLE OpenSemaphore(
    DWORD dwDesiredAccess,                         // 存取方式
    BOOL bInheritHandle,                           // 是否能被继承
    LPCTSTR lpName                                 // 名字
);
```

(3) 释放信号量

```
BOOL ReleaseSemaphore(
    HANDLE hSemaphore,            // 句柄
    LONG lReleaseCount,           // 释放数,让信号量值增加数
    LPLONG lpPreviousCount        //用来得到释放前信号量的值,可以为 NULL
);
```

(4) 关闭信号量

```
BOOL CloseHandle(
    HANDLE hObject                // 句柄
);
```

线程用 CreateSemaphore 函数来建立信号量对象,在调用该函数时,可以指定对象的初始计数和最大计数。在建立信号量时也可以为对象起个名字,其他的线程可以用 OpenSemaphore 函数打开指定名字的信号量句柄。在完成对共享资源的访问后,线程可以调用 ReleaseSemaphore 来释放互斥量,增加互斥量计数值,以便让更多的线程能访问共享资源。

例 5.4 下面的代码演示了如何使用信号量来同步线程。

```
DWORD threadA(void * pD)
{
    int iID= *(int *)pD;
    //在内部重新打开
    HANDLE
    hCounterIn=OpenSemaphore(SEMAPHORE_ALL_ACCESS,
                             FALSE,"MySemaphore");
    printf("%d wait for Semaphore object\n",iID);
    WaitForSingleObject(hCounterIn,INFINITE);
    printf("\t\tthread %d : has recieved Semaphore\n",iID);
```

```
        ReleaseSemaphore(hCounterIn,1,NULL);
        CloseHandle(hCounterIn);
        return 0;
    }
    main()
    {
        HANDLE hSemaphore=NULL;
        DWORD ThreadId[3];
        HANDLE hThread[3];
        //创建信号量
        if((hSemaphore = OpenSemaphore(SEMAPHORE_ALL_ACCESS,FALSE,"
            MySemaphore "))==NULL)
        {
            //如果没有其他进程创建这个信号量,则重新创建
            hSemaphore = CreateSemaphore(NULL,2,2," MySemaphore");
        }
        //创建线程
        hThread[0]=CreateThread(0,0,(LPTHREAD_START_ROUTINE) threadA,
                                    (void *)1, 0, & ThreadId [0]);
        hThread[1]= CreateThread(0,0,(LPTHREAD_START_ROUTINE) threadA,
                                    (void *)2, 0, & ThreadId [1]);
        hThread[2]=CreateThread(0,0,(LPTHREAD_START_ROUTINE) threadA,
                                (void *)3, 0, & ThreadId [2]);
        //等待所有线程结束
        WaitForMultipleObjects(3,hThread,TRUE,INFINITE);
        //关闭句柄
        CloseHandle(hSemaphore);
    }
```

5.2.5 用事件对象实现线程同步

事件对象(event)是最简单的同步对象,它包括有信号和无信号两种状态。它是用来通知其他进程/线程某件操作已经完成。在线程访问某一资源之前,也许需要等待某一事件的发生,这时用事件对象最合适。

事件对象是用 CreateEvent 函数建立的。该函数可以指定事件对象的种类和事件的初始状态。事件的初始状态可以为信号态和非信号态,当事件设为非信号态时,当前线程将阻塞任何等待事件的线程。事件的种类可以是人工重置事件和自动重置事件。

如果事件类型为自动重置事件,那么在其他线程使用 WaitForSingleObject 等待到事件对象变为有信号后,该事件对象会自动变为无信号状态;如果事件类型为手工重置事件,那么在其他线程使用 WaitForSingleObject 等待到事件对象变为有信号后,该事件对象状态不变。

用户可以调用 SetEvent 将一事件设为信号态。对于人工重置事件，调用 SetEvent 将释放等待事件的所有线程，事件保持信号态，直到 ResetEvent 显式地将它复位到非信号状态为止。对于自动重置事件，SetEvent 函数使得事件保持为信号态直到任何一条等待事件线程被释放时，事件被自动复位到非信号状态。

在建立事件时，可以为对象起个名字，这样其他进程中的线程也可以用 OpenEvent 函数打开指定名字的事件对象句柄。

2. 与事件相关的几个 API 函数

(1) 创建事件对象

```
HANDLE CreateEvent(
    LPSECURITY_ATTRIBUTES lpEventAttributes,    // 安全属性
    BOOL bManualReset,                          // 是否为人工重置
    BOOL bInitialState,                         // 初始状态是否为有信号状态
    LPCTSTR lpName                              // 名字
);
```

(2) 打开事件对象

```
HANDLE OpenEvent(
    DWORD dwDesiredAccess,                      // 存取方式
    BOOL bInheritHandle,                        // 是否能够被继承
    LPCTSTR lpName                              // 名字
);
```

(3) 设置事件为无信号状态

```
BOOL ResetEvent(
    HANDLE hEvent                               // 事件句柄
);
```

(4) 设置事件有无信号状态

```
BOOL SetEvent(
    HANDLE hEvent                               // 事件句柄
);
```

(5) 关闭事件对象

```
BOOL CloseHandle(
    HANDLE hObject                              // 事件句柄
);
```

当有多个线程都在等待一个线程运行结束，我们就可以使用人工重置事件，在被等待的线程结束时设置该事件为有信号状态，这样其他的多个线程对该事件的等待都会成功，因为该事件的状态不会被自动重置。如果使用自动重置事件，则等待线程总只有一个等待成功，因为任何一个线程等待成功时，事件被自动复位到非信号状态，从而阻塞其他等待线程。

例 5.5　下面的代码演示了自动重置和人工重置事件对于同步线程的区别。

```
DWORD threadA(void * pD)
{
    int iID= *(int *)pD;
```

```
    //在内部重新打开事件
    HANDLE hCounterIn=OpenEvent(EVENT_ALL_ACCESS,
                                FALSE,"MyEvent");
    printf("\tthread %d begin\n",iID);
    //设置成为有信号状态
    Sleep(1000);
    //... other operations
    SetEvent(hCounterIn);  //设置事件为有信号状态
    Sleep(1000);
    printf("\tthread %d end\n",iID);
    CloseHandle(hCounterIn);
    return 0;
}
DWORD threadB(void * pD)
{   //  等待 threadA 结束后在继续执行
    int iID= *(int *)pD;
    //在内部重新打开事件
    HANDLE hCounterIn=OpenEvent(EVENT_ALL_ACCESS,
                                FALSE,"MyEvent");
    if(WAIT_TIMEOUT == WaitForSingleObject(hCounterIn,10 * 1000)) {
      printf("\t\tthread %d wait time out\n",iID);
    }
    else{
      printf("\t\tthread %d wait ok\n",iID);
    }
    CloseHandle(hCounterIn);
    return 0;
}
main()
{
      HANDLE hCounter=NULL;
      DWORD ThreadId[3];
      HANDLE hThread[3];
      if( (hCounter=OpenEvent(EVENT_ALL_ACCESS,
                              FALSE,"MyEvent"))==NULL)
      {
        //如果没有其他进程创建这个事件,则重新创建,该事件为人工重置事件
        hCounter = CreateEvent(NULL,TRUE,FALSE,"MyEvent");
      }
      //创建线程
      printf("test of manual rest event\n");
```

```
    //创建线程,人工重置事件示例
    hThread[0]=CreateThread(0,0,(LPTHREAD_START_ROUTINE)
                    threadA, (void *)1, 0, & ThreadId [0]);
    hThread[1] = CreateThread (0, 0, (LPTHREAD_ START_ ROUTINE)
                    threadB, (void *)2, 0, & ThreadId [1]);
    hThread[2] = CreateThread (0, 0, (LPTHREAD_ START_ ROUTINE)
                    threadB, (void *)3, 0, & ThreadId [2]);
    //等待线程结束
    WaitForMultipleObjects(3,hThread,TRUE,INFINITE);
    //关闭句柄
    CloseHandle(hCounter);
    if( (hCounter=OpenEvent(EVENT_ALL_ACCESS,FALSE,
                    "MyEvent"))==NULL)
    {
    //如果没有其他进程创建这个事件,则重新创建,该事件为自动重置事件
      hCounter = CreateEvent(NULL,FALSE,FALSE, "MyEvent");
    }
    //创建线程,自动重置事件示例
    printf("test of auto rest event\n");
    hThread[0]=CreateThread(0,0,(LPTHREAD_START_ROUTINE) threa-
                    dA, (void *)1, 0, & ThreadId [0]);
    hThread[1] = CreateThread (0, 0, (LPTHREAD_ START_ ROUTINE)
                    threadB, (void *)2, 0, & ThreadId [1]);
    hThread[2] = CreateThread (0, 0, (LPTHREAD_ START_ ROUTINE)
                    threadB, (void *)3, 0, & ThreadId [2]);
    //等待线程结束
    WaitForMultipleObjects(3,hThread,TRUE,INFINITE);
    //关闭句柄
    CloseHandle(hCounter);
}
```

上面的示例中,在第一次执行时由于使用了人工重置事件,threadB 中两个等待线程能在 threadA 线程结束释放事件对象后继续执行;在第二次执行时由于使用了自动重置事件,threadB 中只有一个线程能够等待到 threadA 中释放的事件对象。

5.3 多线程结构的网络编程技术

5.3.1 并发环境下的网络编程

网络编程模式一般采用客户-服务器模式(client-server)。客户-服务器模式描述的是服

务与被服务的关系。服务器程序一般都向客户程序网络提供资源。客户程序向服务器程序发送请求，而服务器程序则对该请求作出应答。处理一个以上客户请求的方法之一是使服务器程序多线程化。多线程的服务器为每一个从客户机接收到的通信创建一个线程。线程是一个独立于运行程序和其他线程的指令序列。通过使用线程，多线程化的服务器程序就可以接受来自客户机的连接，启动该通信的线程并继续监视来自其他客户机的请求。

现在，多线程网络通信技术在实际网络应用中得到了广泛的应用。如 Web 浏览器和 Web 服务器之间的信息交换；FTP 客户与 FTP 服务器之间的文件传输。Telnet 客户通过远程主机上的 Telnet 服务器提供远程登录手段。

多线程网络编程与单线程网络编程有很大区别。在多线程网络程序设计过程中，要考虑到资源共享、线程同步、函数重入等方面的问题，因此设计要复杂得多。例如在多线程环境中的套接字接口是基本相同的，但是多线程应用程序的设计者必须注意到是应用程序而不是 Windows Sockets 负责线程间对套接字的同步存取控制。这和应用程序对于其他形式的I/O，如文件I/O有相同的规则。在套接字上同步调用的失败将导致不可预见的结果；例如，如果同时有两个 send()调用，则无法确认究竟是哪个数据先发送。在一个线程中关闭套接字，如果在此套接字上有另一个线程的未完成阻塞调用，那么将引起阻塞调用因 WSAEINTR 而失败，就像此操作被取消一样。这同样适用于 select()调用未完成，而应用程序关闭了它选择的一个套接字。

5.3.2 多线程编程模型

虽然多线程编程比单线程编程要复杂得多，但是多线程应用程序却能实现单线程应用程序无法实现的一些功能。一般情况下，如果应用程序需要有多个任务同时进行相应的处理，那么使用多线程是很理想的选择。

1. 使用多线程的优点

① 提高应用程序整体处理速度。任何一个包含很多互不关联的操作的程序都可以被重新设计，使得每一个操作成为一个线程。例如，在执行一个 I/O 操作线程的同时启动另外一个运算线程，就可以避免整个系统等待一个操作耗时很长的操作。

② 在多 CPU 情况下，充分发挥硬件资源。操作系统会保证当线程数不大于 CPU 数目时，不同线程运行于不同 CPU 上。应用程序的性能在被多处理器改善的同时对用户是透明的。

③ 改善程序结构。许多应用程序可以从一个单一的、巨大的线程改造成一些独立或半独立的执行部分，从而得到更有效的运行。多线程程序比单线程程序更能适应用户需求的变更。

④ 占用较少的系统资源。启动一个新的进程必须分配给它独立的地址空间，建立众多的数据表来维护它的代码段、堆栈段和数据段，这是一种“昂贵”的多任务工作方式。而运行于一个进程中的多个线程，它们彼此之间使用相同的地址空间，共享大部分数据，启动一个线程所花费的空间远远小于启动一个进程所花费的空间。而且，线程间彼此切换所需的时间也远远小于进程间切换所需要的时间。

⑤ 线程间方便的通信机制。对不同进程来说，它们具有独立的数据空间，要进行数据的传递只能通过通信的方式进行，这种方式不仅费时，而且很不方便。线程则不然，由于同一进程下的线程之间共享数据空间，所以一个线程的数据可以直接为其他线程所用，这不仅快捷，

而且方便。

2. 使用多线程的问题

多线程在帮助解决某些问题的同时，也出现了新的问题。

- 滥用线程容易使程序变得支离破碎，增加程序编写的复杂度。
- 多个线程利用同步机制对数据进行操作时，数据的安全性可能会遭到破坏。
- 众多的线程进行切换会耗费大量的 CPU 时间，从而降低系统的整体运行效率。

因此，在进行多线程的程序设计时，要充分考虑到设计的可行性和安全性，发挥出并行处理的高效性，最大限度地提高程序的效率。

通常，基于网络的服务软件都是多线程的，这是因为网络服务通常是一对多的关系，即一个服务器同时为多个客户提供服务。当开发要支持大量客户机的服务器时，多线程可以使编程更加灵活。在这种情况下，服务器的每个线程可以为不同的客户或客户组服务，从而缩短了响应时间。

有两种多线程服务机制可以用来处理多客户的并发请求。一种是临时线程服务机制，另一种是线程服务池机制。

临时线程服务机制的原理是：每来一个客户请求就创建一个子线程为其服务。对于 TCP 服务器而言，主线程阻塞在 Accept 调用上，一旦有新连接到达就创建一新的服务子线程，新的服务子线程负责维护与客户进程的连接，从连接上接受客户的请求并处理，将结果通过连接发送给客户。图 5.1 描述了 Winsock 通信临时线程服务机制。

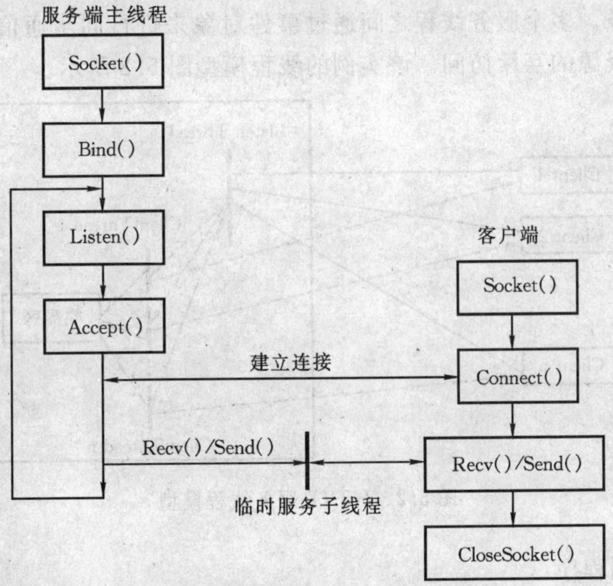

图 5.1　临时线程服务机制

3. 线程服务池

线程服务池机制的原理是，在服务器端预先创建一组服务子线程，做好为到达的客户服务的准备，这组预先创建的子线程称为“线程池”。对于 TCP 服务器，根据 Accept 的方式不同又可分为两种情况。

① 主线程在派生子线程之前，创建服务器侦听插口。然后利用线程同步机制，使其中的一个子线程调用 Accept 等待客户的连接请求，其他线程被阻塞。当有客户请求到达时，处于等待状态的子线程与客户建立连接处理客户服务，同时该线程重置同步对象，以便使其他被阻塞的子线程能获取调用 Accept 的权力。

② 只有主线程调用 Accept，因为进程内的所有线程均在同一地址空间，当有客户请求到达时，主线程将连接描述符传递给其中的一个子线程。

线程池方式除了常用于 TCP 服务器之外，也可用于 UDP 服务器的设计。在基于 SNMP 的网络管理系统中，拓扑发现服务器、状态轮询服务器、数据采集服务器均采用线程池方式来实现。

5.3.3 多线程 Winsock 编程实例

本节以具体实例来介绍如何利用多线程网络通信技术实现互连网上的 Web 服务。Web 浏览通常由服务器端和客户浏览器端组成，服务器端每接收一个来自用户端的连接请求，便产生一个子线程用来管理服务器与该用户的通信任务。

例 5.6 本例是一个 Web 服务器端的服务程序。服务程序开始运行时，首先产生一个侦听主线程(listen thread)，该线程负责侦听来自客户端的连接请求。当服务端接收到来自客户端的连接请求时，侦听线程便与客户端建立 Winsock 连接，同时产生一个客户请求处理线程(client thread)，该线程负责接收客户端的请求并根据请求内容提供相应的 HTTP 服务。由于在一段时间内，可能有多个客户端提出 Web 请求，所以服务器端将会相应的有多个服务线程为其提供通信服务。多个服务线程之间通过事件对象来进行同步通信，通过临界区对象来实现对线程计数器资源的互斥访问。该实例的线程模型图 5.2 所示。

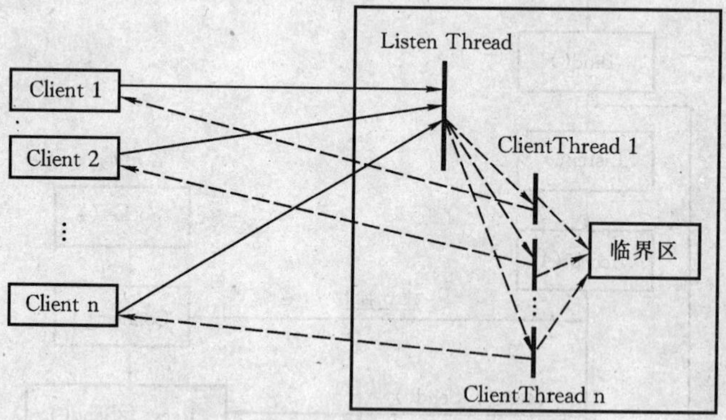

图 5.2 HTTP 服务线程模型

下面给出服务端程序：

```
#define METHOD_GET 0
typedef struct tagREQUEST
{
   HANDLE       hExit;
   SOCKET       Socket;
   int      nMethod;
```

```
    DWORD        dwConnectTime;
    DWORD        dwRecv;
    DWORD        dwSend;
    HANDLE      hFile;
    char        szFileName[_MAX_PATH];
}REQUEST, *LPREQUEST;
//全局变量声明
static SOCKET listenSocket;                //侦听套接字
static char szWebRoot[_MAX_PATH];          //Web 根目录
HANDLE ghExit;                             //结束事件句柄
DWORD gdwListenThread;                     //侦听线程句柄
DWORD gdwClientCount=0;                    //客户连接计数值
CRITICAL_SECTION gcriticalClients;         //临界区对象
HANDLE ghNoClients;                        //客户事件句柄
void StopHTTP()
{                                          //设置退出事件为有信号,终止 HTTP 服务
    int nRet;
    SetEvent(ghExit);                      //设置退出事件为有信号
    nRet=closesocket(listenSocket);
    WaitForSingleObject((HANDLE)gdwListenThread, 10000);
    CloseHandle((HANDLE)gdwListenThread);
    CloseHandle(ghExit);
}
HANDLE InitClientCount(void)
{
    gdwClientCount=0;                      //客户连接数置 0
    InitializeCriticalSection(&gcriticalClients);   //初始化临界区对象
    ghNoClients=CreateEvent(NULL, TRUE, TRUE, NULL);  //创建客户事件
    return ghNoClients;
}
unsigned _stdcall ListenThread(void *pVoid)
{ // 侦听主线程,每接收到一个客户连接请求,均创建一个相应的连接服务子线程,
  // pVoid 为退出事件句柄。
    SOCKET socketClient;
    unsigned ThreadAddr;
    DWORD dwClientThread;
    SOCKADDR_IN SockAddr;
    LPREQUEST lpReq;
    int nLen;
```

```
    HANDLE  hNoClients;
    LPHANDLE  pExitEventHandle=(LPHANDLE)pVoid;
    hNoClients=InitClientCount();  //初始化客户连接计数
    while(1)  //无限等待客户连接请求
    {
      nLen=sizeof(SOCKADDR_IN);
      socketClient=accept(listenSocket, (LPSOCKADDR)&SockAddr,&nLen);
     //当 StopHTTP()函数被调用时,将导致 INVALID_SOCKET,从而结束该线程
      if (socketClient == INVALID_SOCKET)
        break;
      lpReq = malloc(sizeof(REQUEST));
      if (lpReq == NULL)
        continue;
      lpReq->hExit = *pExitEventHandle;  //退出事件句柄
      lpReq->Socket = socketClient;  //套接字
      lpReq->dwConnectTime = GetTickCount();  //连接时间
      lpReq->hFile = INVALID_HANDLE_VALUE;
                                        //客户请求的文件句柄,初始值为无效
      lpReq->dwRecv = 0;
      lpReq->dwSend = 0;
      // 创建客户连接服务子线程
      dwClientThread  =  CreateThread ( NULL, 0, ClientThread, lpReq, 0,
                                        &ThreadAddr);
    }
    WaitForSingleObject((HANDLE) *pExitEventHandle, INFINITE);
                        //等待结束事件
    WaitForSingleObject(hNoClients, 5000);  //等待所有客户子线程结束
    DeleteClientCount();
    return 0;
}
unsigned_stdcall ClientThread(void *pVoid)
{  //客户连接服务子线程,独立地为每个客户请求提供服务
    int nRet;
    BYTE buf[1024];
    LPREQUEST lpReq = (LPREQUEST)pVoid;
    IncrementClientCount();  //增加客户连接计数值
    if (! RecvRequest(lpReq, buf, sizeof(buf)))  //接收客户请求数据包
    {
      closesocket(lpReq->Socket);
```

```
        free(lpReq);
        DecrementClientCount();
        return 0;
    }
    nRet = ParseRequest(lpReq, buf);  //分析客户请求内容
    if (nRet)
    {
        closesocket(lpReq->Socket);
        free(lpReq);
        DecrementClientCount();  //减少客户连接计数值
        return 0;
    }
    SendFile(lpReq);  //发送客户请求的 Web 文件
    closesocket(lpReq->Socket);
    free(pVoid);
    DecrementClientCount();  //减少客户连接计数值
    return 0;
}
BOOL RecvRequest(LPREQUEST lpReq, LPBYTE pBuf, DWORD dwBufSize)
{  //接收客户请求数据包
    WSABUF wsabuf;
    WSAOVERLAPPED over;
    DWORD dwRecv,dwFlags;
    HANDLE hEvents[2];
    BOOL fPending;
    int nRet;
    memset(pBuf, 0, dwBufSize);
    wsabuf.buf = pBuf;
    wsabuf.len = dwBufSize;
    over.hEvent = WSACreateEvent();
    dwFlags = 0;
    fPending = FALSE;
    //接收客户请求数据包
    nRet = WSARecv(lpReq->Socket,&wsabuf,1,&dwRecv,&dwFlags,
                   &over,NULL);
    if (nRet != 0)
    {
        if (WSAGetLastError() != WSA_IO_PENDING)
        {
```

```
            CloseHandle(over.hEvent);
            return FALSE;
          }
          else
            fPending = TRUE;
        }
        if (fPending)  //接收进行中
        {
          hEvents[0] = over.hEvent;
          hEvents[1] = lpReq->hExit;
          //等待异步接收事件 over.hEvent 或退出事件 lpReq->hExit 变为有信号
          dwRet = WaitForMultipleObjects(2,hEvents,FALSE,INFINITE);
          if (dwRet != 0)
          {
            CloseHandle(over.hEvent);
            return FALSE;
          }
        }
        lpReq->dwRecv += dwRecv;
        CloseHandle(over.hEvent);
        return TRUE;
}
int ParseRequest(LPREQUEST lpReq, LPBYTE lpBuf)
{  //分析客户请求内容
        char szSeps[] = " \n";
        char * cpToken;
        cpToken = strtok(lpBuf, szSeps);
        if (!_stricmp(cpToken, "GET"))  //判断是否为 GET 命令
          lpReq->nMethod = METHOD_GET;
        else
          return -1 ;
        cpToken = strtok(NULL, szSeps);
        if (cpToken == NULL)
          return -1;
        //获取 GET 命令中的文件名,lpReq->szFileName 最终保存所要传送的文件名
        strcpy(lpReq->szFileName, szWebRoot);
        if (strlen(cpToken)>1)
          strcat(lpReq->szFileName, cpToken);
        else
```

```
        strcat(lpReq->szFileName, "/index.html");
    return 0;
}
void SendFile(LPREQUEST lpReq)
{   //发送指定的 Web 文件
    //共享打开指定的文件
    lpReq->hFile = CreateFile(lpReq->szFileName,
                              GENERIC_READ,
                              FILE_SHARE_READ,
                              NULL,
                              OPEN_EXISTING,
                              FILE_ATTRIBUTE_NORMAL,NULL);
    SendFileContents(lpReq);  //发送文件的内容
    CloseHandle(lpReq->hFile);
}
void SendFileContents(LPREQUEST lpReq)
{   //发送文件的内容,lpReq 保存有文件的信息
    static BYTE buf[1024];
    DWORD dwRead;
    BOOL fRet;
    while(1)
    {
      fRet = ReadFile(lpReq->hFile,buf,sizeof(buf),&dwRead,NULL);
      if (! fRet||dwRead == 0)
        break;
      if (! SendBuffer(lpReq, buf, dwRead))
        break;
      lpReq->dwSend += dwRead;
    }
}
BOOL SendBuffer(LPREQUEST lpReq, LPBYTE pBuf, DWORD dwBufSize)
{   //发送指定缓冲区中的数据
    WSABUF wsabuf;
    WSAOVERLAPPED over;
    DWORD dwRecv,dwFlags;
    HANDLE hEvents[2];
    BOOL fPending;
    int nRet;
    wsabuf.buf = pBuf;
```

```
    wsabuf.len = dwBufSize;
    over.hEvent = WSACreateEvent();
    fPending = FALSE;
    nRet = WSASend(lpReq->Socket, &wsabuf,1,&dwRecv,0,&over,NULL);
    if (nRet != 0)
    {
      if (WSAGetLastError() == WSA_IO_PENDING)
        fPending = TRUE;
      else
      {
        CloseHandle(over.hEvent);
        return FALSE;
      }
    }
    if (fPending)  //发送进行中
    {
      hEvents[0] = over.hEvent;
      hEvents[1] = lpReq->hExit;
      //等待异步接收事件 over.hEvent 或退出事件 lpReq->hExit 变为有信号
      WaitForMultipleObjects(2,hEvents,FALSE,INFINITE);
       WSAGetOverlappedResult (lpReq -> Socket, &over, &dwRecv, FALSE,
                               &dwFlags);
    }
    CloseHandle(over.hEvent);
    return TRUE;
}
void IncrementClientCount(void)
{  //进入临界区,增加客户连接数值
    EnterCriticalSection(&gcriticalClients);  //进入临界区
    gdwClientCount++;  //增加客户连接数值
    LeaveCriticalSection(&gcriticalClients);  //离开临界区
    ResetEvent(ghNoClients);  //将客户事件复位到非信号状态
}
void DecrementClientCount(void)
{  //进入临界区,减少客户连接数值
    EnterCriticalSection(&gcriticalClients);  //进入临界区
    if (gdwClientCount > 0)
    gdwClientCount--;  //减少客户连接数值
    LeaveCriticalSection(&gcriticalClients);  //离开临界区
```

```
    //如果客户连接计数值小于 1,将客户事件设置为有信号状态
    if (gdwClientCount < 1)
        SetEvent(ghNoClients);
}
void DeleteClientCount(void)
{   //清除用户连接计数
    DeleteCriticalSection(&gcriticalClients);   //删除临界区
    CloseHandle(ghNoClients);
}
void Main()
{   //创建 Winsock 套接字,启动主侦听线程
    SOCKADDR_IN saServer;
    unsigned ThreadID;
    int nRet;
    ghExit = CreateEvent(NULL, TRUE, FALSE, NULL);  // 创建结束事件
    listenSocket = socket(AF_INET, SOCK_STREAM, IPPROTO_TCP);
    if (ghExit == NULL||listenSocket == INVALID_SOCKET)
      return;
    saServer.sin_port = 80;
    saServer.sin_family = AF_INET;
    saServer.sin_addr.s_addr = INADDR_ANY;
    nRet = bind(listenSocket, (LPSOCKADDR)&saServer,
                sizeof(struct sockaddr));
    if (nRet == SOCKET_ERROR)
    {
      closesocket(listenSocket);
      return;
    }
    nRet = listen(listenSocket, SOMAXCONN);
    if (nRet == SOCKET_ERROR)
    {
      closesocket(listenSocket);
      return;
    }
      gdwListenThread = CreateThread ( NULL, 0, ListenThread, &ghExit, 0,
                                    &ThreadID);
    if (! gdwListenThread)
      closesocket(listenSocket);
}
```

习题与思考题

5.1 简述线程和进程的关系。

5.2 简述为什么要采用线程同步技术。

5.3 线程有哪几种同步机制？它们之间的关系以及特点是什么？

5.4 多线程编程有何特点？

5.5 线程的挂起计数值有何作用，在激活或挂起线程时，挂起计数值如何变化？

5.6 叙述线程优先类和优先级的关系。

5.7 等待函数有哪两个，它们各适用于什么场合？

5.8 并发环境下的网络编程有何特点？

5.9 利用多线程机制编写一个网络服务端口扫描程序。

5.10 分析 5.3.3 示例，编写一个 FTP 服务程序。

第

6

章

动态链接库在网络程序中的应用

6.1 动态链接库概述

动态链接库(Dynamic-Link Library,简称 DLL)技术存在于 Windows 应用的方方面面,在网络通信中同样也得到了广泛的应用。在 Windows 下 Windows Sockets 的功能都是通过 DLL 来实现的,因此也常常将 Windows Sockets 实现称为 Windows Sockets DLL(Winsock.dll)。

在一个大型网络程序设计的过程中,往往需要将整个系统划分为若干个小的模块,这样有利于小组内部成员的分工与合作。在这些模块中,通常将其中的一个模块作为主程序的基本框架或底版,其他模块的功能以 DLL 形式予以实现。程序运行时,框架程序或底版根据需要选择性地装入所需的 DLL。这种开发模式更接近于面向对象的程序设计思想。模块和模块之间更关注于功能,而非技术实现细节。例如,为了实现局域网内两台机器的通信,可以采用 NetBIOS,Winsock,IPX 等多种通信协议,程序员可以根据实际情况选择其中的一种通信协议予以实现,并将实现的代码以 DLL 的形式提供给通信功能的调用者。由于动态库与具体的编程语言无关(只要这种语言支持动态库技术),所以程序员可以根据各类编程语言的特点以及自身的爱好和对语言的熟练程度来设计和实现 DLL。

不仅如此,由于 DLL 与主调程序的代码是完全分开的,在保证接口不变的情况下,对 DLL 的修改并不影响主调程序,因此可以通过对各个模块的独立升级来实现整个系统升级换代。也正是如此,当 Winsock.dll 从 1.0 升级到 2.x 时,所有基于 Winsock 的通信程序都能平滑地得到升级。

由于动态库与编程语言无关,因此得到的资源可以得到更广泛地应用。作为一种长远考虑,资源的重复利用不但没有使以往的劳动浪费,而且使原来的劳动增值,使工作更有效。尤其是资源的重复利用问题,如果系统地考虑软件复用则是解决软件开发中重复劳动问题的一种方案,动态库则是一种途径和方法。以已有的工作为基础,充分利用过去应用系统开发中积累的知识和经验,将开发的重点集中于应用的特有构成成分上,消除重复劳动,避免重新开发可能引入的错误,从而提高软件开发的效率和质量。在很多实际工程应用中,往往是将网络通信服务与高层应用分开,网络底层通信程序以 DLL 形式为高层应用提供透明地服务。因此,本章将简要介绍一下 DLL 的设计与实现方法。

6.2 动态链接库的特点

动态链接库是一些编译过的可执行代码模块，可以在应用程序中或其他 DLL 中被调用，是 Windows 的重要组成要素，Windows 中的许多新功能、新特性都是通过动态链接库来实现的。动态链接库是一个包括了若干函数的可执行模块，其包含的函数可以由 Windows 应用程序调用以执行一些功能。动态链接库主要为应用程序模块提供服务，Windows 内核的三个模块 USER. EXE，KENERL. EXE 和 GDI. EXE 实际上都是动态链接库，分别提供用户消息服务、进程管理、图形输出等服务。在 Windows\System 目录下，凡是以. DLL，. DRV，. FON，. SYS 和许多以. EXE 为扩展名的系统文件都是动态链接库。

多个应用程序可以同时调用同一个动态链接库时，内存中只有该动态链接库的一个实例，这使系统能高效经济地使用内存。动态链接库中的执行模块与调用它的应用程序是完全分开的。几个函数可以放于一个动态链接库中，应用程序使用这些函数，就像它们是应用程序可执行代码的一部分。

升级到 DLL 更为容易。DLL 中的函数更改时，只要函数的参数和返回值没有更改，就不需重新编译或重新链接使用它们的应用程序。相反，静态链接的对象代码要求在函数更改时重新链接应用程序。

动态链接库可以有自己的数据段，但没有自己的堆栈，动态链接库与调用它的应用程序使用相同的堆栈模式，这减少了编程设计上的不便。同时动态链接库实现了代码的封装性，使得程序简洁明晰。

支持多语言程序。动态链接库的创建与具体的编程语言及编译器无关，只要遵守动态链接库的开发规范和编程策略，并安排正确的调用接口，不论用何种编程语言编制的动态链接库都具有通用性。例如在 VC 中编制的动态链接库程序，可用于 BC，VB，Delphi 等多种语言环境中。

动态链接库函数可以被任何编程语言编写的应用程序所调用，只要应用程序使用统一的函数调用规则，即程序与 DLL 函数在下列方面必须是兼容的：函数期望其参数被推送到堆栈上的顺序，是函数还是应用程序负责清理堆栈，以及寄存器中是否传递了任何参数。

动态链接库中虽然包含了函数的目标代码，但动态链接库中的函数代码是不被包含在应用程序中的，应用程序只是简单地记录了函数的位置信息(即包含于哪个动态链接库中以及在动态链接库中的位置)。有了这些信息后，程序在执行时，即可找到该函数的目标代码。如果应用程序在运行时系统不能找到所需动态链接库，则动态链接库提供的功能对应用程序来说将是不可用的，甚至会因此终止程序的运行。

6.3 创建动态链接库

通常，动态链接库由一个或多个的源代码文件(. C)、一个模块定义文件(. DEF 文件)、一个函数声明文件(. H)、以及一个工程文件(. PRJ)组成。

6.3.1 源代码文件(. C)的结构

源代码文件中主要包含动态链接库内部函数的定义，内部函数一般包括三种：入口函数、输出函数和终止函数。其具体结构示例见例 6.1。

例 6.1　源代码文件结构示例。

```
#include <windows.h>
//入口函数
int FAR PASCAL LibMain (HANDLE hInstance, WORD wDataSeg, WORD cbHeap-
                                    Size, LPSTRlpszCmdLine )
{
  if (cbHeapSize! =0)
    UnlockData(0);  //解锁数据段
    //此处可进行一些用户必要的初始化工作
  return (1);
}
//输出函数
int FAR PASCAL ExportFunction1 (int param1,...,char param n)
{
... //C 语言应用程序
}
//终止函数
int FAR PASCAL WEP ( int //SystemExit)
{
    return(1);
}
```

以上各组成部分及参数的含义：

① windows.h 头文件，它包含有数据类型的定义、API 入口点定义和其他有用的参数信息。

② PASCAL 说明符定义该程序的传递参数和净化堆栈的协定（注意：DLL 外部传送的指针必须是远指针 FAR）。

③ LibMain 函数就像 C 程序中的 Main()一样，是 DLL 的入口函数，Windows 每次加载 DLL 时都要执行 LibMain( )函数，它主要用来进行一些初始化工作。LibMain 带 4 个参数：hInstance，wDataSeg，cbHeapSize 和 lpszCmdLine。第一个参数 hInstance 是 DLL 事例句柄，wDataSeg 参数是数据段(DS)寄存器值，cbHeapSize 参数是在模块定义文件中定义的堆的大小，LibMain 使用该值使本地堆初始化。lpszCmdLine 参数包括命令行信息，但很少被 DLL 使用。一般来说，这 4 个参数是制作 DLL 通用的参数。如果不想让 DLL 数据被封住，那么必须调用 unlockdata 恢复正常的非锁状态，如果 DLL 初始化已经成功，DLL 则返回 1，若不成功则返回 0 值，且 DLL 退出系统。

④ ExportFunction1 是 DLL 的一个输出函数，实现用户所要完成的任务，这部分是 DLL 的核心。它与一般 C 语言程序相似，但是所有的外部指针都是远指针 FAR。一个 DLL 中可以有多个输出函数。

⑤ WEP 函数是 DLL 的终止函数，终止函数有时称为退出函数，它的名字必须是 WEP，且它可以被包括在 DLL 模块定义文件的 EXPORTS 段中。Windows 从内存中卸载 DLL 时，

调用相应的出口函数 WEP( ),主要做一些清理工作,如释放占用的内存资源,丢弃某些字串、位图等资源;关闭打开的文件等等。

6.3.2 模块定义文件(.DEF)的结构和各段的意义

模块定义文件的具体结构示例如下:

```
LIBRARY example
DESCRIPTION 'example. DLL'
EXETYPE WINDOWS
CODE PRELOAD MOVEABLE DISCARDABLE
DATA PRELOAD MOVEABLE SINGLE
HEAPSIZE 1024
EXPORTS
ExportFunction1 @1
WEP @2
```

以上各组成部分及参数的含义。

① 关键字 LIBRARY 是把这个模块视为一个 DLL,库的名字 example 跟在其后,且必须与该库的名字、DEF 中的 DLL 的文件名相一致。

② DESCRIPTION 语句采用一个字符串,其长度可达 128 个字符,通常用它来保存模块描述的信息。

③ EXETYPE Windows 语句表明动态库类型,一般每个 Windows 应用程序和 DLL 都需要。

④ CODE 语句定义该库代码段的内存属性,关键字 MOVEABLE 允许内存管理程序在必要时移动代码段,关键字 DISCARDABLE 表明系统在必要时可以释放代码段空间。

⑤ DATA 语句定义该库数据段的内存属性,关键字 MOVEABLE 允许内存管理程序在必要时移动内存段,关键字 SINGLE 是 DLL 所必须的,因为 DLL 总是有一个单一数据段,而不管访问它的应用程序的数量。

⑥ HEAPSIZE 语句用来定义一个 DLL 局部堆的初始规模,执行局部内存分配的 DLL 必须在库启动时使该堆初始化,堆的大小被传送给 DLL 的 LiEntry 的程序。然后用该堆的大小调用 Locallnit 使 DLL 的局部堆初始化。

⑦ EXEPORTS 语句列出动态链接库中可以被其他模块调用的输出函数的名字和序号,系统利用这个信息建立一个序数入口值,序数入口值是一个优化的值,允许动态链接机制更快操作且使用较少的内存。

一般来说,模块定义文件(.DEF)的结构除取动态库的名字不同外,其他结构都是固定的。动态链接库模块定义文件用于产生输入文件(.lib)和输出库文件(.exp)。链接器使用输出文件建立.dll 文件。

6.3.3 函数声明文件(.H)

原形函数的功能是进一步声明调用函数的函数名和传递的参数,其形式为:

```
int FAR PASCAL ExportFunction1(int param1, ..., char param n);
```

6.3.4　工程文件(.PRJ)

工程文件包含有 example.C、example.DEF 两个文件，编译链接工程文件最终生成动态链接库文件。

6.4　调用动态链接库

调用 DLL 中函数的方法有两种：一种称为隐式链接，即系统在加载应用程序的同时加载该程序所需的 DLL。当程序运行结束时，系统负责卸载 DLL（如还有其他程序使用该 DLL，则系统对 DLL 的应用记录减 1，直到所有相关程序都结束对该 DLL 的使用时才完全释放它）。在这种方式下，应用程序需要将 DLL 输入库与应用程序相链接，或者在应用程序模块定义文件中，用 IMPORTS 语句列出所要调用 DLL 的函数名。

另一种方法称为显式链接，通过使用 Win32 API 函数来加载和卸载 DLL 以达到调用 DLL 的目的。

两种方法均保留了 DLL 的优点：可修改 DLL 而不需要重新编译链接应用程序；同时被多个应用程序调用；节省内存和磁盘空间的使用。

6.4.1　隐式链接方式加载 DLL

隐式链接是 Win32 API 普遍使用的方法。编译器在编译应用程序源代码时，如果源代码调用任何外部函数（包括 DLL 函数和代码在另一个目标模块中的函数），则产生的目标码中仅包含对外部函数的引用。随后，在对目标码进行链接时，如果链接器发现引用的外部函数存在于某个输入库或在应用程序模块定义文件的 IMPORTS 语句中，它便认为该外部函数是 DLL 中的函数，因此只是简单地在可执行文件中加入 DLL 的存放地址信息。

当运行不包含隐式链接信息的应用程序时，系统将应用程序中所有的代码和数据一次性映射到内存中。如果应用程序包含对隐式链接的引用，系统则必须先处理引用的信息。系统将应用程序所使用的 DLL 可执行模块映射到进程的地址空间中，修改进程的执行代码，提供 DLL 函数的地址。同应用程序其他代码一样，DLL 代码在应用程序启动时被映射到内存空间中，并且仅当需要时才装入内存。

当程序启动时，系统首先搜索一组预安装的 DLL，如性能库（KERNEL32.DLL）和安全库（USER32.DLL），然后按下列顺序搜索 DLL。

① 当前进程的可执行模块所在的目录。

② 当前目录。

③ Windows 系统目录。GetSystemDirectory 函数检索此目录的路径。

④ Windows 目录。GetWindowsDirectory 函数检索此目录的路径。

⑤ PATH 环境变量中列出的目录。

在启动应用程序时，如果按照以上路径均未能找到所需的 DLL，则系统终止程序并报告错误。如果找到所有的 DLL，则 DLL 模块被映射到进程的内存空间中，进程通过调用 LibMain 函数与每个 DLL 相连，如果调用 LibMain 函数失败，程序也将被终止。一旦 DLL 被映射到内存中，系统便通知应用程序到何处去找它所需要的 DLL 函数。

下面给出隐式链接的示例：

```
IMPORTS example. ExportFunction1
#include <Windows. h>
main()
{
    ExportFunction1(...);    //调用动态库中的输出函数
}
```

IMPORTS 语句列出了程序所需要的 DLL 及其函数 ExportFunction1，除此之外，程序也可以通过与 example 的输入库（example. lib）相连来引用 DLL 函数，这种情况下，IMPORTS 语句将被省略。

6.4.2 显式方式加载 DLL

显式链接方式不需要将程序与输入库相连，也不需要在程序的模块定义文件中使用 IMPORTS 语句来解决对 DLL 函数的引用，因为程序不以显式的方式调用 DLL 函数，因而不产生外部引用。显式链接方式是指应用程序在运行时，通过 LoadLibrary 函数显式地加载自己所需的 DLL，再用 GetProcAddress 函数获取 DLL 函数的入口地址，并将该地址赋予函数指针，利用函数指针，就可以像调用应用程序内部函数一样来调用外部 DLL 函数了。在应用程序结束之前，应该用 FreeLibrary 函数来释放动态链接库。

显式链接方式所需要的几个主要 API 函数的定义及说明如下。

(1)加载动态链接库函数

```
HMODULE LoadLibrary(
    LPCTSTR lpFileName    //要载入的动态链接库的名称
);
```

进程调用 LoadLibrary 以显式链接到 DLL。如果成功，函数将指定的 DLL 映射到调用进程的地址空间中并返回此 DLL 的句柄，该句柄可与用于显式链接的其他函数（如 GetProcAddress 和 FreeLibrary）一起使用。

LoadLibrary 尝试使用用于隐式链接的同一搜索序列来定位 DLL。如果系统无法找到 DLL 或者入口点函数返回 FALSE，LoadLibrary 将返回 NULL。如果对 LoadLibrary 的调用所指定的 DLL 模块已映射到调用进程的地址空间中，则函数仅返回 DLL 的句柄并递增模块的引用数。

如果 DLL 有入口点函数（LibMain），则操作系统在调用 LoadLibrary 的进程上下文中调用此函数。如果由于以前调用了 LoadLibrary 但没有相应地调用 FreeLibrary 函数而导致 DLL 已经附加到进程，则不会调用此入口点函数。

如果出于某种原因 Windows 无法加载 DLL，进程可以尝试从错误恢复。例如，进程可通知用户所发生的错误，并让用户指定 DLL 的其他路径。

(2)获取 DLL 函数地址

```
FARPROC GetProcAddress(
    HMODULE hModule,     //动态链接库句柄
    LPCSTR lpProcName    //DLL 函数名称或输出顺序编号
);
```

显式链接到 DLL 的进程调用 GetProcAddress 来获取 DLL 输出函数的地址。使用返回

的函数指针调用 DLL 函数。GetProcAddress 将 DLL 模块句柄和要调用的函数名或函数的输出序号用作参数。

仅当要链接到的 DLL 是用模块定义(.DEF)文件生成的,并且序号在 DLL 的 .DEF 文件的 EXPORTS 节中与函数一起列出时,才能获取输出序号。如果 DLL 具有许多输出函数,则相对于使用函数名,使用输出序号调用 GetProcAddress 的速度稍快一些,因为输出序号是 DLL 导出表的索引。使用输出序号,GetProcAddress 可直接定位函数,而不是将指定名称与 DLL 导出表中的函数名进行比较。但是,仅当有权控制 .DEF 文件中导出函数的序号分配时,才应使用输出序号调用 GetProcAddress。

(3)释放 DLL

```
BOOL FreeLibrary(
    HMODULE hModule                          //动态链接库句柄
);
```

不再需要 DLL 模块时,显式链接到 DLL 的进程调用 FreeLibrary 函数释放 DLL。此函数递减模块的引用数,如果引用数为零,此函数便从进程的地址空间中取消模块的映射。

例 6.2　显式链接示例。

```
HANDLE hLibrary;
FARPROC lpFunc;
int RetValue;
hLibrary=LoadLibrary("example.dll");         //加载 DLL
if(hLibrary!=NULL)                           //加载成功
{
  lpFunc=GetProcAddress(hLibrary,"ExportFunction1");
              // 检取 ExportFunction1 函数地址,并将地址赋予 lpFunc 函数指针
  if(lpFunc!=(FARPROC)NULL)                  //检取成功则调用
    RetValue =(*lpFunc)(...);                //通过函数指针调用函数
  FreeLibrary(hLibrary);                     //释放占用的内存
}
```

习题与思考题

6.1　简述动态链接库的特点。
6.2　两种调用动态链接库方式有何异同?
6.3　动态链接库的设计由几部分组成?每部分的作用是什么?
6.4　动态链接库和静态链接库有何区别?
6.5　加载动态链接库的方法有几种?各有什么特点?
6.6　动态链接库的内部函数有几种?各有什么作用?
6.7　叙述动态链接库模块定义文件的结构和各段的意义。
6.8　程序启动时,系统搜索 DLL 的顺序是怎样的?
6.9　在网络通信程序设计中,使用动态链接库技术有何优点?
6.10　以动态链接库的方式采用 NetBIOS 协议实现两台 PC 机之间的通信。

第7章 直接网络编程技术

7.1 概述

前面章节讲述了常规网络编程的基本方法，主要包括 NetBIOS 和 Winsock 编程接口的使用。对常规网络编程技术人员来说，上面两种编程方法足以满足其要求，能通过它们实现普通网络通信程序的设计需求。通过对前面章节的学习，读者会发现，常规网络编程方法一般无法直接访问到位于网络层和数据链路层的网络协议。NetBIOS 主要在会话层和传输层发挥作用，而 Winsock 工作在 TCP/IP 协议的传输层，两者都无法直接对传输层以下的网络协议进行直接操作。对网络设计和维护人员或者需要网络其他高级应用的用户而言，这两种编程接口就暴露出其内在的局限性：用户无法控制底层网络协议的操作，无法直接取得数据链路层帧和网络层数据包，无法根据用户需求产生特定的网络流量。

随着计算机网络复杂性和规模的不断增长，网络设计和维护人员面临的困难在成倍增加，网络的安全性也正面临着严峻的考验。因此，迫切需要有一些网络工具来分析、诊断和测试网络，保证网络的正常运行和安全。而这些网络诊断测试和安全工具不能采用常规的网络编程方法，因为它们通常需要在较低的层次(链路层或网络层)操作网络。在这种情况下，需要有一些能直接对网络进行编程的技术以满足用户要求。本章就介绍几种不同的直接网络编程方法。

第一种直接网络编程方法是原始套接字。原始套接字可以对底层的传输协议加以控制，对 IP 头信息进行实际的操作，通过它可以模拟一些 IP 的实用工具，如 traceroute 和 ping 等。第二种方法是基于 Winpcap 的网络数据包捕获技术。通过 Winpcap 可以捕获网络中各种链路层数据帧，为用户分析网络运行状况提供支持。它可以用于网络分析、网络故障诊断、网络安全和监视等网络工具中，因其具有强大的功能，得到了广泛使用。本章介绍的第三种方法是基于 libnet 的网络数据包构造技术。libnet 提供了一个跨平台的网络数据包构造和发送编程接口。在 libnet 出现以前，如果要构造数据包并发送到网络中，程序员很难处理。libnet 为程序员提供了一个简单而易于使用的接口，可以帮助程序员方便地构造网络数据包，编写网络高级应用程序。

通过对本章的学习，读者可以了解到网络低层协议的运行状况，并通过直接网络编程方法来构造自己的网络高级应用程序。

7.2　数据链路层帧与网络协议数据单元结构

普通的网络编程一般是在 TCP/IP 协议的传输层通过套接字接口来编程，在程序中不会涉及到底层网络协议及其协议数据单元的结构。而直接网络编程与普通的网络编程不同，在程序中会涉及底层网络协议及其协议数据单元。因此，需要对链路层帧与网络协议数据单元结构有一定的了解。本节对这一方面的知识做一简单描述，为以后的章节打下基础。

7.2.1　以太网数据链路层帧结构

IEEE802.3 定义了一种具有 7 个字段的帧(MAC)：前导符，SFD，目标地址，源地址，PDU 的长度/类型，数据以及 CRC。以太网不提供对收到的帧进行确认的任何机制，这使它成为一种不可靠的介质。确认必须在高层完成。CSMA/CD 中 MAC 帧的格式如图 7.1 所示。

前导符	起始帧分界符	目标地址	源地址	长度/类型	数据	CRC
7 字节	1 字节	6 字节	6 字节	2 字节	46～1 500 字节	4 字节

图 7.1　IEEE802.3MAC 帧结构

• 前导符(Preamble)：包含 7 个字节(56 位)，其中 1 和 0 交替出现，警告接收系统即将有数据帧到来，同时使系统能够同步输入时序。

• 起始帧分界符(SFD)：这个字节为 10101011，标志帧的开始。SFD 通知接收方后面所有的内容都是数据。

• 目标地址(DA)：DA 字段为 6 个字节，包含了数据帧的目的物理地址。一个系统的物理地址是一个在它的网络接口卡(NIC)上编码的位(比特)模式。每一个 NIC 有一个独一无二的地址将它和其他所有的 NIC 区别开来。

• 源地址(SA)：SA 同样分配了 6 个字节，包含转发数据帧的最后一个设备的物理地址。该设备可以是发送站点，也可以是接收和转发数据包的最近路由器。

• PDU 的长度/类型：源地址后面的两个字节指出到来的 PDU 中的字节数。如果 PDU 的长度是固定的，那么这个字段可以用来表示数据类型，如 IP(0x0800)，ARP(0x0806)，RARP(0x8035)，XNS(0x0600)等。在以太网中，如果高层协议采用 IP 协议，则 MAC 帧的结构如图 7.2(没有标出前导符和起始帧分界符)所示。采用 ARP 或 RARP 协议的 MAC 帧结构分别见图 7.3 和图 7.4。

目的地址	源地址	类型字段		
02 06 8c 01 02 03	02 06 8c 04 05 06	08 00	IP 数据	CRC－32

图 7.2　高层采用 IP 协议的 MAC 帧结构

目的地址	源地址	类型字段		
02 06 8c 01 02 03	02 06 8c 04 05 06	08 06	ARP 包	CRC－32

图 7.3　高层采用 ARP 协议的 MAC 帧结构

目的地址	源地址	类型字段		
02 06 8c 01 02 03	02 06 8c 04 05 06	08 06	RARP	CRC-32

图 7.4 高层采用 RARP 协议的 MAC 帧结构

- 数据:保存高层协议的数据(PDU)。
- CRC:802.3 帧的最后一个字段是检错信息,通常为 CRC-32。

7.2.2 TCP/IP 协议族协议数据单元结构

传输控制协议/网际协议(TCP/IP)是一系列协议,或者说是一个协议族,它定义了数据传输如何通过因特网进行交换。TCP/IP 是根据它最常用的两个协议命名的,已经实际应用了许多年,并在世界范围内已经证明了它的有效性。

利用 TCP/IP 的因特网就如同由许多大小和类型不同的计算机连结起来的单个网络。从本质上看,因特网是指由联网设备链接在一起的独立的物理网络。如图 7.5(a)显示了一个可能的因特网拓扑结构。从 TCP/IP 看来,见图 7.5(b),它将所有主机都看成是连结到一个大的逻辑网络上,而不是连接到各自的物理网络上。

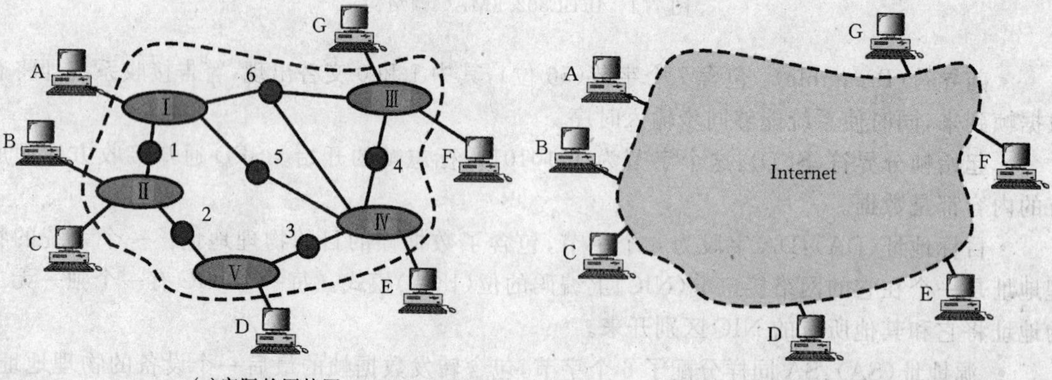

(a)实际的因特网　　(b)TCP/IP 看到的因特网

图 7.5 因特网结构

TCP/IP 协议由五层构成:物理层、数据链路层、网络层、传输层和应用层。TCP/IP 中的应用层等价于 OSI 中的会话层、表示层和应用层的集合。在传输层,TCP/IP 定义了两个协议:TCP 和 UDP。在网络层,TCP/IP 定义的主要协议是网际协议(IP),还有其他一些用于支持数据传输的协议。在物理层和数据链路层,TCP/IP 没有指定任何特定的协议,它支持各种合适的协议。TCP/IP 网际互连中的网络可以是局域网(LAN)、城域网(MAN)或者是广域网(WAN)。

图 7.6 显示了在 TCP/IP 协议族的不同层中包含的各种协议。

7.2.3 TCP/IP 网络层协议及其协议数据单元

在网络层,TCP/IP 支持网际协议(IP),同时还包含了四种支持协议:ARP,RARP,ICMP 和 IGMP。

(1)IP 协议

IP 是 TCP/ IP 协议中所使用的传输机制,它是一个不可靠和无连接的数据报协议。IP

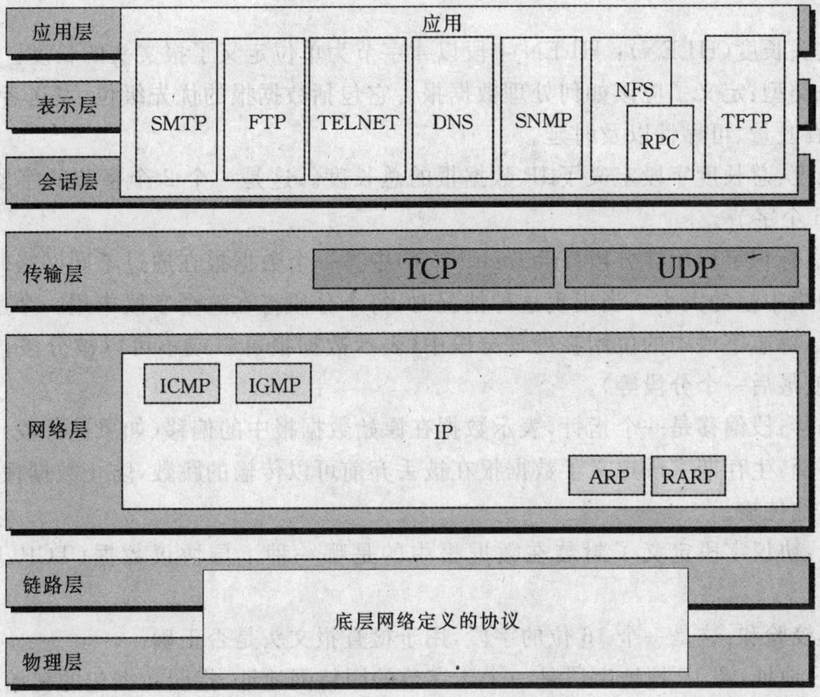

图 7.6　TCP/IP 协议族

协议以包的形式传输数据，这种包称为数据包，每个数据包独立传输。图 7.7 显示了 IP 数据报的格式。数据包长度可变(最多可达 65 536 个字节)，由两个部分组成：报文头和数据。报文头可以为 20～60 个字节，包括对路由和传输必须的信息。在 TCP/IP 中，习惯按照 4 字节段的格式来表示报文头。下面依次对每个字段做简要描述：

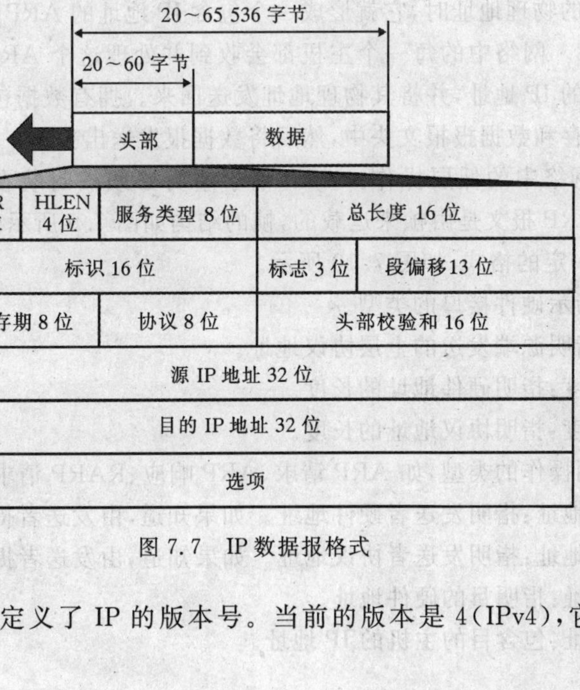

图 7.7　IP 数据报格式

• 版本：第一个字段定义了 IP 的版本号。当前的版本是 4(IPv4)，它的二进制表示是

0100。

• 报文头长度(HLEN)：HLEN 字段以 4 字节为单位定义了报文头的长度。

• 服务类型：定义了应该如何处理数据报。它包括数据报的优先级位、发送者所需要的服务类型，如吞吐量、可靠性以及时延。

• 总长度：总长度字段定义了 IP 数据报的总长度。这是一个 2 个字节的字段，可以定义长达 65 536 个字节。

• 标识：标识字段用在分段(fragmentation)中。一个数据报在通过不同网络时，可能被分段以适应网络中帧的大小。当出现这种情况时，每个分段将在这个字段中用一个序号来标识。

• 标志：标志字段中的位用在处理分段中(表示数据报可以或不可以被分段；是第一个分段、中间段或最后一个分段等)。

• 段偏移：段偏移是一个指针，表示数据在原始数据报中的偏移(如果被分段)。

• 生存期：生存期字段定义了数据报在被丢弃前可以传输的跳数，防止数据报在路由器之间不断反复地传输。

• 协议：协议字段定义了封装在数据报中的是哪一种上层协议数据(TCP，UDP，ICMP 等)。

• 头部校验和：这是一个 16 位的字段，用于检查报文头是否正确。

• 源 IP 地址：源 IP 地址字段是一个 4 字节的因特网地址，指明数据包的初始地址。

• 目的 IP 地址：目的 IP 地址字段是一个 4 字节的因特网地址，指明数据包的最终目的地址。

• 选项：选项字段为 IP 数据报提供了更多的功能。它可以携带用来控制路由、时序、管理和定位的字段。

(2)ARP 协议

地址解析协议(ARP)将 IP 地址与物理地址相联系。当一台主机或路由器需要找到在其网络中另一台主机的物理地址时，它就形成一个包含 IP 地址的 ARP 查询包，并将这个包在网络上广播，见图 7.8。网络中的每一个主机都会收到并处理这个 ARP 包，但是只有预期的接收者可以识别出它的 IP 地址，并将其物理地址发送回来。拥有数据包的主机将目标主机的地址同时加到高速缓存和数据报报文头中，然后将数据报发送出去。

ARP 是一个网络中的低层操作。ARP 请求本身必须被封装在硬件协议帧(MAC 帧)内。从概念上说，ARP 报文是由帧来运载的，帧的结构如图 7.9 所示。

ARP 报文有一定的格式，如图 7.10 所示。

• 硬件类型：指示硬件接口的类型。

• 协议类型：指明源端发送的上层协议地址。

• 硬件地址长度：指明硬件地址的长度。

• 协议地址长度：指明协议地址的长度。

• 操作码：指明操作的类型，如 ARP 请求、ARP 响应、RARP 请求或者 RARP 响应。

• 发送者硬件地址：指明发送者硬件地址。如果知道，由发送者提供。

• 发送者协议地址：指明发送者协议地址。如果知道，由发送者提供。

• 目的硬件地址：指明目的硬件地址。

• 目的协议地址：包含目的主机的 IP 地址。

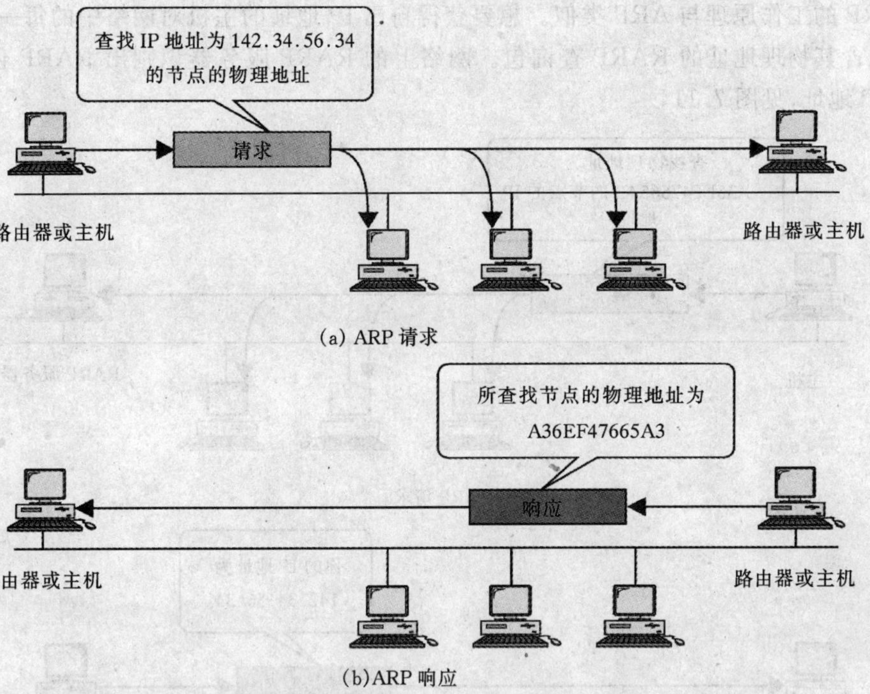

图 7.8　ARP 处理过程

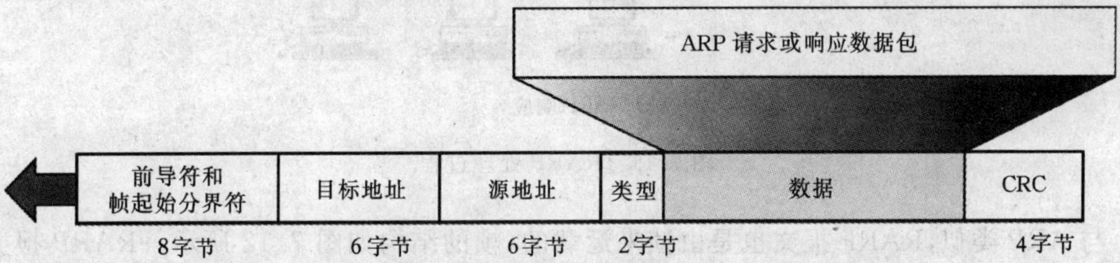

图 7.9　ARP 协议的 MAC 帧结构

硬件类型		协议类型
硬件地址长度	协议地址长度	操作码
发送者硬件地址		
发送者协议地址		
目的硬件地址		
目的协议地址		

图 7.10　ARP 报文格式

(3)RARP 协议

逆向地址解析协议(RARP)允许主机仅仅知道物理地址的情况下找到自己的 IP 地址，RARP 协议主要用在无盘计算机联网中。

RARP的工作原理与ARP类似。想要获得自己IP地址的主机对网络中的每一台主机广播一个包含其物理地址的RARP查询包。网络上的RARP服务器识别出RARP包,并返回主机的IP地址,见图7.11。

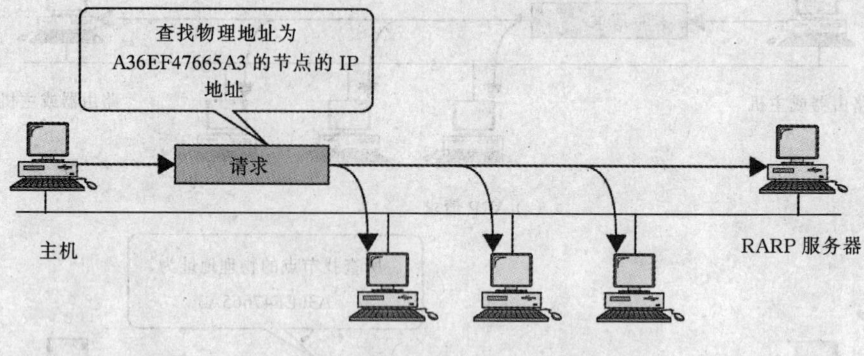

(a)RARP请求

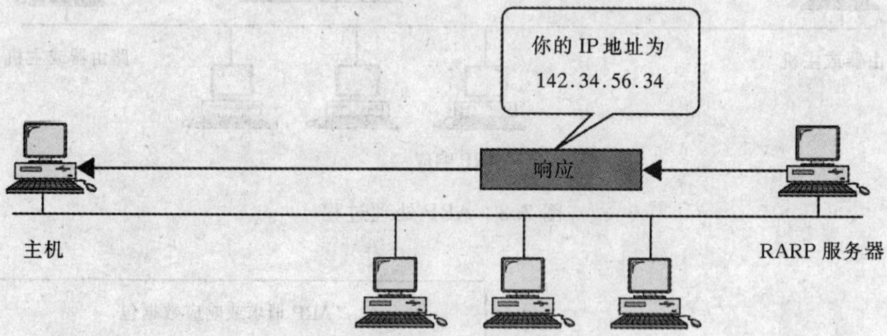

(b) RARP响应

图7.11 RARP处理过程

与ARP类似,RARP报文也是由帧来运载的,帧的结构如图7.12所示。RARP报文的格式与ARP报文相同。

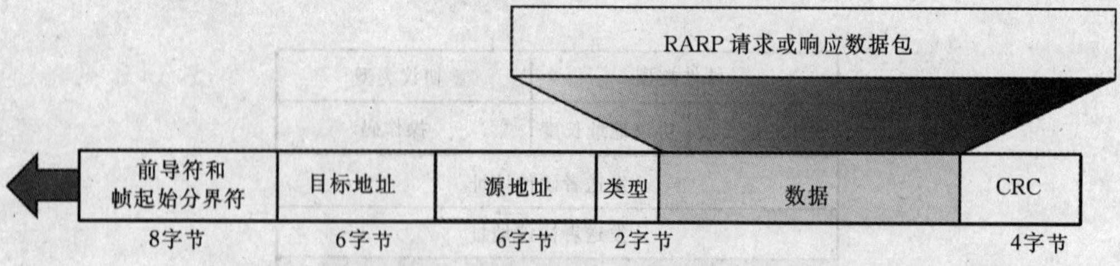

图7.12 RARP协议的MAC帧结构

(4)ICMP协议

因特网控制报文协议(ICMP)是由主机和路由器所使用的一种机制,用来向发送者通知IP数据报所发生的问题。因为IP是无连接的,它无法将报文错误信息传到最初的主机,ICMP协议代替IP完成这些功能,将状态信息和错误信息发送到发报文的主机。

ICMP利用IP通过网络运载ICMP数据。ICMP仅仅是将IP当作运输工具,ICMP数据是封装在 IP 包中的，如图 7.13 所示。

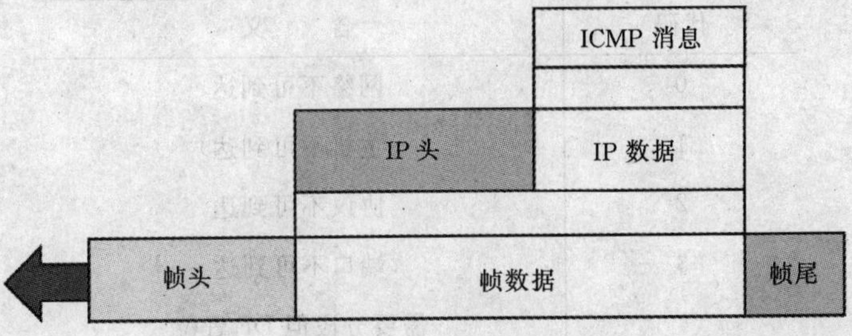

图 7.13　ICMP 封装层次

ICMP 报文如图 7.14 所示。第一部分是类型域，表明采用的模式。类型域中可能出现的数值及其含义如表 7.1 所示。ICMP 报文中的下一个是代码域。它也分配有数值，不同的数值有不同的含义，如表 7.2 所示。校验和域是在 ICMP 报文中从 ICMP 类型开始计算。下一个字段是未使用的域。数据字段保存 IP 报头和数据报。

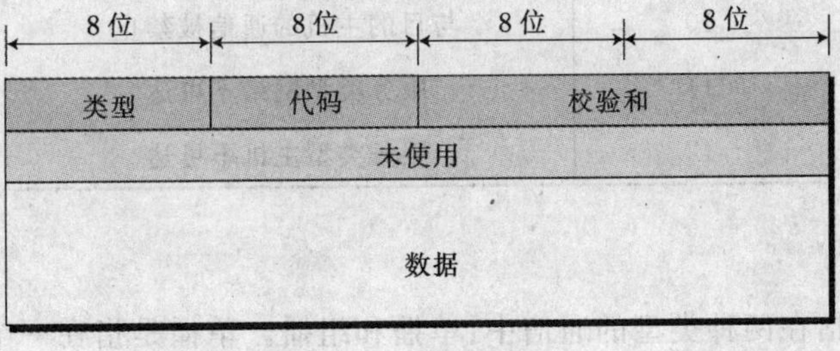

图 7.14　ICMP 报文格式

表 7.1　类型域数值及其含义

类型	报文含义
0	回应应答
3	目的不可到达
4	源抑制
5	重定向
8	回应请求
11	数据报超时
12	数据报参数有问题
13	时戳请求
14	时戳响应
17	地址掩码请求
18	地址掩码响应

表 7.2 代码域数值及其含义

代码	含　义
0	网络不可到达
1	主机不可到达
2	协议不可到达
3	端口不可到达
4	需要分段但 DF 置位
5	源路由失败
6	目的网络未知
7	目的主机未知
8	源主机被隔离
9	与目的网络的通信被禁止
10	与目的主机的通信被禁止
11	服务类型网络不可达
12	服务类型主机不可达

(5)IGMP 协议

IP 协议可以包括在两种类型的通信中:单播和组播。单播是指在一个发送者和一个接收者之间的通信。但有时需要将相同的报文同时发送给很多的接收者,这种情况称为组播,它是一对多的通信。

IP 寻址支持组播,所有 1110 开头的(D 类)32 位的 IP 地址都是组播地址。28 位留做组地址,有超过 250 000 000 个地址可用于分配,其中有些地址是永久指定的。因特网组报文协议(IGMP)被设计用来帮助组播路由器标识 LAN 中的主机,这些主机是组播组的成员。

与 ICMP 类似,IGMP 同样利用 IP 通过网络运载 IGMP 数据。IGMPv1 报文如图 7.15 所示。第一部分是版本号;第二部分是类型域,表明采用的模式(查询或者报告)。第三部分是是未使用的域;第四部分是校验和;最后一部分是组播地址(报告类型),或者为 0(查询)。

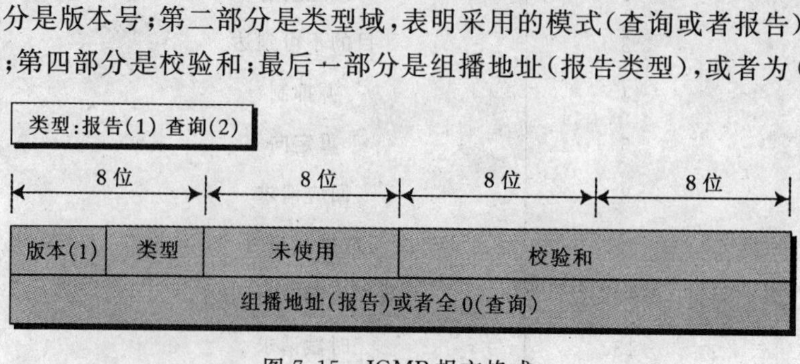

图 7.15 IGMP 报文格式

7.2.4 路由协议

因特网是由大量的自治系统(AS)组成的,见图 7.16。各个 AS 由不同的机构操纵,其内部使用自己的路由选择算法。一个 AS 内的路由选择算法称为内部网关协议(interior gateway protocol)，AS之间的路由选择算法称为外部网关协议(exterior gateway protocol)。

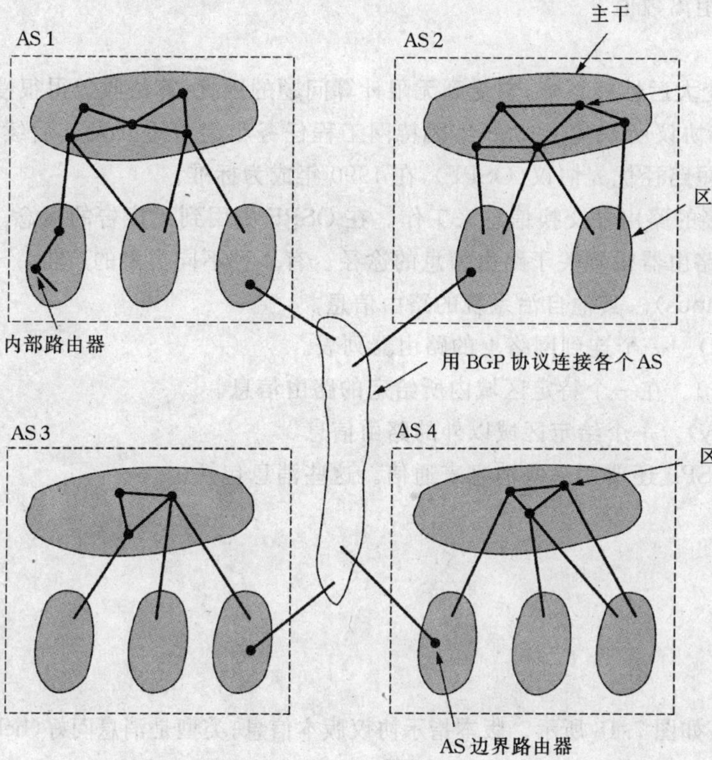

图 7.16　因特网路由结构

这一部分主要介绍内部网关协议中两个通用的路由协议：路由信息协议(Router Information Protocol，RIP)和开放最短路径优先协议(Open Shortest Path First，OSPF)。使用这些协议的网络设备有路由器、主机等。

(1)RIP

RIP是因特网最早采用的路由选择协议，它是基于Bellman－Ford算法的距离矢量协议，在小系统中工作得很好。路由器周期性地在整个网络中广播完整的RIP路由表，网络中其他路由器根据收到的路由表更新自己的路由表。RIP报文的格式如图7.17所示。

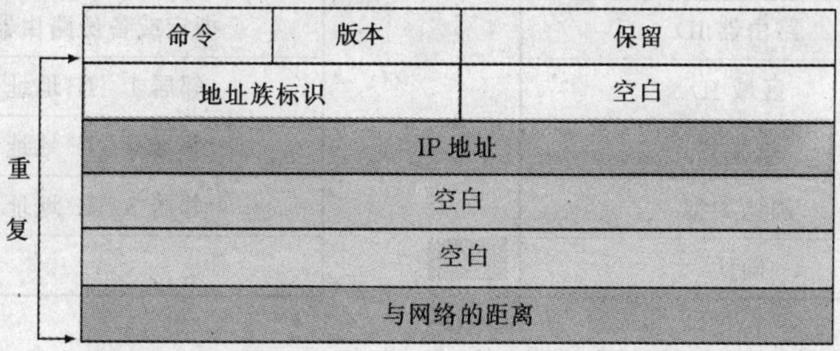

图 7.17　RIP 报文格式

命令字段指定操作类型，可以是请求，也可以是响应；版本字段指定协议的版本；地址族标识字段用于指定解释报文的协议族；IP 地址字段通常指定一个缺省路由；与网络的距离字段指明到目标网络的距离数值。

(2)OSPF

RIP 协议当 AS 变大后性能下降，它受到无限计算问题的困扰，算法收敛得很慢。在 1979 年 5 月，它被链路状态协议所取代。1988 年因特网工程任务小组着手开发其后续版本，这个后续版本称为开放最短路径优先协议(OSPF)，在 1990 年成为标准。

OSPF 通过与邻接的路由器交换信息来工作。在 OSPF 中用到了广告的概念。这些广告是一个路由器从其他路由器得到关于路由信息的途径。有 4 种不同类型的广告。

① 自治(autonomous)。其他自治系统的路由信息。

② 网络(network)。一个连到网络上的路由器列表。

③ 路由器(router)。在一个特定区域内所给定的路由信息。

④ 概要(summary)。一个给定区域以外的路由信息。

除了广告以外，OSPF 还要用一些消息来通信。这些消息包括。

• 问好(hello)。
• 数据库描述。
• 连接状态请求。
• 连接状态更新。
• 连接状态确认。

OSPF 分组的报头如图 7.18 所示。版本指示协议版本信息；类型是消息问好(hello)、数据库描述、连接状态请求、连接状态更新、连接状态确认之一；分组长度显示域的长度，其中包括 OSPF 报头；路由器 ID 提供发送者的地址；区域 ID 指明发送者所在的区域；校验和字段提供整个分组的校验；确认类型指明采用的确认类型；确认字段包括一个由确认类型而来的数值。

版本
类型
分组长度
路由器 ID
区域 ID
校验和
确认类型
确认

图 7.18　OSPF 分组报头

OSPF 报头
网络掩码
死亡计时
请求间隔
路由器优先权
指定或备份路由器
邻居 1　IP 地址
邻居 2　IP 地址
邻居 3　IP 地址
......

图 7.19　HELLO 分组格式

图 7.19 是一个 HELLO 分组的格式。它由一个 OSPF 报头和其他字段组成。网络掩码指定发送报文网络的网络掩码；死亡计时是一个数值(以秒计算)，如果在该数值内没有收到响

应，则表明邻接点已经“死亡”；请求间隔字段是一个以秒计算的数值，反映一个路由器发送相邻两个 HELLO 分组之间的时间间隔；路由器优先权字段在指定一个路由器作备份时使用；指定或备份路由器字段鉴别备份路由器；邻居字段指示最近在网络中发过 HELLO 分组的路由器。

数据库描述分组报文包含一个 OSPF 报头和一些消息域。这些域包含所收到报文的消息。连接状态分组提供诸如路由器、网络和连接平台类型的消息。

7.2.5　TCP/IP 传输层协议及其协议数据单元

TCP/IP 传输层中有两个协议：TCP 和 UDP。其中 UDP 要简单一些，当传输数据的大小和速度比安全性和可靠性更重要时，采用 UDP 效率较高。当需要可靠的端到端传输时，就需要用到 TCP。

(1)UDP 协议

用户数据报协议(UDP)是两个标准的 TCP/IP 传输协议中较简单的一个。它是一个端到端的传输层协议，只为来自上层的数据增加端口地址、校验和差错控制以及长度信息。UDP 所产生的包称为用户数据报，见图 7.20。

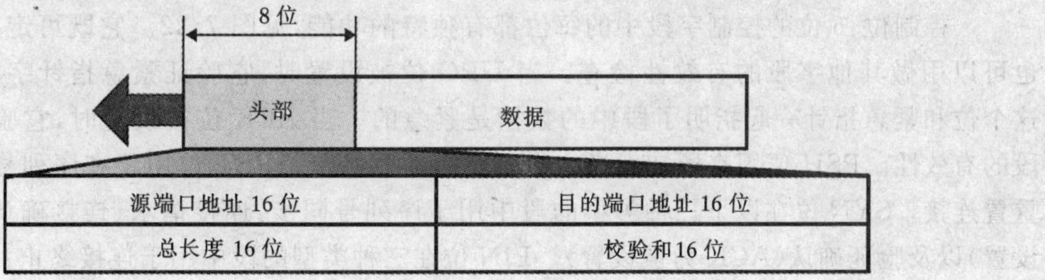

图 7.20　UDP 数据报格式

- 源端口地址：源端口地址是创建报文的应用程序的地址。
- 目的端口地址：目的端口地址是接收报文的应用程序的地址。
- 总长度：总长度定义了用户数据报的总长度，以字节为单位。
- 校验和：校验和是用在差错检测中的 16 位字段。

(2)TCP 协议

传输控制协议(TCP)为应用程序提供完整的传输层服务。传送数据前，TCP 在发送者和接收者之间建立一条虚电路，将长的数据划分成较小的数据单元，同时将每个数据单元组装成段。每个段都包含一个用来在接收后重新排序的序列号，以及确认编号和用于滑动窗口的窗口大小字段。段将包含在 IP 数据报中，通过网络传输。在接收端，TCP 收集每个到来的数据报，然后基于序列号对传输数据重新排序。TCP 段格式如图 7.21 所示。

- 源端口地址：源端口地址定义了源计算机上的应用程序。
- 目的端口地址：目的端口地址定义了目的计算机上的应用程序。
- 序列号：来自应用程序的数据流可以分为两个或更多的 TCP 段。序列号字段显示了数据在原始数据流中的位置。
- 确认号：32 位的确认号用来确认接收来自其他通信设备的数据。这个序号只有在控制字段中设置了 ACK 位以后才有效，它定义了下一个期望收到的字节序列号。

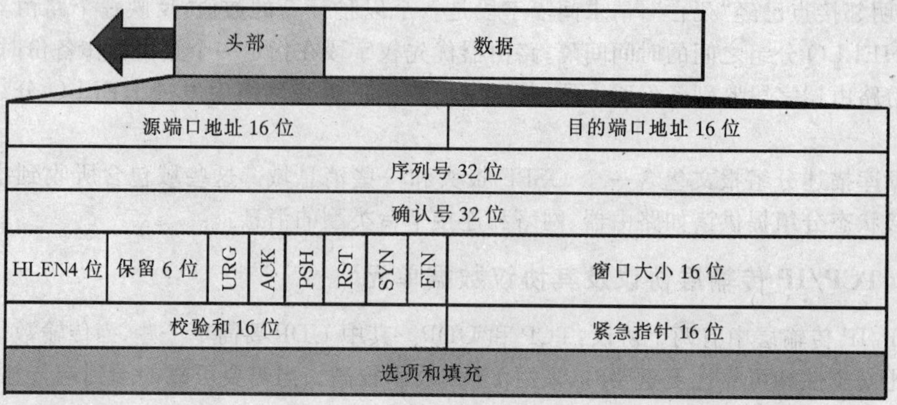

图 7.21　TCP 段格式

• 报文头长度(HLEN):4 位的 HLEN 字段指出了 TCP 报文头中 32 位(4 字节)的字的数量。4 位可以定义多达 15 个数。将这个数乘 4 后就可得到报文头中总的字节数。

• 保留:6 位的字段预留给将来使用。

• 控制位:6 位的控制字段中的每位都有独特的功能,见图 7.22。它既可定义段的用途,也可以用做其他字段的有效性检查。当 URG 位被设置时,它验证紧急指针字段的有效性。这个位和紧急指针一起指明了段中的数据是紧急的。当 ACK 位被设置时,它验证确认号字段的有效性。PSH 位用来通知发送方需要更高的吞吐量。RST 位用于在序列号出现混乱时重置连接。SYN 位在以下三种类型的段中用于序列号同步:连接请求、连接确认(ACK 为被设置)以及验证确认(ACK 为被设置)。FIN 位在三种类型的段中用于连接终止:终止请求、终止验证(ACK 为被设置)以及终止验证的确认(ACK 为被设置)。

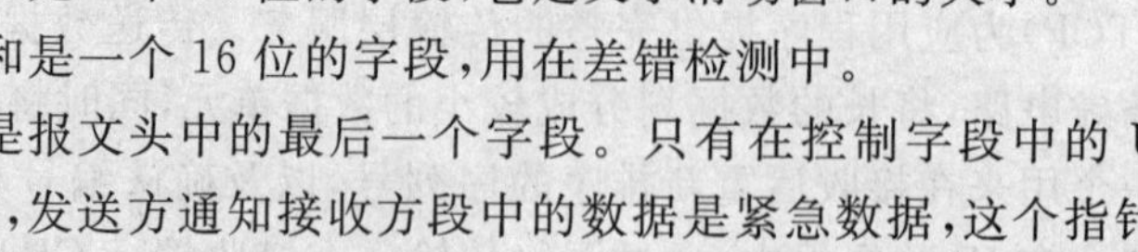

图 7.22　TCP 控制字段

• 窗口大小:窗口是一个 16 位的字段,它定义了滑动窗口的大小。

• 校验和:校验和是一个 16 位的字段,用在差错检测中。

• 紧急指针:这是报文头中的最后一个字段。只有在控制字段中的 URG 位被设置后才有效。在这种情况下,发送方通知接收方段中的数据是紧急数据,这个指针定义了紧急数据的结尾和普通数据的开始。

• 选项和填充:TCP 报文头中的其余部分定义了可选字段。它们用来给接收方传送附加的信息,或者用来对齐数据。

在 TCP 和 UDP 协议中,都用到了伪头(pseudoheader)的概念,见图 7.23。伪头包含的信息为:源主机和目的主机的 IP 地址、TCP 协议编号(6)或 UDP 协议编号(17),以及 TCP 段(包括 TCP 头)的字节数或 UDP 段的字节数。在校验和计算中包括了对伪头的校验。

32 位

源地址		
目的地址		
00000000	协议＝6	TCP 数据段长度

图 7.23　伪头格式

7.3　原始套接字编程

7.3.1　概念

原始套接字(raw socket)是使用 SOCK_RAW 这个套接字类型来创建的。目前 Winsock2.2 提供了对它的支持。利用原始套接字可访问位于基层的网络协议。

本节只讨论利用 IP 层协议 Internet 控制消息协议(ICMP)进行原始套接字编程。为了说明问题,运用这种原始套接字来模拟 IP 的一些实用工具,比如 Traceroute 和 Ping 程序等。Ping 这个实用程序探测到某个主机的路由是否有效和畅通,看看对方的机器是否会作出响应。对程序开发者来说,经常都要用到一种程序化的方法,以便判断一台机器是否“活动”,网络数据能否抵达它。IP 多播通信利用 IGMP 将多播组成员信息通告给路由器。大多数 Win32 平台目前都增加了对 IGMP 第 2 版的支持。但在某些情况下,我们也需要送出自己的 IGMP 数据包,以便脱离组成员关系。

创建原始套接字可用 socket 或 WSASocket 函数。在套接字的创建过程中,必须自行设定 SOCK_RAW 标志。下述代码片断解释了如何将 ICMP 作为一种基层 IP 协议来完成一个原始套接字的创建:

```
SOCKET s;
s=socket(AF_INET,SOCK_RAW,IPPROTO_ICMP);
if(s==INVALID_SOCKET)
{
//创建套接字失败
}
```

由于使用原始套接字可以对基层传输机制加以控制,从而造成了 Windows NT 下一个潜在的安全漏洞。因此,只有属于“管理员”(administrator)组的成员,才有权创建类型为 SOCK_RAW 的套接字。而 Windows 95 和 Windows 98 均未施加这方面的限制。要想在 Windows NT 中绕过这一限制,可禁止对原始套接字的安全检查。方法是在注册表创建如下变量,并将它的值设为 1(DWORD 类型):

HEY_LOCAL_MACHINE\System\CurrentControlSet\Services\Afd\Parameters\DisableRawSecurity

更改了注册表后,注意重新启动计算机。

在上述示范代码中，我们采用的是 ICMP 协议。但假如想使用 IGMP，UDP，IP 或者原始 IP，只需分别设置 IPPROTO_IGMP，IPPROTO_UDP，IPPROTO_IP 或者 IPPROTO_RAW 即可。然而，请注意其中存在的一处限制：在 Windows NT 4，Windows 98 以及 Windows 95（安装 Winsock 2）操作系统中，创建原始套接字时，只能使用 IGMP 和 ICMP。然而，Windows 2000 能够处理 IP 头（IPPROTO_RAW），TCP 头（IPPROTO_TCP）以及 UDP 头（IPPROTO_UDP）。完成了原始套接字的创建之后，就可以在发送及接收调用中，使用对应的套接字句柄。创建原始套接字时，IP 头会包含在接收到的任何返回数据中，无论是否设定了 IP_HDRINCL 选项。

7.3.2 原始套接字的 ICMP 实现

(1)ICMP 协议介绍

Internet 控制消息协议（ICMP）是一种将差错与控制集于一体的协议，不仅用于传输差错报文，还用于传送消息控制报文。ICMP 协议是 IP 层的一个组成部分，可以在 IP 系统间传送差错和其他控制信息。ICMP 报文通常被 IP 层或更高层协议（TCP 或 UDP）使用。它与 IP 协议相互依赖：IP 在发送一个差错或控制报文时要用到 ICMP，而 ICMP 利用 IP 来传递报文。ICMP 协议采用的是 IP 定址机制，因为它本身就是封装在 IP 数据报内的一种协议。ICMP 报文格式如图 7.14 所示，整条 ICMP 消息封装在一个 IP 头内。下面介绍原始套接字编程中常用的三类 ICMP 报文。

① 回应请求和回应应答报文。回应请求和回应应答报文经常用来判断一个特定的主机是否处于活动状态，并且是否可以通过网络访问到。回应请求和回应应答报文的格式如图 7.24 所示。

0　　　　7	8　　　　15	16　　　　31
类型(0 或 8)	代码(0)	校验和
序号		标识符
选项值		

图 7.24 回应请求和回应应答报文

② ICMP 地址掩码请求和应答报文。ICMP 地址掩码请求用于无盘系统在引导过程中获取自己的子网掩码并系统广播它的 ICMP 请求报文。ICMP 地址掩码请求和应答报文的格式如图 7.25 所示。

0　　　　7	8　　　　15	16　　　　31
类型(17 或 18)	代码(0)	校验和
标识符		序列号
32 位子网掩码		

图 7.25 ICMP 地址掩码请求和应答报文

ICMP 报文中的标识符和序列号字段由发送端任意选择设定，这些值在应答中将被返回。这样，发送端就可以把应答与请求进行匹配。

③ ICMP 时间戳请求和应答报文。ICMP 时间戳请求允许系统向另一个系统查询当前的

时间。返回的建议值是自午夜开始计算的毫秒数。这种 ICMP 报文的好处是它提供了毫秒级的分辨率，而利用其他方法从别的主机获取的时间只能提供秒级的分辨率。由于返回的时间是从午夜开始计算的，因此调用者必须通过其他方法获知当时的日期。ICMP 时间戳请求和应答报文如图 7.26 所示。

0　　　7	8　　　15	16　　　　　31
类型(13 或 14)	代码(0)	校验和
标识符		序列号
发送时间戳		
接收时间戳		
传送时间戳		

图 7.26　ICMP 时间戳请求和应答报文

请求端填写发起时间戳，然后发送报文。应答系统收到请求报文时填写接收时间戳，在发送应答时填写发送时间戳。但实际上，大多数把后面两个字段设成相同的值。

(2)Ping 示例

我们常用 Ping 程序来判断一个特定的主机是否处于活动状态。该程序发送一个 ICMP 回应请求报文给主机，然后等待返回的 ICMP 报文回应应答就可以知道自己是否能成功地访问到那台机器。

Ping 程序的实现方法是主机向远程计算机发出 ICMP 回应请求以后，远程计算机会处理这个请求，然后生成一条回应应答消息，在通过网络传回给发送主机。假如由于某些方面的原因，不能抵达目标主机，就会生成对应的 ICMP 错误消息(比如“目标主机不可到达”)，由那个路径上某处的一个路由器返回。假定与远程主机的物理性连接并不存在问题，但远程主机已经关机或没有设置对网络事件作出响应，便需由自己的程序来执行超时检查，来检测这样的情况。

Ping 示例在程序中采取下面这些步骤。

① 创建类型为 SOCK_RAW 的一个套接字，同时设定协议 IPPROTO_ICMP。

② 创建并初始化 ICMP 头。

③ 调用 sendto 或 WSASendto，将 ICMP 请求发给远程主机。

④ 调用 recvfrom 或 WSARecvfrom，以接收任何 ICMP 响应。

附录 4 中的 Ping.c 示例向大家清晰展示了如何创建一个特殊的套接字，实现 ICMP 包的收发，以及如何通过 IP_OPTIONS 套接字选项，来实现记录路由。

(3)Traceroute 示例

对 IP 网络来说，另一个非常有用的工具是 Traceroute(路由追踪)。在 Windows 操作系统中，一般可以直接运行 tracert.exe，来调用这个工具。利用它，我们可侦测出为抵达网络内任何一个指定的主机，中途需经过哪些路由器，以及它们的 IP 地址是什么。Traceroute 的设计原理是令其向目的地发送一个 UDP 数据包，并重复递增 IP 的“存活时间”(TTL)值。最开始的时候，TTL 等于 1；也就是说，一旦它抵达路途中的第一个路由器，TTL 首先会超时(变成 0)，这样便会造成路由器生成一个 ICMP“超时”数据包。随后，最初的 TTL 值递增 1，以便 UDP 包能继续传到下一个路由器，而生成的 ICMP 超时包会自第一个路由器返回。只需将返回的每一条 ICMP 消息都收集下来，便能为中途经过的路由器 IP 地址勾勒出一个清晰的轮廓,直到最终的目标主机。之所以认为 Traceroute 是一个有用的工具,是由于它为我们提供了与中途经历的路由器有关的大量信息。对具体的应用程序来说,尽管需要执行 Traceroute 的机会比 Ping 少得多,但对某些特定的任务而言,只有 Traceroute 才能胜任。实现 Traceroute 程序,只需将 ICMP 数据包简单地发给目的地,同时连续递增更改 TTL 的值。在 TTL "超时"的时候,这样做也会造成一条 ICMP 错误消息的返回。注意这种方法和 Ping 有着某些共通之处,它也只要求使用一个套接字(安装 ICMP 协议)。本节正文并不打算列出它的完整源码,因为它的大部分代码都与前面的 Ping 例子相同。

7.4 基于 Winpcap 的网络数据包捕获技术

7.4.1 Winpcap 简介

许多网络应用通常需要分析网络中的数据流,查找网络故障或安全问题。要想分析网络数据流,首先要能从网络中得到数据包。目前有两种方法可以从网络中捕获数据包,一种是采用专用硬件,另一种是利用普通计算机与网络连接的通用硬件(网络适配器,以下简称网络接口),即利用计算机的网络接口,由软件来完成数据帧的捕获。虽然由软件来捕获的方法在性能上比不上专用硬件,但它更廉价,且易于修改和更新。基于以上原因,用软件的捕获方法得到了广泛的使用和认同。

Winpcap 是 Win32 环境下的数据包捕获结构,它来源于 California 大学的 Berkeley Packet Filter (BPF)。BPF 是 UNIX 环境下的一个很有名的内核数据包捕获组件,它效率高,易于使用,有一个功能强大的用户层接口(libpcap 函数库)。使用这个函数库的一个著名的网络工具是 tcpdump,它在 UNIX 环境下得到广泛使用,在 Windows 环境下的版本是 Windump。

Winpcap 提供功能主要包括以下 4 个方面。

- 捕获网络原始数据包。
- 根据用户定义的规则过滤数据包。
- 发送用户构造的数据包到网络中。
- 统计网络流量 。

Winpcap 可以用于网络分析、网络故障诊断、网络安全和监视等网络工具中。典型的应用有。

- 网络协议分析器。
- 网络监视器。
- 网络流量记录。
- 网络流量产生器。
- 用户级的网桥和路由器。
- 网络入侵检测系统 (NIDS)。
- 网络扫描器。
- 网络安全工具。

Winpcap 由三部分组成:一个数据包捕获驱动器、一个底层动态链接库(Packet. dll)和一个高层静态链接库(wpacp. lib)。Winpcap 可以用来制作新的 Windows 平台下的网络工具,也可以通过它来移植 UNIX/Linux 系统环境中一些基于 libpcap 的网络应用程序，它与 BPF－libpcap 的捕获机制是兼容的。

为了捕获网络中传输的各种数据包，应用程序需要直接与网络接口进行交互，因此操作系统需要提供捕获原语来与网络接口进行通信。这些原语的主要作用是从网络中获取数据包，并传输到调用它们的应用程序中。捕获原语的实现与操作系统紧密相关，不同平台的实现方法不同。为了能在高速且负荷较重的 LAN 中捕获到所有的网络数据包，系统内核中的数据包捕获部分应当快速而有效，占用系统资源较少。为了能适应不同网络应用的需求（如网络分析器，网络监视器，网络测试等），它还应当通用且富于弹性。此外，它要易于使用，与系统无关，模块化和易于扩展，以便支持大量的网络协议和不断出现的新的网络协议。图 7.27 是 Winpcap 捕获栈的结构，图中的高层应用程序是 Windump。

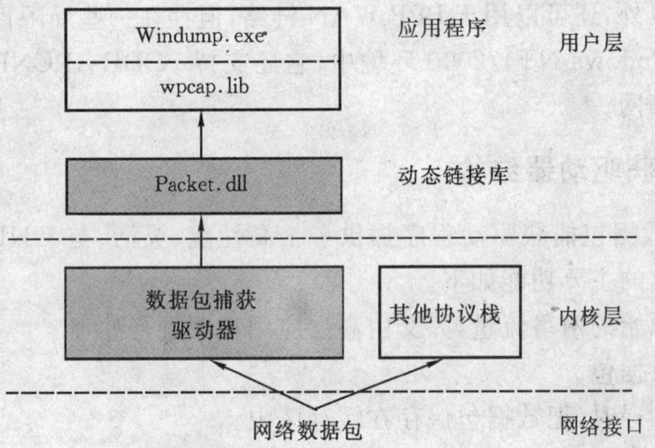

图 7.27　捕获栈结构

图中最底层是网络接口，用来收发网络数据包。在捕获过程中，网络接口工作混合模式（promiscuous mode），接收网段中所有数据包（在普遍情况下，网络接口只接收发送给它的数据包）。数据包捕获驱动器是整个捕获栈中最低层的软件模块，它工作在系统内核层，与网络接口进行通信，取得网络数据包，并向高层应用程序提供读写来自网络数据链路层数据的接口。

PACKET.DLL 工作在用户层，与捕获应用程序分离，它屏蔽低层的实现细节，提供一个与系统无关的接口。wpcap.lib 是一个静态链接库，它利用 PACKET.DLL 提供的服务，为应用程序提供高层接口（API 函数）。因为它是一个静态链接库，所以它是应用程序的一部分。最高层是用户的应用程序，显示捕获的数据包，或者对数据进行处理。

捕获栈内核部分的基本任务是从网络中取得链路层数据包，并传送到应用程序中。在 Windows NT /2000 系统中，它实现为一个内核驱动程序（packet.sys），在 Windows 95/98 系统中是一个虚拟设备驱动程序（packet.vxd）。应用程序通过读写原语来访问捕获驱动器，把网络接口等同于一个普通文件来读写来自网络中的数据。应用程序与内核捕获驱动器的通信是通过 PACKET.DLL 动态链接库来实现的。DLL 把捕获驱动器的函数包装起来，使其易于使用，避免在程序中使用系统调用或 IOCTL 命令。

捕获驱动器通过 NDIS 与网络接口的驱动程序进行通信。NDIS 是 Win32 网络编码的一部分，它负责管理多种网络接口以及网络接口与网络协议软件之间的通信。一个基本的网络捕获驱动器可以非常简单,它只需要读取从网络接口来的数据,并把数据拷贝到应用程序。但是,如果要得到较好的性能,这种基本的结构要作很大的修改,如:

• 为了减少丢包率,驱动器应当把捕获的数据包保存在缓存区中,等待用户程序读取。

• 为了尽量减少用户应用程序(在用户模式下)和驱动器(在内核模式下)之间的上下文切换,在一次读命令中应当可以传送多个数据包。

• 用户应用程序可以只接收它有兴趣的数据包。一个应用程序可以定义它所需要的数据包的种类(如来自某一个特定主机的数据包),驱动器只给它传送这些数据包。也就是说,应用程序可以设置一个过滤器(filter),只接收满足过滤条件的数据包,而忽略其他不感兴趣数据包。

数据包捕获驱动程序主要是基于以太网适配器而开发的。在 Windows 95/98 环境中,它除了适用于以太网以外,还可以用于 PPP WAN 链路,但存在一些局限性,如不能捕获 LCP 和 NCP 数据包。在 Windows NT4/2000 环境中,它还支持 FDDI,ARCNET 和 ATM 网络。目前还不能支持令牌环网。

7.4.2 数据包捕获驱动器结构

Windows 下的数据包捕获驱动程序提供一个高性能、灵活、与 UNIX 系统环境中的 BPF 兼容的网络工具。它的主要功能如下。

• 捕获网络中原始的网络流量,并交由高层应用程序进行处理。

• 过滤收到的数据包。

• 在应用进程忙碌时,把数据包保存在缓存区中。

• 给收到的数据包打包,并加上时戳、包长和偏移量。

• 构造数据包,并注入到网络中。

• 统计网络流量。

(1)驱动器结构

驱动程序的基本结构如图 7.28 所示。

向上指的箭头表示从网络到应用程序的数据包流,在内核缓存区与应用程序之间的粗箭头表示一次读系统调用可以传送多个数据包。向下的箭头表示从应用程序到网络之间传送的数据包。上图只是一个简单的结构描述图,实际的系统结构要复杂得多。

(2)数据包过滤(filter)处理

Winpcap 的基本过滤机制来源于 UNIX 环境中的 BPF 过滤器,需要过滤数据包的应用程序可以建立一个标准的 BPF 的过滤程序(通过调用函数 pcap_compile),并把它传送到驱动程序,此后,过滤进程将在系统内核进行数据包过滤。

如果建立了过滤器,捕获驱动程序将会检查每个到达的数据包,不满足过滤条件的数据包将被丢弃。满足过滤条件的包则被复制到应用程序。如果没有定义过滤器,捕获驱动程序则接收所有的数据包。对数据包的过滤处理是当数据包仍在网络接口驱动程序的存储空间中时进行的,不用把数据包复制到捕获驱动程序中。

(3)读和缓存处理

当应用程序读取网络数据包时,它向 NDIS 数据包捕获驱动程序发出一个读(read)命令(在 Windows 95/98 系统中是通过 IOCTL 调用来取得数据)。NDIS 数据包捕获驱动程序提

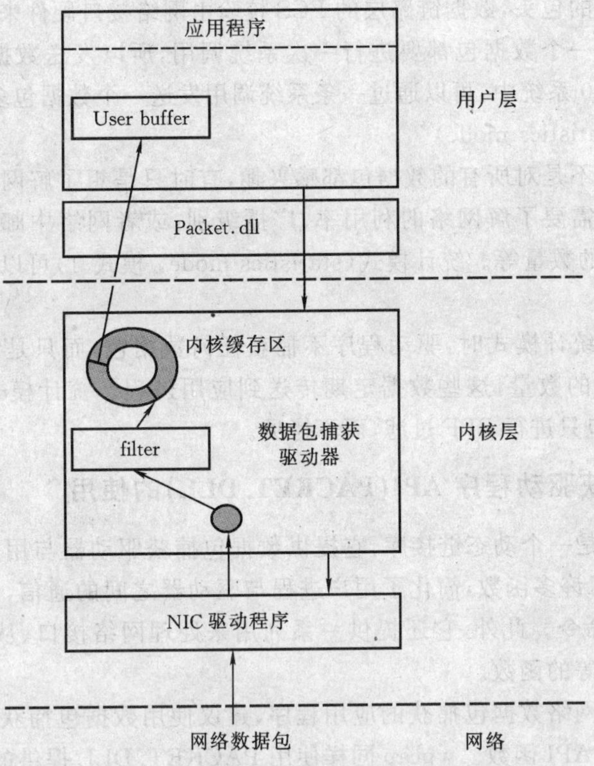

图 7.28　驱动程序结构

供同步和异步两种调用方式。在同步方式中，读调用命令在有数据包到达本机网络接口之前被阻塞；在异步方式中，应用程序不会被阻塞，当有数据包到达时，需要进行检查。

在一个数据包通过过滤器后，捕获驱动可能处于以下两种状态：

• 应用进程已经准备好接收数据包，它执行了一条读调用命令，且正在等待返回结果。在这种情况下，收到的数据包立即被拷贝到应用进程的存储空间，读调用命令结束，应用进程被唤醒。

• 应用进程没有准备好接收数据包，而是在做其他工作。为了防止丢失数据包，数据包应被缓存在驱动程序的缓存区中。当应用进程发出读调用命令时，被缓存的数据则传送到应用进程。驱动器采用循环缓存区来存取数据包，存储在缓存区中的数据带有一个数据头，保存诸如数据包的时戳和包长等信息。此外，在数据包之间插入有填充(padding)位，以使每个数据包的字边界对齐，减少拷贝数据包的时间。当缓存区被填满后，新到达的数据包则被丢弃。当应用进程发出读调用命令且缓存区中有数据时，缓存区中的数据被拷贝到应用进程，读调用命令立即返回。在一次系统调用中可以拷贝多个数据包，这样提高了系统的性能，减少了系统调用的次数。因为，每一次调用都包含一次从用户模式到内核模式的上下文切换，而且这些上下文切换比较慢，减少切换的次数可以显著地提高捕获的速度。

(4)写数据包处理

数据包捕获驱动程序可以让程序员自己构造数据包并发送到网络中去，这一功能对测试网络或协议非常有用。为了发送数据包，应用进程执行一条写(write)系统调用(在 Windows 95/98 系统中是 IOCTL 系统调用)，把数据包发送到网络中。在发送之前，应用进程还要给数据加上各种网络协议的包头，数据链路层的FCS校验由网络接口硬件来计算并自动添加到数据帧中。因为每发送一个数据包都要进行一次系统调用，所以发送数据包的速度不是很高。在Windows NT/2000系统中，可以通过一条系统调用发送一个数据包多次。

(5)统计模式(statistics mode)

网络管理员通常不是对所有的数据包都感兴趣，有时只是想了解网络中传输数据包的统计数据。如用户可能需要了解网络的利用率、广播级别，或者网络中邮件(mail)数据包的数量、每秒钟web请求的数量等。统计模式(statistics mode，模式1)可以用来取得网络的各种统计数据。

当驱动程序处于统计模式时，驱动程序不捕获任何数据包，而只是计算满足用户定义的BPF过滤器的数据包的数量，这些数据定期传送到应用进程。统计模式占用的系统资源很少，因为对每个数据包只进行BPF过滤，而不拷贝。

7.4.3 数据包捕获驱动程序API(PACKET.DLL)的使用

PACKET.DLL是一个动态链接库，它提供数据包捕获驱动器与用户应用程序之间的接口。在DLL中封装了许多函数，简化了用户进程与驱动器之间的通信，使用户程序避免使用系统调用或IOCTL命令。此外，它还提供一系列用来处理网络接口、从网络中读写数据包、设置缓存区和过滤器等的函数。

如果要编写一个网络数据包捕获的应用程序，建议使用数据包捕获函数库(wpcap.lib)，而不采用本节描述的API函数。wpcap同样使用PACKET.DLL提供的函数，但是提供一种更有效、更易于使用的编程环境。如果使用wpcap，像捕获数据包、创建捕获过滤器或者把数据包保存在一个文件中等都可以安全而简便地实现，对于一个通常的网络监视器或者网络嗅探器(sniffer)而言，wpcap能够胜任所有的工作。此外，用wpcap编写的应用程序可以很容易地移植到UNIX环境中，因为这个库的Win32版本(wpcap)和UNIX版本(libpcap)是兼容的。

PACKET.DLL有两种版本。第一个工作在Windows 95/98环境中，第二个工作在Windows NT/2000环境下。这两个版本的DLL导出的是相同的编程接口，使程序员可以编写出与系统无关的数据包捕获应用程序。下面我们将给出如何在应用程序中使用PACKET.DLL和NDIS数据包捕获驱动器，并详细介绍DLL中导出的API函数。

(1)数据结构

PACKET.DLL用到的数据结构定义在packet32.h中。以下是数据结构的详细描述。

PACKET

ADAPTER

bpf_insn

bpf_program

bpf_hdr

bpf_stat

NetType

前两个结构是Windows环境下捕获驱动器特有的，其他的数据结构与libpcap中用到的数据结构相同。

• PACKET 结构

PACKET 结构包含以下字段：

```
struct PACKET{
OVERLAPPED OverLapped;
PVOID Buffer;
UINT Length;
PVOID Next;
UINT ulBytesReceived;
BOOLEAN bIoComplete;
}
```

OverLapped 用来处理对驱动器的异步调用。OVERLAPPED 结构在 Windows 95/98 和 Windows NT DDK 中都有定义。它包含一个 hEvent 字段，在使用异步方式接收数据包时，通过函数 ResetEvent 进行复位。当操作结束后，驱动器对这个 event 进行置位，通知应用程序操作已经结束。Buffer 是一个指向包含数据包数据的缓存区的指针，Length 表示缓存区的大小，UlBytesReceived 表示缓存区中包含有效数据部分的长度。bIoComplete 字段指示异步调用后数据包中是否包含有效数据。

• ADAPTER 结构

这个结构中包含的数据是对网络接口的描述。

```
struct ADAPTER{
    HANDLE hFile;
    TCHAR SymbolicLink;
}
```

hFile 是指向驱动器句柄(handle)的指针。为了直接与驱动器进行通信，应用进程必须得到这个句柄。SymbolicLink 包含当前操作的网络接口名的字符串。

• PACKET_OID_DATA 结构

这个结构用来通过 OID 查询和设置操作来与网络接口进行通信。

```
struct PACKET_OID_DATA{
    ULONG Oid;
    ULONG Length;
    UCHAR Data;
}
```

Oid 是一个数字标识符，指明通过 PacketRequest 函数对网络接口进行的 query/set 函数的类型。它可能的值在 ntddndis. h 文件中有定义，它可以用来取得网络接口错误计数器的状态，网络接口的 MAC 地址，接口上定义的多播组(multicast groups)等。Length 字段表明 Data 字段的长度；Data 字段包含发往网络接口或者从接口来的数据。

• bpf_insn 结构

这个结构用来设置驱动器的过滤器程序。

```
struct bpf_insn{
    USHORT code;
```

```
    UCHAR jt;
    UCHAR jf;
    int k;
}
```

code 字段表明命令类型和地址模式。jt 和 jf 字段由条件转移指令来使用。k 字段是一个可以用于多种目的的通用字段。

• bpf_program 结构

这个结构指向一个 BPF 过滤器程序，由 PacketSetBPF 函数使用来设置驱动器的过滤器。

```
struct bpf_program{
    UINT bf_len;
    struct bpf_insn * bf_insns;
}
```

bf_len 字段表明程序的长度；bf_insns 字段是指向程序中第一条指令的指针。PacketSetBPF 函数通过 IOCTL 调用(把控制码设置在 pBIOCSETF 中)来设置一个新的过滤器，把 bpf_program 结构传递到驱动器。

• bpf_hdr 结构

这个结构定义了由驱动器使用的包头格式。它与 UNIX 环境中的 BPF 相同。

```
struct bpf_hdr{
    struct timeval bh_tstamp;
    UINT bh_caplen;
    UINT bh_datalen;
    USHORT bh_hdrlen;
}
```

bh_tstamp 字段保存捕获数据包的时戳。时戳采用 TimeVal 结构存储，TimeVal 结构有两个字段：

tv_sec ：标准 UNIX 时间格式的捕获日期(从 1/1/1970 至今的秒数)。

tv_usec ：捕获时间的毫秒数。

bh_caplen 字段表明已捕获部分的长度；bh_datalen 字段是数据包的原始长度。bh_hdrlen 字段是包裹数据包的包头的长度，这个字段只是用在 UNIX 环境的 BPF 中，在 Windows 环境中，这个字段是一个固定值，也就是 bpf_hdr 结构的长度。

• bpf_stat 结构

这个结构由驱动器用来返回捕获的统计值。

```
struct bpf_stat{
    UINT bs_recv;
    UINT bs_drop;
}
```

bs_recv 字段表明已经从网络接口收到的数据包的数量。bs_drop 字段表明丢弃数据包的数量。一般来说，当驱动器的缓存区装满后，新来的数据包就会被丢弃，上面的变量并没有把由网络接口直接丢弃的数据包计算在内。

• NetType 结构

这个结构由 PacketGetNetType 函数用来取得驱动器的信息。

```
struct NetType{
    UINT LinkType;
    UINT LinkSpeed;
}
```

Linktype 字段指明当前网络接口的类型;Linkspeed 字段指明网络的速率(b/s)。

(2)函数

PACKET.DLL 提供了一个函数集,可以用来发送和接收数据包、查询和设置网络适配器参数、打开和关闭网络适配器、处理动态分配 PACKET 结构、设置 BPF 过滤器、改变驱动器缓存区的大小和返回捕获统计数据等。包含的函数如下:

PacketGetAdapterNames
PacketOpenAdapter
PacketCloseAdapter
PacketAllocatePacket
PacketInitPacket
PacketFreePacket
PacketReceivePacket
PacketWaitPacket
PacketSendPacket
PacketResetAdapter
PacketSetHwFilter
PacketRequest
PacketSetBuff
PacketSetBpf
PacketGetStats
PacketGetNetType
PacketSetReadTimeout
PacketSetMode
PacketSetNumWrites

以下是函数的详细说明:

• ULONG PacketGetAdapterNames(PTSTR pStr, PULONG BufferSize)

通常这是与驱动器通信的第一个函数,它返回系统中安装的网络接口名,并保存在用户分配的缓存区 pStr 中。BufferSize 是缓存区的长度。

注意:函数的返回值是通过查询操作系统的注册表且执行 OID 系统调用而得到的,因此,结果的格式在 Windows NT/2000 和 Windows 95/98 中是不同的。Windows 9x 使用 ASCII 码存储字符串,而 Windows NT 通常采用 UNICODE 字符集。

• LPADAPTER PacketOpenAdapter(LPTSTR AdapterName)

这个函数接收要打开的网络接口的名称,并返回已正确初始化的 ADAPTER 对象。网络接口的名称可以通过调用函数 PacketGetAdapterNames 得到。

• VOID PacketCloseAdapter(LPADAPTER lpAdapter)

这个函数释放 ADAPTER 结构 lpAdapter，且关闭它指向的网络接口。

• LPPACKET PacketAllocatePacket(void)

分配一个 PACKET 结构，并返回一个指向它的指针。

• VOID PacketInitPacket(LPPACKET lpPacket, PVOID Buffer, UINT Length)

初始化一个 PACKET 结构。函数中包含三个输入参数：指向被初始化的结构的指针、指向用户分配的缓存区的指针(该缓存区将包含 packet 数据)和缓存区的长度。

注意：与 PACKET 结构相关的缓存区的长度直接影响程序的捕获性能。缓存区存储来自捕获驱动器的数据包，驱动器可以在一次系统调用中(使用函数 PacketReceivePacket)返回多个数据包，返回数据包的数量直接与 PACKET 结构中缓存区的大小相关，因此，设置较大的缓存区能够减少系统调用的次数，提高系统的捕获速度。

• VOID PacketFreePacket(LPPACKET lpPacket)

此函数释放由指针 lpPacket 指向的 PACKET 结构。

注意：PACKET 结构中的 Buffer 缓存区不能由此函数释放，必须由程序员自己来释放。

• BOOLEAN PacketReceivePacket(LPADAPTER AdapterObject,
LPPACKET lpPacket, BOOLEAN Sync)

此函数进行网络数据包捕获。它包含以下输入参数：

AdapterObject：指向 ADAPTER 结构的指针，指明用来捕获数据包的网络接口。

lpPacket：指向 PACKET 结构的指针，此结构用来保存数据包。

Sync：标志位，指明采取同步或异步操作方式。

注意：建议采用同步方式，异步方式可能会存在某些问题。

通过此函数获得的数据包的数量一般来说是未知的，它与实际存储在驱动器缓存区中的数据包的数量、数据包的大小和缓存区的大小有关。图 7.29 显示了驱动器交给应用程序的数据包的格式。

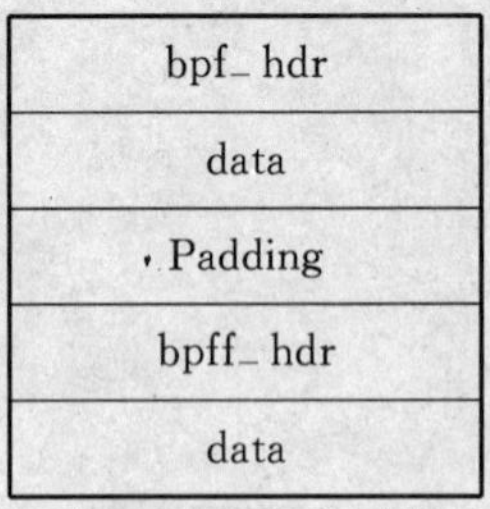

图 7.29 数据包的编码格式

数据包存储在结构 lpPacket PACKET 中，每个数据包包含一个头。头是 bpf_hdr 结构，包含数据包的长度和时戳。在数据之后是填充(padding)字段，用来与字边界对齐。结构 bpf_hdr 中的 bh_datalen 和 bh_hdrlen 字段用来从缓存区中提取数据包。

• BOOLEAN PacketWaitPacket(LPADAPTER AdapterObject, LPPACKET lpPacket)

此函数用来验证驱动器的 I/O 操作是否完成。如果操作没有结束，此函数被阻塞。返回值为 TRUE 表明操作已成功完成，返回值为 FALSE 说明操作没有完成，通过 SDK 的 GetLastError 函数可以得到出错码(error code)。

• BOOLEAN PacketSendPacket(LPADAPTER AdapterObject, LPPACKET pPacket,
BOOLEAN Sync)

此函数用来发送一个原始数据包到网络中。因为原始数据包是被直接发送到网络中,因此,程序员必须自己构造数据包的各种包头,如 TCP 头和 IP 头等。用户不用构造 bpf_hdr 头,数据包的 CRC 校验由网络接口自动计算并添加到数据帧中。此函数的语法规则与 PacketReceivePacket 函数类似,它的行为与函数 PacketSetNumWrites 有关,可以发送同一个数据包多次。如果数值是 1,则每次发送一个数据包到网络中,如果大于 1,例如 1 000,构造的原始数据包则被发送到网络中 1 000 次。这一特性可以用来产生大量的网络流量,测试网络、路由器、服务器的性能。不过,这个功能目前只适用于 Windows NT 和 Windows 2000 系统,在 Windows 95/98 系统中是在用户模式下的 PACKET. DLL 中进行模拟,其发送速度比在 Windows NT/2000 中要慢得多。

• BOOLEAN PacketResetAdapter(LPADAPTER AdapterObject)

此函数用来复位网络接口。如果成功,则返回 TRUE。

• BOOLEAN PacketSetHwFilter(LPADAPTER AdapterObject, ULONG Filter)

此函数设置数据包的硬件过滤器(hardware filter)。过滤器的一些常数定义在文件 ntddndis. h 中。函数的输入参数包含设置过滤器的网络接口和过滤器的标识符。操作成功则返回 TRUE。

下面是一些最常用的过滤器。

NDIS_PACKET_TYPE_PROMISCUOUS:设置混合模式,网络接口接收网络中所有数据包。

NDIS_PACKET_TYPE_DIRECTED:只接受发往本网络接口的数据包。

NDIS_PACKET_TYPE_BROADCAST:只接收网络中的广播数据包。

NDIS_PACKET_TYPE_MULTICAST:只接收本网络接口所属的多播(multicast)组的数据包。

NDIS_PACKET_TYPE_ALL_MULTICAST:接收所有的多播(multicast)数据包。

• BOOLEAN PacketRequest(LPADAPTER AdapterObject,BOOLEAN Set,
PPACKET_OID_DATA OidData)

此函数用来对网络接口进行查询/设置(query/set)操作。第一个参数指明进行操作的网络接口,第二个参数定义是否是设置(set=1),或者查询(set=0)。第三个参数是一个指向 PACKET_OID_DATA 结构的指针。如果函数正确完成,返回 TRUE。

注意:不是所有的网络接口都支持这些查询/设置操作。有一些强制 OID 函数所有网络接口都支持,还有一些功能函数不是所有网络接口都支持(在 DDK 中可以看到哪些是强制性的函数)。

• BOOLEAN PacketSetBuff(LPADAPTER AdapterObject, int dim)

此函数重新设置驱动器的缓存区大小。函数的第一个参数 AdapterObject 指明驱动器操作的网络接口,第二个参数 dim 是缓存区的大小(bytes,字节)。函数如果成功,则返回 TRUE,如果没有足够的存储空间来分配,则返回 FALSE。当缓存区大小重新设置后,保存在旧缓存区中的数据被丢弃,其中存储的数据包会丢失。

• BOOLEAN PacketSetBpf(LPADAPTER AdapterObject, struct bpf_program *fp)

此函数给参数 AdapterObject 指定的网络接口设置一个 BPF 过滤器。过滤器是驱动器用来检查每个数据包的指令集,它由 fp 指针指出。如果设置成功,函数返回 TRUE,否则返回 FALSE。驱动器在接受每一个新的过滤器之前,都要进行检查,防止错误的过滤程序使系统崩溃。过滤器可以用 libpcap 中的 pcap_compile 函数自动创建。

• BOOLEAN PacketGetStats(LPADAPTER AdapterObject, struct bpf_stat *s)

通过调用这个函数,程序员可以知道驱动器中两个内部变量的值:参数 AdapterObject 所指向的网络接口已经收到的数据包的数量和网络接口已经收到但被内核丢弃的数据包的数量。数据包被丢弃可能是因为用户进程没有做好接收的准备,或则驱动器的内核缓存区已经装满。

驱动器把这两个值拷贝到用户进程提供的结构 bpf_stat 中。这两个值对了解网络的状况和用户捕获程序的行为很有帮助,它们还有助于调整捕获栈的性能和选择合适的缓存区大小。

如果 bs_recv 变量的值很大,则表明网络中的数据流量很大。如果应用程序并不需要所有网络中的数据包(如,程序可能只需要捕获某种网络协议的数据包,或者由某个主机发出的数据包),在这种情况下,最好设置一个带选择性的过滤器,尽量减少应用程序要处理的数据包的数量。过滤器工作在内核模式下,一个良好的过滤器可以提高应用程序的性能并减轻系统的负荷。

如果变量 bs_drop 的值大于零,则表明应用进程的速度太慢,它正在丢失数据包。程序员可以试着通过函数 PacketSetBuff 来设置一个更大一些的内核缓存区。一个大小合适的内核缓存区通常可以显著地减少数据包的丢失率。另一个解决方法是通过增加 PACKET 结构中用户缓存区的大小来提高捕获进程的速度,这可以通过调用函数 PacketReceivePacket 来做到。采用这种方法可以减少系统调用的次数,从而提高捕获速度。

如果应用进程仍然在丢失数据包,应用程序可能需要重写或者进行优化。

• BOOLEAN PacketGetNetType (LPADAPTER AdapterObject,NetType *type)

此函数返回参数 AdapterObject 所指的网络接口的类型,返回结果存储在一个 NetType 结构中。链路类型字段(LinkType)包括以下值:

NdisMedium802_3:	Ethernet (802.3)
NdisMedium802_5:	Token Ring (802.5)
NdisMediumFddi:	FDDI
NdisMediumWan:	WAN
NdisMediumLocalTalk:	LocalTalk
NdisMediumDix:	DIX
NdisMediumAtm:	ATM
NdisMediumArcnetRaw:	ARCNET (raw)
NdisMediumArcnet878_2:	ARCNET (878.2)
NdisMediumWirelessWan:	NdisWirelessXxx 的各种类型媒体。

当前的 BPF 捕获驱动器支持 NdisMediumWan、NdisMe-dium802_3、NdisMediumFddi、NdisMediumArcnet878_2 和 NdisMediumAtm。LinkSpeed 字段表明网络的速率(b/s)。如

果操作成功，函数则返回 TRUE。

• BOOLEAN PacketSetReadTimeout (LPADAPTER AdapterObject , int timeout)

此函数设置网络接口的读超时值。参数 timeout 是新的超时值，单位是毫秒(ms)，为 0 则表明没有超时值，如果没有数据包到达，读操作则不返回。

• BOOLEAN PacketSetMode(LPADAPTER AdapterObject,int mode)

此函数设置参数 AdapterObject 指定的网络接口的工作模式。工作模式有以下两种选择：

模式 0：标准捕获模式，这种模式在调用函数 PacketOpenAdapter 后被缺省地设置。

模式 1：统计模式，用来实时统计网络流量。在这种模式下，驱动器并不捕获数据包，而只是计算满足用户定义的 BPF 过滤器的数据包的数量和大小，应用程序可以在一定的时间间隔内通过调用函数 PacketReceivePacket 来取得这些数值。缺省的时间间隔是 1s，但用户可以通过函数 PacketSetReadTimeout 来进行设置。这个时间值保存在结构 bpf_hdr 中，它可以精确到毫秒级。

应用程序如果采用模式 1，它要进行如下操作：

①打开网络接口；

②用函数 PacketSetMode 把网络接口设置成模式 1；

③用函数 PacketSetBpf 设置用于计数的过滤器；

④用函数 PacketSetReadTimeout 设置正确的时间间隔；

⑤用函数 PacketReceivePacket 接收统计结果。此函数返回在上一个时间间隔内满足过滤条件的数据包的数量和大小(bytes)。这些统计结果是 64 位的整数，并保存在结构 bpf_hdr 中，因此，由函数 PacketReceivePacket 返回的数据长度是 34 字节，其格式如下图 7.30 所示。

Struct timeval bh_tstamp
UINT bh_caplen=16
UINT bh_datalen=16
USHORT bh_hdrlen=18
LARGE_INTEGER PacketsAccepted
LARGE_INTEGER BytesAccepted

图 7.30 函数 PacketReceivePacket 返回的数据格式

注意：如果网络接口工作在模式 1 下，则不必需要内核缓存区。因为计算数据包的统计值不需要存储数据包的数据，所以可以用函数 PacketSetBuff 把内核缓存区的大小设置成 0。

• BOOLEAN PacketSetNumWrites(LPADAPTER AdapterObject,int nwrites)

此函数设置网络接口重复发送的次数(nwrites)。

(3)编写使用 packet.dll 的应用程序

编写使用 packet.dll 的应用程序，首先需要安装 Winpcap 网络驱动程序 (http://netgroup-serv.polito.it/winpcap/)，还需要在每个使用 dll 导出函数的程序源文件中包含头文件 packet32.h 。packet32.h 文件在 packet.dll 源代码和 WinPcap 开发包中都可以找到，它与系统平台无关。此外，还要把 packet.lib 包含到工程中。(Packet.lib 在开发包中可以找到)。

要编写高性能的捕获应用程序，要注意以下几点。

① 用函数 PacketSetBuff 设置一个足够大小的驱动器缓存区。缓存区的大小与程序的捕获性能直接相关，如果使用 PACKET. DLL，则其缺省的缓存区大小是 0（如果使用 wpcap，缺省的缓存区大小是 1MB），这个大小的捕获性能很差，较合理的大小是 512KB。

② 与结构 PACKET 相关的缓存区（用户接收数据包的换存区）的大小也十分重要。大的用户缓存区可以减少系统调用的次数，提高捕获速度。如果想得到好的性能，应把这个缓存区设置成与驱动器的循环缓存区大小相同。在 Libpcap 中定义的是一个固定大小为 256KB 的缓存区。

③ 设置一个用户程序所需数据包的严格的过滤器，减少驱动器缓存并拷贝到应用进程的数据包。

④ 如果不需要数据包中包含的数据，设置一个过滤器只提取数据包的包头信息（headers）。在 WinDump 中，它设置了一个过滤器，只保存每个数据包的前 68 个字节的数据。

⑤ 如果在程序中要对数据包进行实时分析或统计，一般采用模式 1。这种模式不需要内核缓存区，占用的系统资源较少。

(4)示例程序分析

①程序 Testapp

这是一个测试 packet. dll 简单的捕获应用程序，它可以在 Win9x 和 WinNT 系统中运行。程序执行时，testapp 让用户选择安装在本机的网络接口，然后在被选择的网络接口上捕获网络数据包，并把数据包的内容显示在屏幕上。以下是程序 Testapp. c 的源代码。

例 7.1 程序 Testapp. c 的源代码。

```
#include <stdio.h>
#include <conio.h>
#include "..\..\Include\packet32.h"
#include "..\..\Include\ntddndis.h"
#define Max_Num_Adapter 10
void PrintPackets(LPPACKET lpPacket);
char AdapterList[Max_Num_Adapter][1024];
int main()
{
    LPADAPTER lpAdapter = 0;      // 定义一个指向结构 ADAPTER 的指针
    LPPACKET lpPacket;            // 定义一个指向结构 PACKET 的指针
    int i;
    DWORD dwErrorCode;
    DWORD dwVersion;
    DWORD dwWindowsMajorVersion;
    // UNICODE 字符串（WinNT 系统）
    WCHAR AdapterName[8192];      // 包含网络适配器的字符串
    WCHAR *temp, *temp1;
```

```
// ASCII 字符串(Win95/98 系统)
char AdapterNamea[8192];          // 包含网络适配器的字符串
char *tempa, *temp1a;
int AdapterNum=0,Open;
ULONG AdapterLength;
char buffer[256000];              // 保存驱动器来的数据的缓存区
struct bpf_stat stat;
// 取得本机中安装的网络适配器名
printf ("Packet.dll test application. Library version:%s\n",
        PacketGetVersion());
printf ("Adapters installed:\n");
i=0;
// 函数 PacketGetAdapterNames 返回的值在 Win95 和 WinNT 系统中不同
// 首先检查操作系统类型
dwVersion=GetVersion();
dwWindowsMajorVersion = (DWORD)(LOBYTE(LOWORD(dwVersion)));
if (! (dwVersion >= 0x80000000 && dwWindowsMajorVersion >= 4))
{ // Windows NT 系统
  AdapterLength = sizeof(AdapterName);
  if (PacketGetAdapterNames(AdapterName,&AdapterLength)==FALSE){
     printf ("Unable to retrieve the list of the adapters! \n");
     return -1;
  }
  temp=AdapterName;
  temp1=AdapterName;
  while ((*temp!='\0')||(*(temp-1)!='\0'))
  {
    if (*temp=='\0')
    {
      memcpy(AdapterList[i],temp1,(temp-temp1)*2);
      temp1=temp+1;
      i++;
    }
  temp++;
  }
  AdapterNum=i;
  for (i=0;i<AdapterNum;i++)
    wprintf (L"\n%d- %s\n",i+1,AdapterList[i]);
    printf ("\n");
```

```
}
else //windows 95 系统
{
    AdapterLength = sizeof(AdapterNamea);
    if (PacketGetAdapterNames(AdapterNamea,&AdapterLength)==FALSE){
      printf ("Unable to retrieve the list of the adapters! \n");
      return -1;
    }
    tempa=AdapterNamea;
    temp1a=AdapterNamea;
    while ((*tempa!='\0')||(*(tempa-1)!='\0'))
    {
      if (*tempa=='\0')
      {
        memcpy(AdapterList[i],temp1a,tempa-temp1a);
        temp1a=tempa+1;
        i++;
      }
      tempa++;
    }
    AdapterNum=i;
    for (i=0;i<AdapterNum;i++)
        printf ("\n%d- %s\n",i+1,AdapterList[i]);
      printf ("\n");
}
do
{
    printf ("Select the number of the adapter to open : ");
    scanf ("%d",&Open);
    if (Open>AdapterNum)
        printf ("\nThe number must be smaller than %d",AdapterNum);
} while (Open>AdapterNum);
lpAdapter = PacketOpenAdapter(AdapterList[Open-1]);
if (! lpAdapter || (lpAdapter->hFile == INVALID_HANDLE_VALUE))
{
    dwErrorCode=GetLastError();
    printf ("Unable to open the adapter, Error Code : %lx\n",dwErrorCode);
    return -1;
}
```

```
// 设置网络适配为混合模式(promiscuous mode)
if (PacketSetHwFilter (lpAdapter, NDIS_ PACKET_ TYPE_ PROMISCUOUS) = =
FALSE){
        printf("Warning: unable to set promiscuous mode! \n");
}
// 设置驱动器缓存区大小为 512KB
if (PacketSetBuff(lpAdapter,512000)==FALSE){
        printf ("Unable to set the kernel buffer! \n");
        return -1;
}
// 设置超时值为 1s
if (PacketSetReadTimeout(lpAdapter,1000)==FALSE){
        printf ("Warning: unable to set the read tiemout! \n");
}
// 分配和初始化接收数据包的结构 packet
if ((lpPacket = PacketAllocatePacket())==NULL){
        printf ("\nError: failed to allocate the LPPACKET structure.");
        return (-1);
}
PacketInitPacket(lpPacket,(char *)buffer,256000);
// 进入捕获主循环,直到有键击下时退出
while (! kbhit())
{
        // 捕获数据包
        if (PacketReceivePacket(lpAdapter,lpPacket,TRUE)==FALSE){
          printf ("Error: PacketReceivePacket failed");
          return (-1);
        }
        PrintPackets(lpPacket);
}
// 显示捕获统计值
if (PacketGetStats(lpAdapter,&stat)==FALSE){
        printf ("Warning: unable to get stats from the kernel! \n");
}
else
        printf ("\n\n%d packets received.\n%d Packets lost",
                stat.bs_recv,stat.bs_drop);
PacketFreePacket(lpPacket);
// 关闭网络适配器并退出
```

```
PacketCloseAdapter(lpAdapter);
return (0);
}
// 显示数据包内容的函数
void PrintPackets(LPPACKET lpPacket)
{
    ULONG i, j, ulLines, ulen, ulBytesReceived;
    char *pChar, *pLine, *base;
    char *buf;
    u_int off=0;
    u_int tlen,tlen1;
    struct bpf_hdr *hdr;
    ulBytesReceived = lpPacket->ulBytesReceived;
    buf = lpPacket->Buffer;
    off=0;
    while(off<ulBytesReceived){
        if(kbhit())return;
      hdr=(struct bpf_hdr *)(buf+off);
      tlen1=hdr->bh_datalen;
      tlen=hdr->bh_caplen;
      printf ("Packet length, captured portion: %ld, %ld\n", tlen1, tlen);
      off+=hdr->bh_hdrlen;
      ulLines = (tlen + 15) / 16;
      pChar =(char*)(buf+off);
      base=pChar;
      off=Packet_WORDALIGN(off+tlen);
      for ( i=0; i<ulLines; i++ )
      {
        pLine =pChar;
        printf( "%08lx : ", pChar-base );
        ulen=tlen;
        ulen = ( ulen > 16 ) ? 16 : ulen;
        tlen -= ulen;
        for ( j=0; j<ulen; j++ ) printf( "%02x ", *(BYTE *)pChar++ );
        if ( ulen < 16 ) printf( "%*s", (16-ulen)*3, " " );
        pChar = pLine;
        for ( j=0; j<ulen; j++, pChar++ )
          printf( "%c", isprint( *pChar ) ? *pChar : '.' );
        printf( "\n" );
```

```
    }
    printf( "\n" );
    }
}
```

② 网络流量产生器程序 Tg

此示例程序显示如何利用 packet. dll 来发送网络数据包。程序带有三个输入参数:使用的网络接口,发送数据包的数量和数据包的大小。程序发送的数据包用 1:1:1:1:1:1 作为源 MAC 地址，2:2:2:2:2:2 作为目的 MAC 地址。

例 7.2　利用 packet. dll 发送网络数据包程序示例。

```
#include <stdio.h>
#include <conio.h>
#include <time.h>
#include "..\..\Include\packet32.h"
#define Max_Num_Adapter 10
void PrintPackets(LPPACKET lpPacket);
char AdapterList[Max_Num_Adapter][8192];
int main(int argc, char **argv)
{
    char packetbuff[5000];
    LPADAPTER lpAdapter = 0;              // 定义一个指向结构 ADAPTER 的指针
    LPPACKET lpPacket;                    // 定义一个指向结构 PACKET 的指针
    int i,npacks,Snaplen;
    DWORD dwErrorCode;
    DWORD dwVersion;
    DWORD dwWindowsMajorVersion;
    // UNICODE 字符串 (winnt)
    WCHAR AdapterName[8192];              //包含网络适配器的字符串
    WCHAR *temp, *temp1;
    // ASCII 字符串 (win95)
    char AdapterNamea[8192];              // 包含网络适配器的字符串
    char *tempa, *temp1a;
    int AdapterNum=0,Open;
    ULONG AdapterLength;
    float cpu_time;
    printf ("Traffic Generator ");
    printf("\nSends a set of packets to the network.");
    if (argc == 1){
      printf("\n\n Usage: tg [-i adapter] -n npacks -s size");
      printf("\n size is between 60 and 1514\n\n");
```

```
        return -1;
        }
    AdapterNamea[0]=0;
    // 取得命令行参数
    for(i=1;i<argc;i+=2){
    switch (argv[i][1])
    {
    case 'i':
        sscanf(argv[i+1],"%s",AdapterNamea);
        break;
    case 'n':
        sscanf(argv[i+1],"%d",&npacks);
        break;
    case 's':
        sscanf(argv[i+1],"%d",&Snaplen);
        break;
    }
  }
  if(AdapterNamea[0]==0){
    //
    //取得本机中安装的网络适配器名
    //
    printf("Adapters installed:\n");
    i=0;
    // 函数 PacketGetAdapterNames 返回的值在 Win95 和 WinNT 系统中不同
    // 首先检查操作系统类型
    dwVersion=GetVersion();
    dwWindowsMajorVersion = (DWORD)(LOBYTE(LOWORD(dwVersion)));
    if (! (dwVersion >= 0x80000000 && dwWindowsMajorVersion >= 4))
    {  // Windows NT
      AdapterLength = sizeof(AdapterName);
      if(PacketGetAdapterNames(AdapterName,&AdapterLength)==FALSE){
        printf("Unable to retrieve the list of the adapters! \n");
        return -1;
      }
      temp=AdapterName;
      temp1=AdapterName;
      while ((*temp!='\0')||(*(temp-1)!='\0'))
      {
```

```
        if ( * temp=='\0')
        {
          memcpy(AdapterList[i],temp1,(temp-temp1) * 2);
          temp1=temp+1;
          i++;
        }
          temp++;
      }
      AdapterNum=i;
      for (i=0;i<AdapterNum;i++)
        wprintf(L"\n%d- %s\n",i+1,AdapterList[i]);
      printf("\n");
    }
    else //windows 95
    {
        AdapterLength = sizeof(AdapterNamea);
        if(PacketGetAdapterNames(AdapterNamea,&AdapterLength)==FALSE){
          printf("Unable to retrieve the list of the adapters! \n");
          return -1;
        }
        tempa=AdapterNamea;
        temp1a=AdapterNamea;
        while (( * tempa! ='\0')||( * (tempa-1)! ='\0'))
        {
          if ( * tempa=='\0')
          {
            memcpy(AdapterList[i],temp1a,tempa-temp1a);
            temp1a=tempa+1;
            i++;
          }
          tempa++;
        }
        AdapterNum=i;
        for (i=0;i<AdapterNum;i++)
          printf("\n%d- %s\n",i+1,AdapterList[i]);
        printf("\n");
    }
    do
    {
```

```
            printf("Select the number of the adapter to open : ");scanf("%d",&Open);
              if (Open>AdapterNum)
                  printf("\nThe number must be smaller than %d",AdapterNum);
          } while (Open>AdapterNum);
        lpAdapter = PacketOpenAdapter(AdapterList[Open-1]);
        if (! lpAdapter || (lpAdapter->hFile == INVALID_HANDLE_VALUE))
        {
          dwErrorCode=GetLastError();
          printf("Unable to open the driver, Error Code : %lx\n",dwErrorCode);
          return(-1);
        }
        }
  else{
        lpAdapter = PacketOpenAdapter(AdapterNamea);
        if (! lpAdapter || (lpAdapter->hFile == INVALID_HANDLE_VALUE))
        {
          dwErrorCode=GetLastError();
          printf("Unable to open the driver, Error Code : %lx\n",dwErrorCode);
          return(-1);
        }
  }
  if((lpPacket = PacketAllocatePacket())==NULL){
        printf("\nError:failed to allocate the LPPACKET structure.");
        return (-1);
  }
  //构造数据包
  packetbuff[0]=1;
  packetbuff[1]=1;
  packetbuff[2]=1;
  packetbuff[3]=1;
  packetbuff[4]=1;
  packetbuff[5]=1;
  packetbuff[6]=2;
  packetbuff[7]=2;
  packetbuff[8]=2;
  packetbuff[9]=2;
  packetbuff[10]=2;
  packetbuff[11]=2;
  for(i=12;i<1514;i++){
```

```
        packetbuff[i]=i%256;
    }
    // 初始化待发送的数据包
        PacketInitPacket(lpPacket,packetbuff,Snaplen);
    // 设置数据包发送次数
    if(PacketSetNumWrites(lpAdapter,npacks)==FALSE){
        printf("warning: Unable to send more than one packet in a single write! \n");
    }
    printf("\n\nGenerating %d packets...",npacks);
    cpu_time = clock ();
    // 发送数据包
    if(PacketSendPacket(lpAdapter,lpPacket,TRUE)==FALSE){
        printf("Error sending the packets! \n");
        return -1;
    }
    cpu_time = (clock() - cpu_time)/CLK_TCK;
    printf ("\n\nElapsed time: %5.3f\n", cpu_time);
    printf ("\nTotal packets generated = %d", npacks);
    printf ("\nTotal bytes generated = %d", (Snaplen+24) * npacks);
    printf ("\nTotal bits generated = %d", (Snaplen+24) * npacks * 8);
    printf ("\nAverage packets per second = %d", (int)((double)npacks/cpu_time));
    printf ("\nAverage bytes per second = %d", (int) ((double) ((Snaplen + 24) *
        npacks)/cpu_time));
    printf ("\nAverage bits per second = %d", (int)((double)((Snaplen+24) * npacks *
        8)/cpu_time));
    printf ("\n");
    PacketFreePacket(lpPacket);
    // 关闭网络适配器并退出
    PacketCloseAdapter(lpAdapter);
    return (0);
}
```

7.4.4 数据包捕获函数库(wpcap.lib)的使用

wpcap数据包捕获函数库为用户捕获应用程序提供一个高层编程接口(API)。wpcap源自UNIX系统中的Libpcap,Win32环境下的Libpcap版本(wpcap)与UNIX环境下的版本是完全兼容的,它可以运行在Windows 95, 98, NT, 2000中。

(1)wpcap函数介绍

Win32环境中的libpcap是UNIX版本的一个超集(superset),在Win32环境中增加了统计模式和其他几个函数。下面是Win32环境中的libpcap的函数。

1)回调函数原型

```
typedef void( * pcap_handler )(u_char * user, const struct pcap_pkthdr * pkt_header, const u_char * pkt_data)
```

2)函数集合

```
pcap_t * pcap_open_live (char * device, int snaplen, int promisc, int to_ms, char * ebuf)
pcap_t * pcap_open_dead (int linktype, int snaplen)
pcap_t * pcap_open_offline (const char * fname, char * errbuf)
pcap_dumper_t * pcap_dump_open (pcap_t * p, const char * fname)
int pcap_setnonblock (pcap_t * p, int nonblock, char * errbuf)
int pcap_getnonblock (pcap_t * p, char * errbuf)
int pcap_findalldevs (pcap_if_t * * alldevsp, char * errbuf)
void pcap_freealldevs (pcap_if_t * alldevsp)
char * pcap_lookupdev (char * errbuf)
int pcap_lookupnet (char * device, bpf_u_int32 * netp, bpf_u_int32 * maskp, char * crrbuf)
int pcap_dispatch (pcap_t * p, int cnt, pcap_handler callback, u_char * user)
int pcap_loop (pcap_t * p, int cnt, pcap_handler callback, u_char * user)
void pcap_dump (u_char * user, const struct pcap_pkthdr * h, const u_char * sp)
int pcap_compile (pcap_t * p, struct bpf_program * fp, char * str, int optimize, bpf_u_int32 netmask)
int pcap_compile_nopcap (int snaplen_arg, int linktype_arg, struct bpf_program * program, char * buf, int optimize, bpf_u_int32 mask)
int pcap_setfilter (pcap_t * p, struct bpf_program * fp)
void pcap_freecode (struct bpf_program * fp)
u_char * pcap_next (pcap_t * p, struct pcap_pkthdr * h)
int pcap_datalink (pcap_t * p)
int pcap_snapshot (pcap_t * p)
int pcap_is_swapped (pcap_t * p)
int pcap_major_version (pcap_t * p)
int pcap_minor_version (pcap_t * p)
int pcap_stats (pcap_t * p, struct pcap_stat * ps)
FILE * pcap_file (pcap_t * p)
int pcap_fileno (pcap_t * p)
void pcap_perror (pcap_t * p, char * prefix)
char * pcap_geterr (pcap_t * p)
char * pcap_strerror (int error)
void pcap_close (pcap_t * p)
void pcap_dump_close (pcap_dumper_t * p)
```

int pcap_setbuff (pcap_t *p, int dim)

int pcap_setmode (pcap_t *p, int mode)

int pcap_sendpacket (pcap_t *p, u_char *buf, int size)

int pcap_setmintocopy (pcap_t *p, int size)

HANDLE pcap_getevent (pcap_t *p)

pcap_send_queue *pcap_sendqueue_alloc (u_int memsize)

void pcap_sendqueue_destroy (pcap_send_queue *queue)

int pcap_sendqueue_queue (pcap_send_queue *queue, const struct pcap_pkthdr *pkt_header, const u_char *pkt_data)

u_int pcap_sendqueue_transmit (pcap_t *p, pcap_send_queue *queue, int sync)

int pcap_read_ex (pcap_t *p, struct pcap_pkthdr **pkt_header, u_char **pkt_data)

int pcap_live_dump (pcap_t *p, char *filename, int maxsize, int maxpacks)

int pcap_live_dump_ended (pcap_t *p, int sync)

int pcap_stats_ex (pcap_t *p, struct pcap_stat *ps)

3)回调函数

typedef void(*pcap_handler)(u_char *user, const struct pcap_pkthdr *pkt_header, const u_char *pkt_data)

此函数是回调函数的原型。当用户调用函数 pcap_dispatch()或者函数 pcap_loop()时,数据包通过这个回调函数传递给应用进程。参数 user 是用户定义的包含捕获会话状态的参数,它与函数 pcap_dispatch()和 pcap_loop()中的参数 user 一致。参数 pkt_header 包含了捕获数据包的包头,这个包头并不是网络数据包的协议头。参数 pkt_data 指向数据包中的数据,其中包含网络协议包头信息。

4)函数详细介绍

• pcap_t *pcap_open_live (char *device, int snaplen, int promisc, int to_ms, char *ebuf)

此函数用来取得网络数据包捕获设备(网络接口)的描述符。参数 device 表明要打开的网络设备的字符名;参数 snaplen 指明捕获数据包的最大大小(bytes);参数 promisc 指明是否把网络接口设置成混合模式;参数 to_ms 定义捕获数据包的时间长度(单位是 ms);参数 ebuf 用来返回错误信息,只有在函数 pcap_open_live()失败并返回 NULL 时才设置。

• pcap_t * pcap_open_dead (int linktype, int snaplen)

函数用来创建一个 pcap_t 结构,在调用 libpcap 其他函数时要用到这个结构。一个典型的用途是在编译 BPF 过滤器编码时要用到。

• pcap_t * pcap_open_offline (const char *fname, char *errbuf)

此函数用来打开一个保存数据的文件,读取文件中的信息。参数 fname 定义了要打开的文件名。文件格式与 tcpdump 保存数据的文件格式相同。参数 ebuf 返回出错信息,只有在函数 pcap_open_offline()失败并返回 NULL 时才被设置。

• pcap_dumper_t *pcap_dump_open (pcap_t *p, const char *fname)

此函数用来打开一个保存数据的文件,往文件中写信息。如果函数出错,则返回 NULL。

参数 p 是由函数 pcap_open_offline()或者 pcap_open_live()返回的一个 pcap 结构。参数 fname 定义打开的文件名。如果此函数返回 NULL,则表明出错,通过调用函数 pcap_geterr()可以得到出错信息。

• int pcap_setnonblock (pcap_t * p, int nonblock, char * errbuf)

此函数用来在阻塞(blocking mode)和非阻塞模式(nonblocking mode)之间进行转换。在非阻塞模式下,如果当前没有数据包可以读取,则捕获函数 pcap_dispatch()立即返回 0;而在阻塞模式下,捕获函数一直被阻塞,直到有数据包到来。

• int pcap_getnonblock (pcap_t * p, char * errbuf)

此函数取得非阻塞模式下网络接口的状态。

• int pcap_findalldevs (pcap_if_t * * alldevsp, char * errbuf)

此函数返回系统中可用的网络接口列表。参数 alldevsp 是指向列表第一个元素(网络接口)的指针。

• void pcap_freealldevs (pcap_if_t * alldevsp)

此函数用来释放由函数 pcap_findalldevs()分配的列表。

• char * pcap_lookupdev (char * errbuf)

此函数返回一个适合于调用函数 pcap_open live()和 pcap_lookupnet()的网络设备的指针。如果函数出错,返回 NULL,在 errbuf 中能找到错误信息。

• int pcap_lookupnet (char * device, bpf_u_int32 * netp, bpf_u_int32 * maskp, char * errbuf)

此函数用来确定网络设备 device 的网络号和子网掩码。两个参数 netp 和 maskp 都是指向结构 bpf_u_int32 的指针。函数的返回值如果为-1,表明出错,在数据结构 errbuf 中填充有错误信息。

• int pcap_dispatch (pcap_t * p, int cnt, pcap_handler callback, u_char * user)

此函数用来收集和处理数据包。参数 cnt 定义在函数返回前进行处理的最大数据包数量。如果参数 cnt 为-1,则在读驱动器中的数据时,处理接收在一个缓存区中的所有数据。参数 callback 定义了被调用的回调函数,此函数带有三个参数:一个 u_char 指针,由函数传递进来;一个指向结构 pcap_pkthdr 的指针和一个指向数据包的 u_char 指针。

函数返回读取的数据包的数量。如果函数返回 0,则表明没有数据包被读取,这可能是因为数据包不满足过滤条件而被丢弃,或者超时间隔内没有数据包到达网络接口等。如果函数返回-1,表明函数出错,出错信息可以通过调用函数 pcap_perror()或 pcap_geterr()得到。

• int pcap_loop (pcap_t * p, int cnt, pcap_handler callback, u_char * user)

此函数与函数 pcap_dispatch()类似,不同之处在于,这个函数始终在读取数据包,直到处理数据包的数量超过参数 cnt 的值,或者函数发生错误为止。如果参数 cnt 为负数,函数将永远循环读取数据包而不退出,除非发生错误。

• void pcap_dump (u_char * user, const struct pcap_pkthdr * h, const u_char * sp)

此函数 pcap_dump()把一个数据包输出到由函数 pcap_dump_open()打开的文件中。

• int pcap_compile (pcap_t * p, struct bpf_program * fp, char * str, int optimize, bpf_u_int32 netmask)

此函数用来把参数 str 中包含的字符串(参照过滤规则)编译进过滤器程序中。参数 program 是一个指向结构 bpf_program 的指针，此结构由函数 pcap_compile()填写。参数 optimize 控制是否优化编译代码。参数 netmask 定义本地网络的子网掩码(netmask)。如果函数出错，则返回-1。

• int pcap_setfilter (pcap_t *p, struct bpf_program *fp)

此函数用来定义过滤器程序。参数 fp 是一个指向结构 bpf_program 的指针，此结构通常是调用函数 pcap_compile()后的返回结果。函数返回-1 表明出错，为 0 表明成功。

• void pcap_freecode (struct bpf_program *fp)

当驱动器的 BPF 过滤程序没有用时，通过此函数释放分配给结构 bpf_program 的缓存区。

• u_char *pcap_next (pcap_t *p, struct pcap_pkthdr *h)

此函数返回指向下一个数据包的指针。

* int pcap_datalink (pcap_t *p)

此函数返回网络链路层的类型。链路层类型包括：

DLT_EN10MB：以太网类型(10Mb，100Mb，1000Mb)。

DLT_IEEE802：IEEE 802.5 令牌环网。

DLT_ARCNET：ARCNET SLIP。

DLT_PPP：PPP。如果前两个字节是 0xff 和 0x03，则是采用类似 HDLC 装帧的 PPP，带有一个 PPP 头和其他 2 个字节；否则是不装帧的 PPP，数据包以 PPP 头开始。

DLT_FDDI：FDDI

DLT_ATM_RFC1483：RFC 1483 LLC/SNAP ATM；数据包以一个 IEEE 802.2 LLC 头开始。

DLT_RAW：原始 IP；数据包以一个 IP 头开始。

DLT_PPP_SERIAL：串行 PPP。

DLT_PPP_ETHER：PPPoE。

DLT_C_HDLC：Cisco PPP。

DLT_IEEE802_11：IEEE 802.11 wireless LAN 。

DLT_LOOP：OpenBSD 网络回路。

DLT_LTALK：Apple LocalTalk。

• int pcap_snapshot (pcap_t *p)

此函数返回调用函数 pcap_open_live 时定义的 snapshot 长度。

• int pcap_is_swapped (pcap_t *p)

如果数据包保存文件采用的字节顺序与目前系统不同，此函数返回 true。

• int pcap_major_version (pcap_t *p)

此函数返回 pcap 的主版本号。

• int pcap_minor_version (pcap_t *p)

此函数返回 pcap 的次版本号。

• int pcap_stats (pcap_t *p, struct pcap_stat *ps)

此函数填写一个 pcap_stat 结构，并返回 0。结构中的值表示从驱动器开始运行到此函数调用时这一段时间内数据包的统计数据。如果函数出错或者驱动器不支持数据包统计功能，函数返回－1。错误信息可以通过函数 pcap_perror()或 pcap_geterr()得到。

• FILE * pcap_file (pcap_t *p)

函数返回输出流(stdio stream)的文件名。

• int pcap_fileno (pcap_t *p)

此函数返回保存数据文件的描述符。

• void pcap_perror (pcap_t *p, char * prefix)

此函数输出最近一次错误的信息。

• char * pcap_geterr (pcap_t *p)

此函数返回最近一次错误信息。

• char * pcap_strerror (int error)

如果系统中函数 strerror()不可用,则用此函数 pcap_strerror()来替代。

• void pcap_close (pcap_t *p)

关闭指针 p 指向的文件并释放资源。

• void pcap_dump_close (pcap_dumper_t *p)

关闭保存数据的文件。

• int pcap_setbuff (pcap_t *p, int dim)

此函数把由参数 p 指定的网络适配器的内核缓存区大小设置为 dim bytes(参数二)。函数成功则返回 0,否则返回－1。pcap_open_live()缺省创建的缓存区大小为 1MB。

• int pcap_setmode (pcap_t *p, int mode)

此函数设置网络接口的工作模式。有效的工作模式有两种:MODE_CAPT (缺省的捕获模式)和 MODE_STAT (统计模式)。

• int pcap_sendpacket (pcap_t *p, u_char * buf, int size)

此函数可以让应用程序发送原始数据包,而不用直接访问底层的 API 函数。参数 p 是发送数据包的网络接口,参数 buf 包含了待发送数据包的数据(包括各层网络协议的包头),参数 size 是 buf 的大小。链路层的 MAC 帧中的 CRC 教研字段不用添加到数据包中,它由网络接口自动己算并添加。

• int pcap_setmintocopy (pcap_t *p, int size)

此函数改变能引起读操作返回的最小内核缓存区中数据的数量。如果参数 size 设置太大,系统内核会强制等待接收到多个数据包后才把数据拷贝到用户进程。这样做能减少系统调用的次数,提高系统的资源利用率,但是应用进程可能不会立即得到进入网络适配器的数据包。如果这个值设置的较小,系统内核会马上把数据包拷贝到应用进程,这对响应时间要求较高的实时应用程序有利。

• HANDLE pcap_getevent (pcap_t *p)

此函数返回与网络接口 p 相关的事件的句柄。这一事件可以传递给诸如 WaitForSingleObject 或者 WaitForMultipleObjects 函数。

• pcap_send_queue * pcap_sendqueue_alloc (u_int memsize) (Win32 特有函数)

此函数分配一个发送队列缓存区,缓存区中保存是将要通过函数 pcap_sendqueue_transmit()发送到网络中的一组原始数据包。参数 memsize 是队列的大小(bytes)。使用函数 pcap_sendqueue_queue()可以把数据包插入到已经分配好的队列中。

• void pcap_sendqueue_destroy (pcap_send_queue * queue) (Win32 特有函数)

此函数删除一个发送队列并释放其存储空间。

• int pcap_sendqueue_queue (pcap_send_queue * queue, const struct pcap_pkthdr * pkt_header, const u_char * pkt_data) (Win32 特有函数)

此函数添加一个数据包到发送队列 queue 的末尾。参数 pkt_header 指向一个 pcap_pkthdr 结构,在这个结构中包含有时戳和数据包的长度。结构 pcap_pkthdr 在 WinPcap 和 libpcap 中的用法相同,都是用来把数据包保存到文件中,因此,可以直接发送一个数据包捕获文件。如果要发送用户自己构造的原始数据包,则必须在数据包中包含各层网络协议包头。

• u_int pcap_sendqueue_transmit (pcap_t * p, pcap_send_queue * queue, int sync) (Win32 特有函数)

这个函数把发送队列 queue 中的数据包发送到网络中。参数 p 指明用来发送数据包的网络接口;参数 queue 指向结构 pcap_send_queue,结构中是要发送的数据包;参数 sync 确定发送操作是否必须同步,如果它是一个非 0 值,则数据包根据时戳代表的时间来发送,否则尽可能快地把数据包发送出处。函数的返回值是实际已经发送的数据量(bytes)。如果这个值小于 size 参数,则表明在发送过程中有错误发生。

• int pcap_read_ex (pcap_t * p, struct pcap_pkthdr * * pkt_header, u_char * * pkt_data) (Win32 特有函数)

此函数用来取得可用的下一个数据包。函数填写参数 pkt_header(数据包头)和 pkt_data(数据包数据)。

函数的返回值可能是:

1:如果数据包读取成功 。

0:如果函数 pcap_open_live()设置的超时值超时。在这种情况下,指针 pkt_header 和 pkt_data 没有指向一个有效的数据包。

-1:如果发生错误。

-2:如果在读取捕获文件时遇到 EOF。

• int pcap_live_dump (pcap_t * p, char * filename, int maxsize, int maxpacks) (Win32 特有函数)

此函数把来自某个网络接口的数据保存到一个文件中,而且数据包的保存完全在系统内核完成,因此这个函数比 pcap_dump()更有效。函数的参数包括一个网络接口描述符 p(通过函数 pcap_open_live()取得),一个表示保存数据包文件(dump file)名的字符串,一个表示文件最大容量(in bytes)的整数和一个表示文件能包含数据包的最大数目的整数。参数 maxsize 或者 maxpacks 如果设置成 0,则表示文件容量没有限制。当文件大小达到参数 maxsize 或 maxpacks 的值时,函数操作结束。

• int pcap_live_dump_ended (pcap_t * p, int sync) (Win32 特有函数)

此函数返回系统内核 dump 进程的状态,查看是否达到了在函数 pcap_live_dump()中定义的限制条件。

• int pcap_stats_ex (pcap_t * p, struct pcap_stat * ps) (Win32 特有函数)

此函数与 pcap_stats()函数的目的和行为相同,但多返回一个计数器,记录实际捕获到的数据包数量。

(2)统计模式(statistics mode)的使用方法

统计模式(statistics mode)是 BPF 捕获驱动器的一种工作模式,在这种模式下,能够对网络流量进行实时统计,而占用的系统资源很少。这种模式并不捕获数据包,而只是计算满足用户定义的 BPF 过滤器的数据包的个数和大小(单位是 bytes)。在用户需要统计网络流量而不需要具体的数据包时,这种模式非常有用。

使用统计模式的应用程序一般要执行以下步骤。

①用函数 pcap_open_live 打开网络接口。

②使用函数 pcap_setmode 把网络接口设置成统计模式。

③使用函数 pcap_setfilter, pcap_loop 初始化网络接口。

此时,每当函数 pcap_open_live 中定义超时值到达后,捕获过程的回调函数就会被调用,这个函数通过它的第三个参数接收一个缓存区指针,这个缓存区包含两个 64 位的计数器,第一个计数器保存满足过滤条件的数据包的数量,第二个计数器保存数据包的大小(bytes)。

(3)过滤器的语法规则

过滤器是一个包含过滤规则的 ASCII 字符串表达式, pcap_compile()得到这个表达式后,把它转换成内核过滤器使用的一个程序。

过滤表达式用来选择处理哪些网络数据包。如果没有定义过滤表达式,系统内核将接收网络中所有数据包;否则只有满足过滤表达式的数据包被接收。表达式包含一个或多个原语,原语通常由一个标识符 id 和它前面的一个或多个限定词组成,如 host 192.168.0.1 其中 host 是限定词,192.168.0.1 是标识符。以下是可以使用的常用原语:

dst host host

如果 IPv4/v6 数据包中的目的地址字段是 host,则为 True。host 可以是一个地址或者机器名。

src host host

如果 IPv4/v6 数据包中的源地址字段是 host,则为 True。

host host

如果 IPv4/v6 数据包中的源地址或者目的地址字段是 host,则为 True。

ether dst ehost

如果数据包中的以太网目的地址字段是 ehost,则为 True。

ether src ehost

如果数据包中的以太网源地址字段是 ehost,则为 True。

ether host ehost

如果数据包中的以太网目的地址或者源地址字段是 ehost,则为 True。

gateway host

如果数据包用 host 作为网关,则为 True。

dst net net

如果 IPv4/v6 数据包中的目的地址字段的网络号是 net,则为 True。

src net net

如果 IPv4/v6 数据包中的源地址字段的网络号是 net,则为 True。

net net

如果 IPv4/v6 数据包中的目的地址字段或者源地址字段的网络号是 net，则为 True。

net net mask netmask

如果数据包中的 IP 地址与定义的子网掩码 netmask 和网络号 net 一致，则为 True。（此规则不适用于 IPv6）

dst port port

如果数据包是 ip/tcp，ip/udp，ip6/tcp 或者 ip6/udp，并且目的端口号是 port，则为 True。

src port port

如果数据包中的源端口是 port，则为 True。

port port

如果数据包中的源或目的端口是 port，则为 True。在上面的表达式前可以添加其他关键词 tcp 或 udp，如 tcp src port port，表示只有 tcp 数据包，且源端口是 port。

less length

如果数据包的长度小于或等于 length，则为 True。

greater length

如果数据包的长度大于或等于 length，则为 True。

ip proto protocol

如果数据包是 IP 包，且协议类型为 protocol。Protocol 可以是一个数字或者 icmp，icmp6，igmp，igrp，pim，ah，esp，vrrp，udp，tcp 其中之一。注意：因为 tcp，udp，and icmp 也是关键字，要在其前面加上字符(\)。

ip6 proto protocol

如果数据包是 IPv6 包，且协议类型为 protocol。

ether broadcast

如果是以太网广播数据包，则为 True。

ip broadcast

如果是 IP 广播数据包，则为 True。

ether multicast

如果是以太网多播数据包，则为 True。

ip multicast

如果是 IP 多播数据包，则为 True。

ip6 multicast

如果是 Ipv6 多播数据包，则为 True。

vlan [vlan_id]

如果是 IEEE 802.1Q VLAN 数据包，则为 True。如果定义了 vlan_id 值，则只有定义了 vlan_id 数据包的才为 True。

tcp，udp，icmp

此原语等价于：ip proto p 或者 ip6 proto p。其中 p 是前面用到得某种协议。

expr relop expr

如果满足上面的关系式，则为 True。其中，relop 是 ＞，＜，＞=，＜=，=，!= 其中

之一；expr 是一个数学表达式，包含整数常量、通常的二进制操作符［＋，－，＊，/，&，|］，长度操作符和特定的数据包数据访问标识。如果要访问数据包内部数据，可以采用下面的语法：

proto［ expr ：size ］

Proto 是 ether，fddi，tr，ip，arp，rarp，tcp，udp，icmp 或者 ip6 协议，表示操作的协议层。tcp，udp 和其他高层协议类型只适用于 IPv4，不适用于 IPv6。expr 表示协议层的偏移量(byte)。Size 是一个可选项，表示查看的字节数，缺省值为 1。

如，'ether[0] & 1 ! = 0' 捕获所有多播的数据流。表达式 'ip[0] & 0xf ! = 5' 捕获所有带有选项的 IP 数据包。表达式 'ip[6:2] & 0x1fff = 0' 捕获没有分段的数据包。tcp[0] 表示 TCP 包头的第一个字节。

原语的组合使用：

否定操作符 ('!' or 'not').

与操作符 ('&&' or 'and').

或操作符 ('||' or 'or').

否定操作优先级最高，与操作和或操作优先级相同。如 not host 。

(4)使用 Winpcap 函数库 wpcap. lib 的步骤及实例

在 Microsoft Visual C++中使用 Winpcap 函数库 wpcap. lib 要遵循以下步骤。

• 安装 Winpcap 网络驱动程序 (http://netgroup - serv. polito. it/winpcap/)。

• 在每个使用 Winpcap 函数的应用程序源文件的开始处包含文件 pcap. h 。

• 设置 Visual C++编程环境链接器(linker)的选项(options)，使其包含 wpcap. lib 函数库文件。wpcap. lib 可以在 WinPcap 开发包(WinPcap developer's pack)中找到。

• 设置 Visual C++编程环境链接器(linker)的选项(options)，使其包含 winsock 函数库文件(例如 wsock32. lib)。某些 libpcap 函数需要 winsock 支持。

这部分介绍几个如何使用 WinPcap API 的实例程序，包括获得网络适配器列表、捕获数据包、发送队列管理、网络流量统计等。此部分介绍的程序大部分可以在 WinPcap 开发包中找到，下载此开发包后可以直接编译运行。

1)取得网络设备列表

基于 WinPcap 应用程序要做的第一件事就是要取得网络设备列表。Libpcap 提供一个函数 pcap_findalldevs()来取得网络设备列表，此函数返回一个 pcap_if 结构的链表，链表中每个节点包含一个网络设备的信息。字段 name 和 description 是网络设备的名称和描述。以下程序取得网络设备列表，并显示在屏幕上。

例 7.3 取得网络设备列表程序示例。

```
#include "pcap.h"
int main()
{
    pcap_if_t *alldevs;
    pcap_if_t *d;
    int i=0;
    char errbuf[PCAP_ERRBUF_SIZE];    // 错误信息缓存区
    // 取得网络设备列表
```

```
    if (pcap_findalldevs(&alldevs, errbuf) == -1)
    {
        fprintf(stderr,"Error in pcap_findalldevs: %s\n", errbuf);
        exit(1);
    }
    // 显示网络设备列表
    for(d=alldevs;d;d=d->next)
    {
        printf("%d. %s", ++i, d->name);
        if (d->description)
            printf(" (%s)\n", d->description);
        else printf(" (No description available)\n");
    }
    if(i==0)
    {
        printf("\nNo interfaces found! Make sure WinPcap is installed.\n");
        return;
    }
    // 释放列表
    pcap_freealldevs(alldevs);
}
```

2)取得网络设备信息

函数 pcap_findalldevs()返回的每一个 pcap_if 结构中，都包含有一列 pcap_addr 结构。在结构 pcap_addr 中有以下信息。

- 网络接口的地址列表。
- 网络掩码列表(每一个网络掩码与一个地址相对应)。
- 广播地址列表(每一个广播地址与一个地址相对应)。
- 目的地址列表。

下面的实例程序通过一个函数 ifprint() 显示结构 pcap_if 的全部内容。

例 7.4　通过函数 ifprint() 显示结构 pcap_if 的全部内容。

```
#include "pcap.h"
#include <winsock.h>
void ifprint(pcap_if_t *d);
char *iptos(u_long in);
int main()
{
    pcap_if_t *alldevs;
    pcap_if_t *d;
    char errbuf[PCAP_ERRBUF_SIZE+1];
```

```
    // 取得网络接口列表
    if (pcap_findalldevs(&alldevs, errbuf) == -1)
    {
      fprintf(stderr,"Error in pcap_findalldevs: %s\n",errbuf);
      exit(1);
    }
    // 扫描并显示列表内容
    for(d=alldevs;d;d=d->next)
    {
      ifprint(d);
    }
    return 1;
}
// 显示给定网络接口的信息
void ifprint(pcap_if_t *d)
{
    pcap_addr_t *a;
    // 网络接口名
    printf("%s\n",d->name);
    // 网络接口描述
    if (d->description)
    printf("\tDescription: %s\n",d->description);
    // Loopback 地址
    printf("\tLoopback: %s\n",(d->flags & PCAP_IF_LOOPBACK)?"yes":"no");
    // IP 地址
    for(a=d->addresses;a;a=a->next) {
    printf("\tAddress Family: #%d\n",a->addr->sa_family);
    switch(a->addr->sa_family)
    {
      case AF_INET:
        printf("\tAddress Family Name: AF_INET\n");
        if (a->addr)
          printf("\tAddress: %s\n",
              iptos(((struct sockaddr_in *)a->addr)->sin_addr.s_addr));
        if (a->netmask)
          printf("\tNetmask: %s\n",
              iptos(((struct sockaddr_in *)a->netmask)->sin_addr.s_addr));
        if (a->broadaddr)
         printf("\tBroadcast Address: %s\n",
```

```
            iptos(((struct sockaddr_in *)a->broadaddr)->sin_addr.s_addr));
        if (a->dstaddr)
          printf("\tDestination Address: %s\n",
            iptos(((struct sockaddr_in *)a->dstaddr)->sin_addr.s_addr));
        break;
        default:
          printf("\tAddress Family Name: Unknown\n");
          break;
        }
      }
    printf("\n");
}
// 数字 IP 地址转换成字符串
#define IPTOSBUFFERS 12
char *iptos(u_long in)
{
    static char output[IPTOSBUFFERS][3*4+3+1];
    static short which;
    u_char *p;
    p = (u_char *)&in;
    which = (which + 1 == IPTOSBUFFERS ? 0 : which + 1);
    sprintf(output[which], "%d.%d.%d.%d", p[0], p[1], p[2], p[3]);
    return output[which];
}
```

3)打开网络适配器和捕获数据包

在这个示例程序中,程序捕获网络数据包,并显示每个数据包的一些信息。

用来打开捕获设备的函数是 pcap_open_live()。在函数中,参数 snaplen 定义捕获数据包的部分内容。在 Win32 系统中,捕获驱动器可以只捕获一个数据包中的某一部分,这样减少了复制数据的数量,提高了系统的捕获效率。在本示例程序中,我们使用的值是 65 536,这个值远大于通常的网络 MTU,因此可以保证程序能接收到完整的数据包。参数 promisc 指明是否把网络接口设置成混合模式。参数 to_ms 定义读操作的超时值。对网络接口的读操作(通常通过调用函数 pcap_dispatch() 或 pcap_read_ex())通常在 to_ms 定义的时间后返回。如果 to_ms 设置成 0,则函数直到有数据包到达后才返回;如果 to_ms 设置成-1,则函数立即返回。

例 7.5 捕获网络数据包程序示例 1。

```
#include "pcap.h"
// 处理数据包的回调函数原型
void packet_handler(u_char *param, const struct pcap_pkthdr *header,
            const u_char *pkt_data);
```

```
main()
{
    pcap_if_t *alldevs;
    pcap_if_t *d;
    int inum;
    int i=0;
    pcap_t *adhandle;
    char errbuf[PCAP_ERRBUF_SIZE];
    // 取得网络设备列表
    if (pcap_findalldevs(&alldevs, errbuf) == -1)
    {
      fprintf(stderr,"Error in pcap_findalldevs: %s\n", errbuf);
      exit(1);
    }
    // 显示网络设备列表
    for(d=alldevs; d; d=d->next)
    {
      printf("%d. %s", ++i, d->name);
      if (d->description)
        printf(" (%s)\n", d->description);
      else
        printf(" (No description available)\n");
    }
    if(i==0)
    {
      printf("\nNo interfaces found! Make sure WinPcap is installed. \n");
      return -1;
    }
    printf("Enter the interface number (1-%d):",i);
    scanf("%d", &inum);
    if(inum < 1 || inum > i)
    {
      printf("\nInterface number out of range. \n");
      // 释放设备列表
      pcap_freealldevs(alldevs);
      return -1;
    }
    // 跳转到已选择的网络适配器
    for(d=alldevs, i=0; i< inum-1 ;d=d->next, i++);
```

```
    // 打开网络接口
    if ( (adhandle= pcap_open_live(d->name,       // 网络设备名
                             65536,               // 数据包的捕获部分长度
                             1,                   // 混合模式
                             1000,                // 读超时值
                             errbuf               // 错误信息缓存区
                             ) ) ==NULL)
    {
      fprintf(stderr,
        "\nUnable to open the adapter. %s is not supported by WinPcap\n");
      pcap_freealldevs(alldevs);
      return -1;
    }
    printf("\nlistening on %s...\n", d->description);
    // 释放设备列表
    pcap_freealldevs(alldevs);
    // 开始捕获数据包
    pcap_loop(adhandle, 0, packet_handler, NULL);
    return 0;
}
// 回调函数
void packet_handler(u_char *param, const struct pcap_pkthdr *header,
      const u_char *pkt_data)
{
    struct tm *ltime;
    char timestr[16];
    // 转换时戳格式
    ltime=localtime(&header->ts.tv_sec);
    strftime( timestr, sizeof timestr, "%H:%M:%S", ltime);
    printf("%s,%.6d len:%d\n", timestr, header->ts.tv_usec, header->len);
}
```

4)不用回调函数来捕获数据包

这个示例程序捕获数据包采用函数 pcap_read_ex(),而不是函数 pcap_loop()。pcap_loop()采用的基于回调函数的捕获机制在某些场合是很好的处理方式,但是在另外一些场合这种方法存在一定的局限性,它使程序变得更复杂,尤其是在多线程应用程序或者 C++ 类中。另一个函数 pcap_read_ex()可以通过一次调用来接收数据包,它的参数与回调函数相同。下面的例子显示了此函数的用法。

例 7.6　捕获网络数据包程序示例 2。

```
#include "pcap.h"
```

```
int main()
{
    pcap_if_t *alldevs;
    pcap_if_t *d;
    int inum;
    int i=0;
    pcap_t *adhandle;
    int res;
    char errbuf[PCAP_ERRBUF_SIZE];
    struct tm *ltime;
    char timestr[16];
    struct pcap_pkthdr *header;
    u_char *pkt_data;
    // 取得设备列表
    if (pcap_findalldevs(&alldevs, errbuf) == -1)
    {
      fprintf(stderr,"Error in pcap_findalldevs: %s\n", errbuf);
      exit(1);
}
    // 显示设备列表
    for(d=alldevs; d; d=d->next)
    {
      printf("%d. %s", ++i, d->name);
      if (d->description)
         printf(" (%s)\n", d->description);
      else
         printf(" (No description available)\n");
    }
    if(i==0)
    {
      printf("\nNo interfaces found! Make sure WinPcap is installed.\n");
      return -1;
    }
    printf("Enter the interface number (1-%d):",i);
    scanf("%d", &inum);
    if(inum < 1 || inum > i)
    {
      printf("\nInterface number out of range.\n");
      pcap_freealldevs(alldevs);
```

```
        return -1;
    }
    for(d=alldevs, i=0; i< inum-1 ;d=d->next, i++);
    // 打开选定的网络设备
        if ( (adhandle= pcap_open_live(d->name,
                                         65536,
                                         1,
                                         1000,
                                         errbuf
                                         ) ) == NULL)
    {
        fprintf(stderr,
         "\nUnable to open the adapter. %s is not supported by WinPcap\n");
        // 释放设备列表
        pcap_freealldevs(alldevs);
        return -1;
    }
    printf("\nlistening on %s...\n", d->description);
    pcap_freealldevs(alldevs);
    // 取得数据包
    while((res = pcap_read_ex( adhandle, &header, &pkt_data)) >= 0){
        if(res == 0)
        // 超时
          continue;
        ltime=localtime(&header->ts.tv_sec);
        strftime( timestr, sizeof timestr, "%H:%M:%S", ltime);
        printf("%s,%.6d len:%d\n", timestr, header->ts.tv_usec,
              header->len);
    }
    if(res == -1){
        printf("Error reading the packets: %s\n", pcap_geterr(adhandle));
        return -1;
    }
    return 0;
}
```

5)过滤网络数据包

WinPcap (libpcap)提供了一种非常有效的方法,可以对网络数据包进行过滤,使应用程序可以有选择地接收感兴趣的数据包。用于过滤数据包的函数是 pcap_compile()和 pcap_setfilter()。函数 pcap_compile()编译过滤器,它把一个高层的布尔表达式编译生成一个底层过滤器二进制代码。函数 pcap_setfilter()用来为捕获应用程序设置过滤器。下面的代码显示如何编译和设置过滤器。程序中传递给 pcap_compile()的过滤器表达式是"ip and tcp",这表示只接受 IPv4 中高层协议为 TCP 的数据包。

注意:一般而言,应用程序要从描述网络接口的结构 pcap_if 中取得子网掩码(netmask),因为有一些由 pcap_compile()创建的过滤器需要用到子网掩码。

例 7.7 过滤网络数据包程序示例。

```
if(d->addresses != NULL)
  // 取得子网掩码
netmask=((struct sockaddr_in *)(d->addresses->netmask))->
            sin_addr.S_un.S_addr;
else
  // 如果没有子网掩码,则认为是一个 C 类网络
  netmask=0xffffff;
// 编译过滤器
if(pcap_compile(adhandle, &fcode, "ip and tcp", 1, netmask) <0 ){
  fprintf(stderr,
    "\nUnable to compile the packet filter. Check the syntax.\n");
  // 释放设备列表
  pcap_freealldevs(alldevs);
  return -1;
}
// 设置过滤器
if(pcap_setfilter(adhandle, &fcode)<0){
  fprintf(stderr,"\nError setting the filter.\n");
  pcap_freealldevs(alldevs);
  return -1;
}
```

6)解释网络数据包

上面捕获到的数据包是原始的链路层数据帧,数据包解释部分的主要工作是对捕获的原始数据包进行处理,把原始的链路层数据帧中包含的信息提取出来。然后,对数据包进行分解,进一步提取高层协议信息(如 TCP,UDP,ARP,RARP,ICMP 等)。

许多网络应用程序和工具通常需要对捕获的网络数据包进行分析,得出包中包含的各层协议的信息。下面的示例程序显示如何捕获并分析解释网络中的 UDP 数据包。

例 7.8 解释网络数据包程序示例。

```
#include "pcap.h"
// 4 字节 IP 地址
typedef struct ip_address{
  u_char byte1;
  u_char byte2;
```

```
        u_char byte3;
        u_char byte4;
}ip_address;
// IPv4 头
typedef struct ip_header{
        u_char ver_ihl;              // 版本(4 位) + 头长(4 位)
        u_char tos;                  // TOS 服务类型
        u_short tlen;                // 包总长
        u_short identification;      // 标识
        u_short flags_fo;            // 标志位 Flags (3 位) + 分段偏移 (13 位)
        u_char ttl;                  // TTL
        u_char proto;                // Protocol
        u_short crc;                 // 校验和
        ip_address saddr;            // 源地址
        ip_address daddr;            // 目的地址
        u_int op_pad;                // 选项 + 填充字段
}ip_header;
// UDP 头
typedef struct udp_header{
        u_short sport;               // 源端口
        u_short dport;               // 目的端口
        u_short len;                 // 数据报长度
        u_short crc;                 // 校验和
}udp_header;
// 回调函数
void packet_handler(u_char *param, const struct pcap_pkthdr *header,
                    const u_char *pkt_data);
main()
{
        pcap_if_t *alldevs;
        pcap_if_t *d;
        int inum;
        int i=0;
        pcap_t *adhandle;
        char errbuf[PCAP_ERRBUF_SIZE];
        u_int netmask;
        char packet_filter[] = "ip and udp";
        struct bpf_program fcode;
        // 取得设备列表
```

```
if (pcap_findalldevs(&alldevs, errbuf) == -1)
{
  fprintf(stderr,"Error in pcap_findalldevs: %s\n", errbuf);
  exit(1);
}
// 显示设备列表
for(d=alldevs; d; d=d->next)
{
  printf("%d. %s", ++i, d->name);
  if (d->description) printf(" (%s)\n", d->description);
  else printf(" (No description available)\n");
}
if(i==0)
{
  printf("\nNo interfaces found! Make sure WinPcap is installed.\n");
  return -1;
}
printf("Enter the interface number (1-%d):",i);
scanf("%d", &inum);
if(inum < 1 || inum > i)
{
  printf("\nInterface number out of range.\n");
  // 释放设备列表
  pcap_freealldevs(alldevs);
  return -1;
}
for(d=alldevs, i=0; i< inum-1 ;d=d->next, i++);
// 打开网络设备
if ( (adhandle= pcap_open_live(d->name,        // 网络设备名
                    65536,                      // 数据包捕获长度
                    1,                          // 混合模式
                    1000,                       // 超时时间
                    errbuf                      // 错误缓存区
                    ) ) == NULL)
{
fprintf(stderr,
 "\nUnable to open the adapter. %s is not supported by WinPcap\n");
pcap_freealldevs(alldevs);
return -1;
```

```
    }
    // 检查链路层是否是以太网
    if(pcap_datalink(adhandle) != DLT_EN10MB)
    {
      fprintf(stderr,"\nThis program works only on Ethernet networks.\n");
      pcap_freealldevs(alldevs);
      return -1;
    }
    if(d->addresses != NULL)
      // 取得网络接口的子网掩码
    netmask=((struct sockaddr_in *)(d->addresses->netmask))->
                sin_addr.S_un.S_addr;
    else
      // 如果没有地址,缺省当成C类网络
      netmask=0xffffff;
    // 编译过滤器
    if(pcap_compile(adhandle, &fcode, packet_filter, 1, netmask) <0 ){
      fprintf(stderr,
          "\nUnable to compile the packet filter. Check the syntax.\n");
      pcap_freealldevs(alldevs);
      return -1;
    }
    // 设置过滤器
    if(pcap_setfilter(adhandle, &fcode)<0){
      fprintf(stderr,"\nError setting the filter.\n");
      pcap_freealldevs(alldevs);
      return -1;
    }
    printf("\nlistening on %s...\n", d->description);
    pcap_freealldevs(alldevs);
    // 开始捕获
    pcap_loop(adhandle, 0, packet_handler, NULL);
    return 0;
}
// 回调函数,处理数据包
void packet_handler(u_char *param, const struct pcap_pkthdr *header,
                  const u_char *pkt_data)
{
    struct tm *ltime;
```

```
    char timestr[16];
    ip_header *ih;
    udp_header *uh;
    u_int ip_len;
    u_short sport,dport;
    ltime=localtime(&header->ts.tv_sec);
    strftime( timestr, sizeof timestr, "%H:%M:%S", ltime);
    printf("%s.%.6d len:%d ", timestr, header->ts.tv_usec, header->len);
    // 取得 IP 头的位置
    ih = (ip_header *) (pkt_data +14); // 以太网头长度
    // 取得 UDP 头的位置
    ip_len = (ih->ver_ihl & 0xf) * 4;
    uh = (udp_header *) ((u_char*)ih + ip_len);
    // 从网络字节顺序转换到主机字节顺序
    sport = ntohs( uh->sport );
    dport = ntohs( uh->dport );
    // 显示 IP 地址和 UDP 端口号
    printf("%d.%d.%d.%d.%d -> %d.%d.%d.%d.%d\n",
      ih->saddr.byte1,
      ih->saddr.byte2,
      ih->saddr.byte3,
      ih->saddr.byte4,
      sport,
      ih->daddr.byte1,
      ih->daddr.byte2,
      ih->daddr.byte3,
      ih->daddr.byte4,
      dport);
}
```

在程序中,首先设置过滤器为“ip and udp”,这样,函数 packet_handler()将只会接收和处理通过 IPv4 传递的 UDP 包,简化了数据包的分解过程,增加了程序的有效性。程序中定义了两个结构来表示 IP 和 UDP 头,函数 packet_handler()利用这些结构来定位各种头子段。程序中没有用到 MAC 头,所以直接跳过 MAC 头部分。因为已采用函数 pcap_datalink()确定了链路层为 MAC 层,所以我们就能知道 MAC 头是 14 个字节。IP 头紧挨着 MAC 头,程序中从中提取了源和目的地址。对 UDP 头的处理要相对复杂一些,因为 IP 头的长度不固定,因此要用到 IP 头中的包头长度字段。一旦知道了 UDP 头的位置,就可以从中提取出源和目的端口。

7)处理捕获文件(dump files)

WinPcap 提供了许多函数用来把网络数据包保存在文件中并如何进行读取。文件的格式很简单,包含捕获数据包的二进制形式。这种格式是通用的,许多网络工具,如 WinDump,

Ethereal 和 Snort，都采用这种格式。

• 把数据包保存在文件中

下面的程序示例从一个被选择的网络接口上捕获数据包，并把它们保存在用户定义的文件中。

例 7.9　捕获并保存网络数据包程序示例。

```
#include "pcap.h"
// 回调函数原型
void packet_handler(u_char *param, const struct pcap_pkthdr *header,
                    const u_char *pkt_data);
main(int argc, char **argv)
{
    pcap_if_t *alldevs;
    pcap_if_t *d;
    int inum;
    int i=0;
    pcap_t *adhandle;
    char errbuf[PCAP_ERRBUF_SIZE];
    pcap_dumper_t *dumpfile;
    // 检查命令行参数
    if(argc != 2){
      printf("usage: %s filename", argv[0]);
      return -1;
    }
    // 取得网络设备列表
    if (pcap_findalldevs(&alldevs, errbuf) == -1)
    {
      fprintf(stderr,"Error in pcap_findalldevs: %s\n", errbuf);
      exit(1);
    }
    // 显示网络设备列表
    for(d=alldevs; d; d=d->next)
    {
      printf("%d. %s", ++i, d->name);
      if (d->description)
        printf(" (%s)\n", d->description);
      else
        printf(" (No description available)\n");
    }
    if(i==0)
    {
```

```
        printf("\nNo interfaces found! Make sure WinPcap is installed.\n");
        return -1;
    }
    printf("Enter the interface number (1-%d):",i);
    scanf("%d", &inum);
    if(inum < 1 || inum > i)
    {
        printf("\nInterface number out of range.\n");
        // 释放网络设备列表
        pcap_freealldevs(alldevs);
        return -1;
    }
// 跳到被选中的网络设备
for(d=alldevs, i=0; i< inum-1 ;d=d->next, i++);
// 打开网络设备
if ( (adhandle = pcap_open_live(d->name,
                                65536,
                                1,
                                1000,
                                errbuf
                                ) ) == NULL)
{
    fprintf(stderr,
      "\nUnable to open the adapter. %s is not supported by WinPcap\n");
    pcap_freealldevs(alldevs);
    return -1;
}
// 打开文件
dumpfile = pcap_dump_open(adhandle, argv[1]);
if(dumpfile==NULL){
    fprintf(stderr,"\nError opening output file\n");
    return -1;
}
printf("\nlistening on %s...\n", d->description);
pcap_freealldevs(alldevs);
// 捕获开始
pcap_loop(adhandle, 0, packet_handler, (unsigned char *)dumpfile);
    return 0;
}
```

```
// 回调函数
void packet_handler(u_char *dumpfile, const struct pcap_pkthdr *header,
        const u_char *pkt_data)
{
    // 保存数据包到文件中
    pcap_dump(dumpfile, header, pkt_data);
}
```

程序的结构与前面的程序示例非常相似。不同点在于：打开网络接口后，调用了函数 pcap_dump_open()，此函数打开了个文件，并使文件与打开的网络接口相关连。在回调函数 packet_handler()中，使用函数 pcap_dump()把数据包写到文件中。

• 从文件中读取数据包

下面的示例程序打开一个保存数据包的文件，并显示其中的每个数据包。从文件中读取数据包与从实际网络接口接收数据包几乎一样。只是用函数 pcap_open_offline()打开文件，然后用 pcap_loop()来处理数据包。

例 7.10　读取数据包程序示例。

```
#include <stdio.h>
#include <pcap.h>
#define LINE_LEN 16
void dispatcher_handler(u_char *, const struct pcap_pkthdr *, const u_char *);
int main(int argc, char **argv) {
    pcap_t *fp;
    char errbuf[PCAP_ERRBUF_SIZE];
    if(argc != 2){
        printf("usage: %s filename", argv[0]);
        return -1;
    }
    // 打开捕获文件
    if ( (fp = pcap_open_offline(argv[1], errbuf) ) == NULL)
    {
        fprintf(stderr,"\nError opening dump file\n");
        return -1;
    }
    // 读取并显示文件中的数据包
    pcap_loop(fp, 0, dispatcher_handler, NULL);
    return 0;
}
void dispatcher_handler(u_char *temp1,
        const struct pcap_pkthdr *header, const u_char *pkt_data)
{
```

```
    u_int i=0;
    // 显示 pkt 时戳和长度
    printf("%ld:%ld (%ld)\n", header->ts.tv_sec, header->ts.tv_usec,
          header->len);
    // 显示数据包
    for (i=1; (i < header->caplen + 1 ) ; i++)
    {
      printf("%.2x ", pkt_data[i-1]);
      if ( (i % LINE_LEN) == 0) printf("\n");
    }
    printf("\n\n");
}
```

• 用函数 pcap_live_dump 把数据包写入文件

使用函数 pcap_live_dump 可以把来自某个网络接口的数据保存到一个文件中，而且数据包的保存完全在系统内核完成，因此这个函数比 pcap_dump()更有效。函数的参数包括一个网络接口描述符 p(通过函数 pcap_open_live()取得)，一个表示保存数据包文件(dump file)名的字符串，一个表示文件最大容量(in bytes)的整数和一个表示文件能包含数据包的最大数目的整数。参数 maxsize 或者 maxpacks 如果设置成 0，则表示文件容量没有限制。当文件大小达到参数 maxsize 或 maxpacks 的值时，函数操作结束。

例 7.11　把数据包写入文件程序示例。

```
#include <stdlib.h>
#include <stdio.h>
#include <pcap.h>
int main(int argc, char * * argv) {
    pcap_if_t * alldevs, * d;
    pcap_t * fp;
    u_int inum, i=0;
    char errbuf[PCAP_ERRBUF_SIZE];
    if(argc < 5){
        if (pcap_findalldevs(&alldevs, errbuf) == -1)
        {
          fprintf(stderr,"Error in pcap_findalldevs: %s\n", errbuf);
          exit(1);
        }
        for(d=alldevs; d; d=d->next)
        {
          printf("%d. %s", ++i, d->name);
          if (d->description)
          printf(" (%s)\n", d->description);
```

```
            else
            printf(" (No description available)\n");
        }
        if(i==0)
        {
          printf("\nNo interfaces found! Make sure WinPcap is installed.\n");
          return -1;
        }
        printf("Enter the interface number (1-%d):",i);
        scanf("%d", &inum);
        if(inum < 1 || inum > i)
        {
          printf("\nInterface number out of range.\n");
          return -1;
        }
        for(d=alldevs, i=0; i< inum-1 ;d=d->next, i++);
        // 打开网络设备
        if ( (fp = pcap_open_live(d->name, 100, 1, 20, errbuf) ) == NULL)
        {
          fprintf(stderr,"\nError opening adapter\n");
          return -1;
        }
        pcap_freealldevs(alldevs);
        // 开始捕获
        if(pcap_live_dump(fp, argv[1], atoi(argv[2]), atoi(argv[3]))==-1){
          printf("Unable to start the dump, %s\n", pcap_geterr(fp));
          return -1;
        }
    }
    else{
        // 打开网络设备
        if ( (fp= pcap_open_live(argv[1], 100, 1, 20, errbuf) ) == NULL)
        {
          fprintf(stderr,"\nError opening adapter\n");
          return -1;
        }
        // 开始捕获
        if(pcap_live_dump(fp, argv[0], atoi(argv[1]), atoi(argv[2]))==-1){
          printf("Unable to start the dump, %s\n", pcap_geterr(fp));
```

```
            return -1;
        }
    }
    // 等待捕获结束(达到最大值)
    pcap_live_dump_ended(fp, TRUE);
    // 关闭网络接口
    pcap_close(fp);
    return 0;
}
```

8)发送数据包

原来的 libpcap 不能用来发送数据包，而 WinPcap 提供了用来发送数据包的一系列函数。下面是发送网络数据包的示例程序。

• 用函数 pcap_sendpacket 发送单个数据包

打开网络接口后，就可以调用函数 pcap_sendpacket()发送一个用户自己构造的数据包。参数 buf 包含了待发送数据包的数据(包括用户构造的各层网络协议的包头)，参数 size 是 buf 的大小。

例 7.12 发送单个数据包程序示例。

```
#include <stdlib.h>
#include <stdio.h>
#include <pcap.h>
void usage();
void main(int argc, char * * argv) {
    pcap_t * fp;
    char error[PCAP_ERRBUF_SIZE];
    u_char packet[100];
    int i;
    if (argc != 2)
    {
        printf("usage: %s inerface", argv[0]);
        return;
    }
    // 打开用于发送数据包的网络接口
    if((fp = pcap_open_live(argv[1], 100, 1, 1000, error) ) == NULL)
    {
        fprintf(stderr,"\nError opening adapter: %s\n", error);
        return;
    }
    // 假设网络为以太网，目的 MAC 地址为 1:1:1:1:1:1
    packet[0]=1;
```

```
    packet[1]=1;
    packet[2]=1;
    packet[3]=1;
    packet[4]=1;
    packet[5]=1;
    //设置源 MAC 地址为 2:2:2:2:2:2
    packet[6]=2;
    packet[7]=2;
    packet[8]=2;
    packet[9]=2;
    packet[10]=2;
    packet[11]=2;
    //填写数据包其余部分
    for(i=12;i<100;i++){
      packet[i]=i%256;
    }
    //发送数据包
    pcap_sendpacket(fp, packet, 100);
    return;
}
```

• 数据包发送队列(queue)

函数 pcap_sendpacket()提供的只是立即发送单个数据包的一种简单方式,而发送队列提供了一种有效而性能更优化的方式,用来发送多个数据包。发送队列(send queue)是一个大的容器,其中包含许多将要发送的数据包。调用函数 pcap_sendqueue_alloc()可以创建一个发送队列,定义其大小。此后,调用函数 pcap_sendqueue_queue()来把数据包存储在队列中。如果要发送数据包,则通过 pcap_sendqueue_transmit()函数来发送。发送结束后,可以通过函数 pcap_sendqueue_destroy()来释放队列占用的缓存区。

下面的代码显示如何使用发送队列。它用 pcap_open_offline()打开一个捕获文件,然后把文件中的数据存入发送队列中,并发送队列中的数据包。

例 7.13　发送队列中的数据包程序示例。

```
#include <stdlib.h>
#include <stdio.h>
#include <pcap.h>
void usage();
void main(int argc, char **argv) {
    pcap_t *indesc, *outdesc;
    char error[PCAP_ERRBUF_SIZE];
    FILE *capfile;
    int caplen,sync;
    u_int res;
```

```
pcap_send_queue *squeue;
struct pcap_pkthdr *pktheader;
u_char *pktdata;
// 检查命令行参数
if (argc <= 2 || argc >= 5)
{
   usage();
   return;
}
// 取得捕获文件长度
capfile=fopen(argv[1],"rb");
if(! capfile){
   printf("Capture file not found! \n");
   return;
}
fseek(capfile , 0, SEEK_END);
caplen= ftell(capfile)- sizeof(struct pcap_file_header);
fclose(capfile);
// 检查是否要使用时戳(同步或立即发送)
if(argc == 4 && argv[3][0] == 's')
   sync = TRUE;
else
   sync = FALSE;
// 打开捕获文件
if((indesc = pcap_open_offline(argv[1], error)) == NULL){
   fprintf(stderr,"\nError opening the input file: %s\n", error);
   return;
}
// 打开输出网络接口
if((outdesc = pcap_open_live(argv[2], 100, 1, 1000, error) ) == NULL)
{
   fprintf(stderr,"\nError opening adapter: %s\n", error);
   return;
}
// 检查链路层类型
if(pcap_datalink(indesc) != pcap_datalink(outdesc)){
   printf("Warning: the datalink of the capture differs from the one of the
         selected interface.\n");
   printf("Press a key to continue, or CTRL+C to stop.\n");
```

```
    getchar();
  }
  // 分配一个发送队列
  squeue = pcap_sendqueue_alloc(caplen);
  // 把捕获文件中的数据包填入发送队列
  while((res = pcap_read_ex( indesc, &pktheader, &pktdata)) == 1){
    if(pcap_sendqueue_queue(squeue, pktheader, pktdata) == -1){
      printf("Warning: packet buffer too small, not all the packets will be
            sent.\n");
      break;
    }
  }
  if(res == -1){
    printf("Corrupted input file.\n");
    pcap_sendqueue_destroy(squeue);
    return;
  }
  // 发送数据包
  if((res = pcap_sendqueue_transmit(outdesc, squeue, sync)) < squeue->len)
  {
    printf("An error occurred: %s. Only %d bytes were sent\n", error, res);
  }
  // 释放发送队列
  pcap_sendqueue_destroy(squeue);
  return;
}
void usage()
{
  printf("\nSendcap, sends a libpcap/tcpdump capture file to the net.\n");
  printf("\nUsage:\n");
  printf("\t sendcap file_name adapter [s]\n");
  printf("\nParameters:\n");
  printf("\nfile_name: the name of the dump file \n");
  printf("\n Use \"WinDump -D\" for a list of valid devices\n");
  printf("\ns: if present, forces the packets to be sent synchronously, i.e.
        respecting the timestamps in the dump file. This option will work only un-
        der Windows NTx.\n\n");
  exit(0);
}
```

9)取得网络流量的统计信息

取得网络流量的统计信息,程序员应打开网络接口,并用函数 pcap_setmode()设置成统计模式。下面的代码利用统计模式来监视网络中 TCP 流量。

例 7.14 取得网络流量的统计信息程序示例。

```
#include <stdlib.h>
#include <stdio.h>
#include <pcap.h>
void usage();
void dispatcher_handler(u_char *,
const struct pcap_pkthdr *, const u_char *);
void main(int argc, char **argv) {
    pcap_t *fp;
    char error[PCAP_ERRBUF_SIZE];
    struct timeval st_ts;
    u_int netmask;
    struct bpf_program fcode;
    // 检查命令行参数
    if (argc != 2)
    {
      usage();
      return;
    }
    // 打开网络接口
    if((fp = pcap_open_live(argv[1], 100, 1, 1000, error) ) == NULL)
    {
      fprintf(stderr,"\nError opening adapter: %s\n", error);
      return;
    }
    // 不考虑子网掩码
    netmask=0xffffff;
    // 编译过滤器
    if(pcap_compile(fp, &fcode, "tcp", 1, netmask) <0 ){
      fprintf(stderr,"\nUnable to compile the packet filter. Check the syntax.\n");
      return;
    }
    // 设置过滤器
    if(pcap_setfilter(fp, &fcode)<0){
      fprintf(stderr,"\nError setting the filter.\n");
      return;
```

```
    }
    // 把网络接口设置成统计模式
    pcap_setmode(fp, MODE_STAT);
    printf("TCP traffic summary:\n");
    // 开始主循环
    pcap_loop(fp, 0, dispatcher_handler, (PUCHAR)&st_ts);
    return;
}
void dispatcher_handler(u_char *state, const struct pcap_pkthdr *header,
                        const u_char *pkt_data)
{
    struct timeval *old_ts = (struct timeval *)state;
    u_int delay;
    LARGE_INTEGER Bps,Pps;
    struct tm *ltime;
    char timestr[16];
    // 根据时戳,计算延迟时间
    delay=(header->ts.tv_sec - old_ts->tv_sec) * 1000000 - old_ts->
        tv_usec + header->ts.tv_usec;
    // 计算速率 bps
    Bps.QuadPart=(((*(LONGLONG*)(pkt_data + 8)) * 8 * 1000000) /
            (delay));
    // 计算速率(每秒发送包的个数)pps
    Pps.QuadPart=(((*(LONGLONG*)(pkt_data)) * 1000000) / (delay));
    ltime=localtime(&header->ts.tv_sec);
    strftime( timestr, sizeof timestr, "%H:%M:%S", ltime);
    // 显示时戳
    printf("%s ", timestr);
    // 显示采样值
    printf("BPS=%I64u ", Bps.QuadPart);
    printf("PPS=%I64u\n", Pps.QuadPart);
    // 存储当前时戳
    old_ts->tv_sec=header->ts.tv_sec;
    old_ts->tv_usec=header->ts.tv_usec;
}
void usage()
{
    printf("\nShows the TCP traffic load, \n ");
    printf("\nUsage:\n");
```

```
        printf("\t tcptop adapter\n");
        exit(0);
    }
```

程序首先设置过滤器，此后调用函数 pcap_setmode()设置统计模式，用函数 pcap_loop()开始统计网络数据。注意函数 pcap_open_live()的第四个参数（to_ms），这个参数用来定义统计采样的时间间隔。每到一个时间间隔，回调函数就会收到驱动器计算的采样值。这些采样值包裹在回调函数的第二和第三个参数里。

在上面的代码中，网络接口的超时间隔是 1 000 ms，也就是说，每隔一秒钟就会调用函数 dispatcher_handler()一次。

7.5 基于 libnet 的网络数据包构造技术

libnet 是一个 C 函数库，它提供跨平台的网络数据包构造和发送接口。在 libnet 出现以前，如果要构造数据包并发送到网络中，程序员要通过一些复杂的接口来处理。libnet 的出现，为程序员提供了一个简单而易于使用的编程接口，可以帮助程序员方便地构造网络数据包，编写网络应用程序。本章将详细介绍 libnet 的功能、函数和使用方法。

7.5.1 libnet 简介

libnet 设计小巧而有效，易于使用。图 7.31 表明了 libnet 的工作过程。

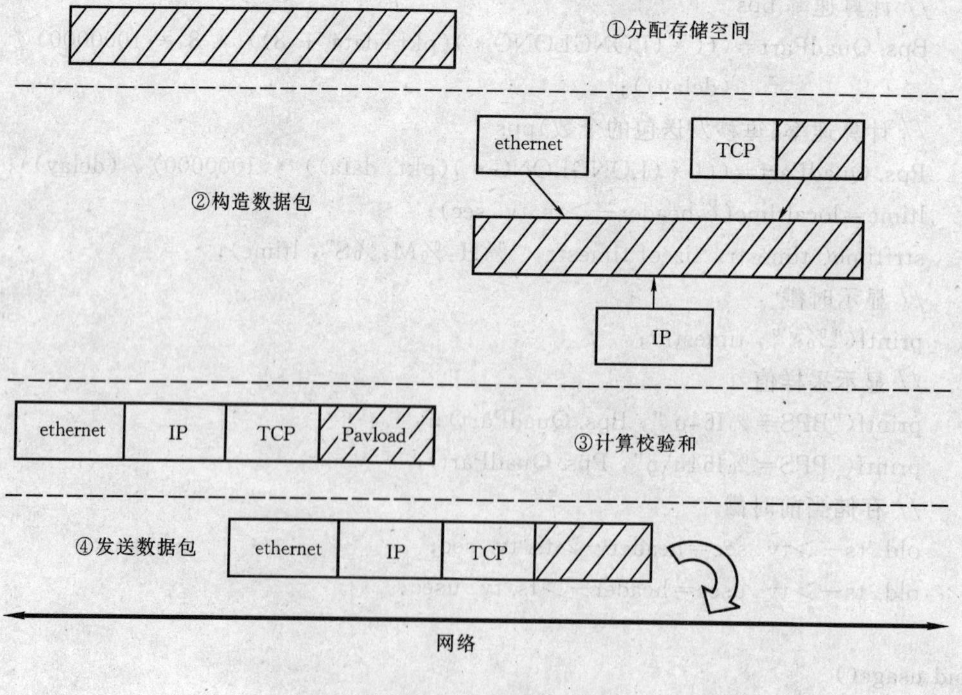

图 7.31 libnet 工作过程

libnet 的出现主要是基于以下两个原因。

• 为网络程序员提供一个简单的编程接口，使程序员能把主要精力集中用来解决问题，而不用考虑底层网络细节。

• libnet 是一个与 libpcap 类似的数据包注入器，可以用来编写有关网络测试、网络故障诊断和网络安全等方面的应用程序和工具。许多网络工具(如 snort，nmap)都是利用它来实现其部分功能。虽然 libpcap 同样具有数据包构造和发送能力，但在构造数据包方面没有 libnet 使用方便。

libnet 的主要目的是用来构造和注入网络数据包，而不是捕获网络数据包。通过与 libpcap 配合使用，见图 7.32，libnet 可以用来构造许多有用的网络程序和网络工具。

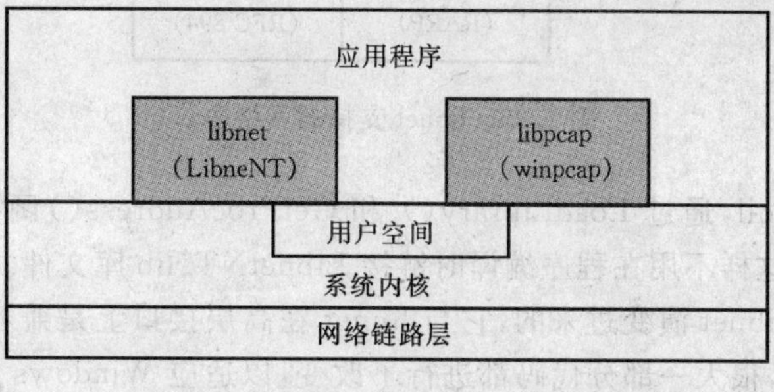

图 7.32 libnet 与 Libpcap 的关系

libnet 在下列平台上已成功通过编译和测试：

• OpenBSD 2.2 — 2.7 (i386)
• FreeBSD 2.2 — 4.0 (i386)
• NetBSD 1.3.x(i386)
• BSD/OS 3.x (i386)
• BSDi 3.0 (i386)
• Linux 2.4.x, 2.1.124 (i386, alpha) (libc: 2.4.x, glibc: 2.0.x)
• Solaris 7 (SPARC, gcc 2.7.2[13], 2.8.2), 2.6 (SPARC, gcc 2.8.2), 2.5.x (SPARC, gcc 2.7.2[13])
• IRIX 6.x
• MacOS 5.3 (powerpc)
• Windows NT 4.0 / 2000(i386)

目前 libnet 支持 10 种网络协议，如图 7.33 所示，对其他协议的支持正在开发中。

ibnet 在 WindowsNT 中的版本是 LibnetNT(目前还不支持 Windows 95/98)。在 Windows NT/2000 下安装 LibnetNT 需要首先安装 Winpcap 网络驱动程序 (http://netgroup-serv.polito.it/winpcap/)。在 LibnetNT 软件包中，包含有一个目录 DRIVERS，其中有 Windows NT 和 Windows 2000 下的驱动程序。在上一级目录中还包含 LibnetNT.dll 和 LibnetNT.lib。

LibnetNT 的功能是通过一个动态链接库(LibnetNT.dll)来提供的，这使得 Windows 平台下的程序员可以在 Win32 环境中使用所有 UNIX 平台下 libnet 提供的函数。

在程序中有两种使用 LibnetNT 的方法。第一种是在程序编译时进行链接，这种方法需要把 LibnetNT.lib 文件添加到程序中，还必须把 libnet.h 文件包含在程序中。第二种方法是

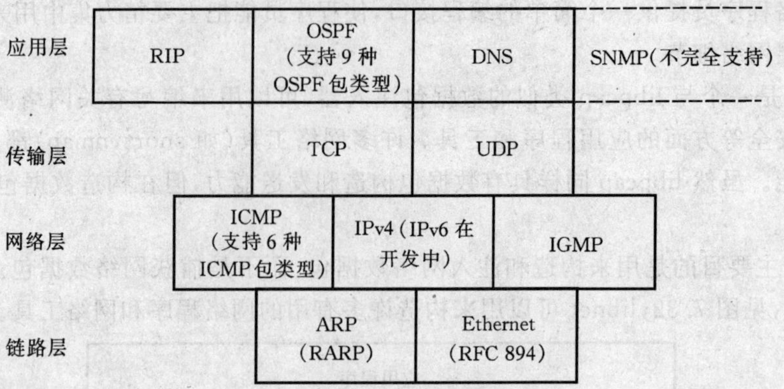

图 7.33 libnet 支持的网络协议

直接使用 LibnetNT.dll,通过 LoadLibrary()和 GetProcAddress()函数来动态加载和调用 DLL 中封装的函数,这样不用在程序编译时链接 LibnetNT.lib 库文件。

LibnetNT 是从 libnet 演变过来的,它与 libnet 在高层接口上是兼容的,但在底层实现上却与 libnet 大不相同,很大一部分代码都进行了改变,以适应 Windows 系统环境。LibnetNT 中除了包含 libnet 提供的函数外,还提供一些新的函数。把 UNIX 环境中基于 libnet 的应用程序移植到 Windows NT/2000 环境中(采用 LibnetNT),只需做很小的修改,如,在 Windows NT/2000 环境中必须使用函数 libnet_win32_init(int adapternum)来初始化网络适配器。

7.5.2 libnet 使用方法

(1)操作顺序

libnet 提供两种接口,一种是在 IP 层构造数据包,一种是在链路层构造数据包。链路层接口在数据链路层构造数据包(链路层帧),而 IP 层接口在网络层构造数据包(IP 包)。链路层接口功能更为强大,但程序比较复杂,编码更多,如果要构造 ARP/RARP/以太网帧,则只能采用链路层接口。IP 层接口相对要简单一些,两种接口的比较见图 7.34。表 7.3 是两种接口各自包含的函数。

表 7.3 IP 层接口与链路层接口函数集

原始 IP 层接口	链路层接口
libnet_init_packet	libnet_init_packet
libnet_open_raw_sock	libnet_open_link_interface
libnet_build_ip	libnet_build_ethernet
libnet_build_icmp	libnet_build_ip
libnet_do_checksum	libnet_build_icmp
libnet_write_ip	libnet_do_checksum (IP 头校验和)
	libnet_do_checksum (传输层校验和)
	libnet_write_link_layer

要构造数据包并发送到网络中,一个标准的处理过程通常包括以下 5 个步骤。

① 初始化存储空间。

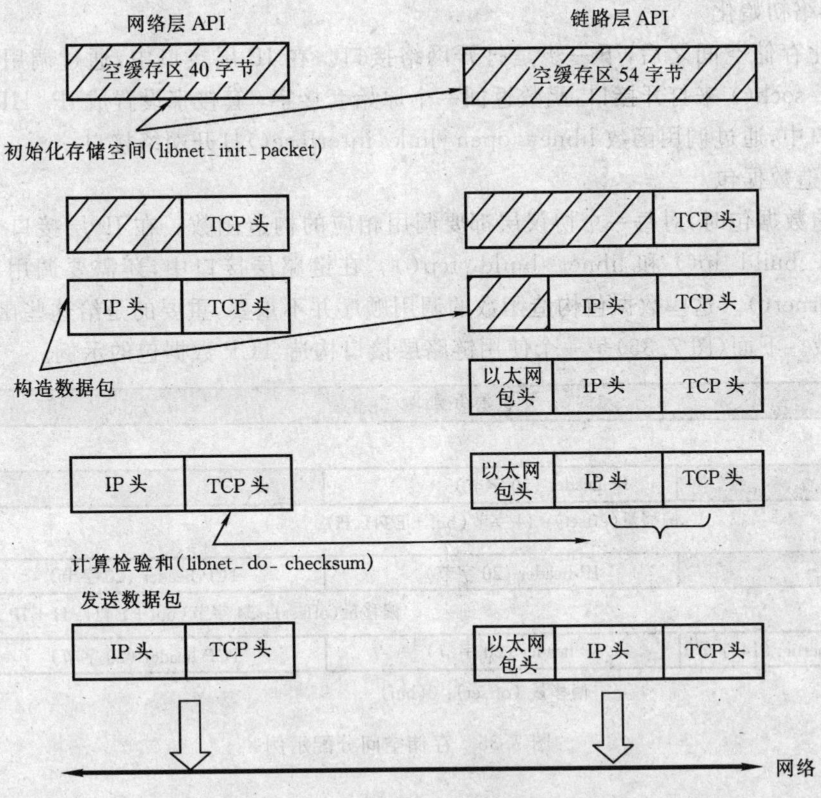

图 7.34　IP 层接口与链路层接口比较

② 初始化网络。

③ 构造数据包。

④ 计算数据包校验和。

⑤ 把数据包发送到网络中。

(2)存储空间分配和初始化

在应用程序中使用 libnet 的第一个步骤就是为数据包分配存储空间，通常采用的方法是通过调用函数 libnet_init_packet()来完成。程序员事先必须知道将要构造数据包的大小，如果准备构造一个简单的 TCP 数据包，包中带有 30 个字节的负载(payload)，网络层采用 IP 层接口，那么，就需要为这个数据包分配 70 个字节(IP header ＋ TCP header ＋ payload)的存储空间。如果要构造一个同样的数据包，而采用 libnet 的链路层接口，则需要 84 个字节(Ethernet header ＋ IP header ＋ TCP header ＋ payload)的存储空间。为了安全起见，程序员可以分配 IP_MAXPACKET ＋ ETH_H 字节(65549)的存储空间，以满足绝大部分应用的需要。程序结束前，要调用函数 libnet_destroy_packet()释放已分配的存储空间。

分配存储空间的另一种方法是通过 arena 接口。arena 是一个可以一次分配多块存储空间的缓存池。libnet 的 arena 接口在需要为不同大小数据包分配存储空间时非常有用。通过函数 libnet_init_packet_arena()可以初始化存储空间，函数 libnet_next_packet_from_arena()来取得每个数据包的存储区域。存储空间使用结束后，可以调用函数 libnet_destroy_packet_arena()释放存储空间。

(3)网络初始化

初始化存储空间之后，下一步是打开网络接口。在 IP 层接口中，通过调用函数 libnet_open_raw_sock() 来打开接口，函数返回一个原始套接字，套接字设置成 IP_HDRINCL。在链路层接口中，通过调用函数 libnet_open_link_interface()打开网络接口。

(4)构造数据包

在构造数据包时，对每一个协议层都要调用相应的构造函数。在 IP 层接口中，需要调用函数 libnet_build_ip() 和 libnet_build_tcp()。在链路层接口中，还需要调用函数 libnet_build_ethernet()。这些数据包构造函数的调用顺序并不重要，重要的是给这些函数分配正确的存储区域。下面(图 7.35)是一个使用链路层接口构造 TCP 数据包的示例。

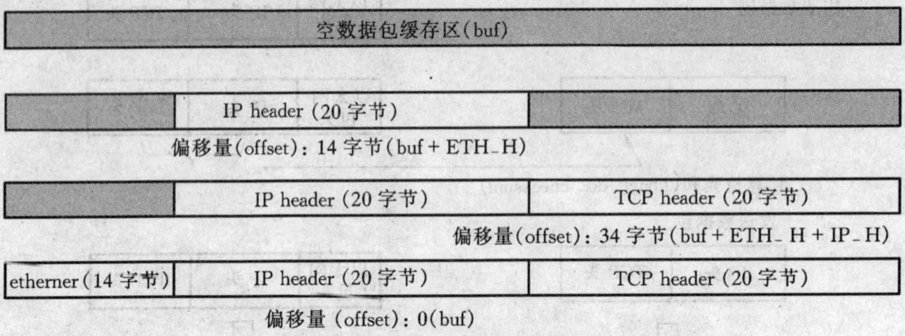

图 7.35 存储空间分配示例

在上图中，函数 libnet_build_ethernet()使用的缓存区是从整个缓存区的起始位置开始，它的偏移量为 0(在数据包的前面创建一个链路层以太网包头)。libnet_build_ip() 函数使用的缓存区从偏移量为 14 字节 (ETH_H)的地方开始，构造一个 IP 头。函数 libnet_build_tcp() 使用的缓存区紧跟在 IP 头后面，大小为 20 字节，偏移量为 34 字节。

(5)数据包校验和(checksum)

下一个步骤是计算数据包的校验和。对原始 IP 层接口而言，只需要计算传输层校验和，系统内核会自动处理 IP 层的校验和。如果采用链路层接口，IP 层的校验和必须由用户来计算。计算校验和可以调用函数 libnet_do_checksum()。

(6)发送数据包

数据包构造好以后，就可以发送到网络中。如果程序中使用的是 IP 层接口，应使用函数 libnet_write_ip()来发送数据包；如果采用链路层接口，则使用函数 libnet_write_link_layer()发送数据包。函数返回已经发送出去数据包的字节数，如果出错，则返回－1。

7.5.3 libnet 函数

这一部分介绍 libnet 中包含的各种函数和编程常用到的一些变量、宏。

(1)操作存储空间的函数

• int libnet_init_packet(u_short packet_size, u_char * * buf)；

此函数为数据包分配一块存储空间。如果函数成功，返回 1，分配的存储空间为全 0；否则返回－1。函数带有两个参数，一个是数据包的大小(packet_size)，另一个是指向为数据包分配的存储空间首地址的指针(buf)。

• void libnet_destroy_packet(u_char * * buf);

此函数释放指针 buf 所指向的缓存区。

• int libnet_init_packet_arena(struct libnet_arena * * arena, u_short packet_size, u_short packet_size);

此函数分配并初始化一个 arena 缓冲池。如果要构造并发送多个数据包,应采用此函数。函数的第一个参数是指向 arena 结构的指针,最后两个参数用来计算缓冲区的大小。如果函数成功,返回 1,失败则返回 -1。

• u_char * libnet_next_packet_from_arena(struct libnet_arena * * arena, u_short packet_size);

此函数从定义的 arena 结构中返回一块指定大小的存储空间,并递减 arena 中可用字节的计数值。如果从 arena 中得不到需要的存储空间,函数返回 NULL。

• void libnet_destroy_packet_arena(struct libnet_arena * * arena);

此函数释放 arena 中的存储空间。

(2)地址解析函数

• u_char * libnet_host_lookup(u_long ip, u_short use_name);

此函数把网络字节顺序(big-endian)的 IP 地址(参数 ip)转换为通常的形式。如果第二个参数 use_name 是 LIBNET_RESOLVE,函数则解析 IP 地址,并转换成地址对应的主机名;如果是 LIBNET_DONT_RESOLVE,函数返回 IP 地址的点分分十进制 ASCII 字符串形式。

• void libnet_host_lookup_r(u_long ip, u_short use_name, u_char * buf);

此函数与上面的函数类似,只是增加了一个参数 buf,保存已转换(解析)后 IP 地址。

• u_long libnet_name_resolve(u_char * ip, u_short use_name);

此函数把一个 ASCII 字符串形式的 IP 地址转换成一个网络字节顺序 (big-endian)的无符号长整数。

• u_long libnet_get_ipaddr(struct libnet_link_int * l, const u_char * device, const u_char * ebuf);

此函数返回特定网络设备的 IP 地址。函数包含三个参数,一个指向链路层接口结构的指针,一个指向网络设备名的指针和一个保存错误信息的缓存区指针。如果函数成功,返回指定网络接口的 IP 地址(网络字节顺序)。

• struct ether_addr * libnet_get_hwaddr(struct libnet_link_int * l, const u_char * device, const u_char * ebuf);

此函数返回指定网络设备的硬件地址(MAC 地址)。函数包含三个参数,一个指向链路层接口结构的指针,一个指向网络设备名的指针和一个保存错误信息的缓存区指针。如果函数成功,返回指定网络接口的 MAC 地址。

(3)数据包发送支持函数

• int libnet_open_raw_sock(int protocol);

此函数打开一个指定协议类型(protocol)的原始 IP 套接字(raw IP socket)。协议类型通常为 IPPROTO_RAW。函数成功则返回套接字的文件描述符,返回 -1 表示出错。

• int libnet_close_raw_sock(int socket);

此函数关闭指定的原始套接字。

• int libnet_select_device(struct sockaddr_in * sin, u_char * * device,
u_char * ebuf);

此函数从网络接口设备中选择一个设备(不包括网络回路设备)。如果设备参数为空(NULL),函数将选择第一个网络接口;否则打开指定的网络接口。有多种因素可能会导致函数失败,如果函数失败,在第三个参数中保存有出错原因。

• struct libnet_link_int * libnet_open_link_interface(char * device, char * ebuf);

此函数打开链路层接口。如果要发送链路层帧,必须使用此函数。函数包含两个参数,一个指向接口设备名,另一个指向错误缓存区。如果函数成功,返回一个已填写好的 link_int 结构,失败则返回 NULL。

• int libnet_close_link_interface(struct libnet_link_int * l);

此函数关闭已打开的链路层接口。

• int libnet_write_ip(int socket, u_char * packet, int packet_size);

此函数把一个 IP 数据包发送到网络中。第一个参数是由函数 libnet_open_raw_sock 创建的套接字,第二个参数是指向包含完整 IP 数据包的缓存区指针,第三个参数是待发送数据包的大小。函数成功则返回已经发送的字节数,失败则返回-1。

• int libnet_write_link_layer(struct libnet_link_int * l, const u_char * device,
u_char * packet, int packet_size);

此函数把一个链路层帧发送到网络中。第一个参数是一个已经填写好的 libnet_link_int 结构,第二个参数指向网络设备,第三个参数是原始的数据帧,最后一个参数是数据帧的大小。

• int libnet_do_checksum(u_char * packet, int protocol, int packet_size);

此函数计算数据包的校验和。第一个参数指向已经构造好的 IP 数据包,第二个参数指定数据包采用的传输层协议,第三个参数是数据包的长度(不包括 IP 头)。此函数计算传输层协议的校验和,并填写在包头中适当的位置。在使用原始套接字方式时,IP 包的校验和由系统自动计算;如果使用链路层接口,IP 包的校验和必须自行计算。函数支持的传输层协议见表 7.4。

表 7.4 支持的传输层协议

值	协 议
IPPROTO_TCP	TCP
IPPROTO_UDP	UDP
IPPROTO_ICMP	ICMP
IPPROTO_IGMP	IGMP
IPPROTO_IP	IP (用于链路层 api 函数)
IPPROTO_OSPF	OSPF
IPPROTO_OSPF	OSPF_LSA

(4)数据包构造函数

所有 libnet 数据包构造函数都包含三个相同的参数(函数的最后三个参数):一个指向可选数据包负载(payload)的指针,数据包负载的长度和一个指向预先分配的存储空间的指针(大小应可以保存整个数据包和负载)。如果预先分配的存储块的指针为空,函数返回错误。

```
• int libnet_build_arp(u_short hrdw,           // 硬件类型
                       u_short prot,           // 协议类型
                       u_short h_len,          // 硬件地址长度
                       u_short p_len,          // 协议地址长度
                       u_short op,             // ARP 操作类型
                       u_char * s_ha,          // 发送节点硬件地址
                       u_char * s_pa,          // 发送节点协议地址
                       u_char * t_ha,          // 目的节点硬件地址
                       u_char * t_pa,          // 目的节点协议地址
                       const u_char * payload, // 数据包负载
                       int payload_len,        // 负载长度
                       u_char * packet_buf     // 数据包存储空间
                       );
```

函数用来构造一个 ARP (RARP)数据包。函数中前 9 个参数是标准的 ARP 包头参数,后三个参数是通用的 libnet 数据包构造参数。ARP 操作类型参数的可选值如下表 7.5 所示。

表 7.5 ARP 操作类型参数

值	描述
ARPOP_REQUEST	ARP 请求
ARPOP_REPLY	ARP 回应
ARPOP_REVREQUEST	RARP 请求
ARPOP_REVREPLY	RARP 回应
ARPOP_INVREQUEST	识别对方请求
ARPOP_INVREPLY	识别对方回应

```
• int libnet_build_dns(u_short id,             // 数据包标识
                       u_short flags,          // 控制标志位
                       u_short num_q,          // 询问数量
                       u_short num_answ_rr,    // 应答资源记录数量
                       u_short num_auth_rr,    // 权威资源记录数量
                       u_short num_add_rr,     // 附加资源记录数量
                       const u_char * payload, // 数据包负载
                       int payload_len,        // 负载长度
                       u_char * packet_buf     // 数据包存储空间
```

```
);
```

此函数用于构造一个 DNS 数据包。前 6 个参数是 DNS 数据包的字段。

```
• int libnet_build_ethernet(u_char *daddr,        // 目的地址(链路层)
                            u_char *saddr,        // 源地址
                            u_short id,           // 以太网数据包类型
                            const u_char *payload, // 数据包负载
                            int payload_len,      // 负载长度
                            u_char *packet_buf    // 数据包存储空间
);
```

此函数用于创建一个以太网数据帧。参数中的目的地址和源地址是一个无符号字符数组,数据包的类型是表 7.6 中值之一。

表 7.6 以太网数据包类型

值	协 议
ETHERTYPE_PUP	PUP
ETHERTYPE_IP	IP
ETHERTYPE_ARP	ARP
ETHERTYPE_REVARP	RARP
ETHERTYPE_VLAN	IEEE VLAN
ETHERTYPE_LOOPBACK	回路测试

```
• int libnet_build_icmp_echo(u_char type,          // 数据包类型(0 或 8)
                             u_char code,          // 数据包代码(0)
                             u_short id,           // 数据包标识符
                             u_short seq,          // 数据包序号
                             const u_char *payload, // 数据包负载
                             int payload_len,      // 负载长度
                             u_char *packet_buf    // 数据包存储空间
                             );
```

此函数构造一个 ICMP 回应请求或应答数据包。数据包的类型应当是 ICMP_ECHOREPLY 或者 ICMP_ECHO,且参数 code 为 0。

```
• int libnet_build_icmp_unreach(u_char type,        // 数据包类型(3)
                                u_char code,        // 数据包代码
                                u_short orig_len,   // 原 IP 包长度字段
                                u_char orig_tos,    // 原 IP 包服务类型 TOS
                                u_short orig_id,    // 原 IP 包标识字段
                                u_short orig_frag,  // 原 IP 包分段标志
                                u_char orig_ttl,    // 原 IP 包 TTL
```

```
                    u_char orig_prot,          // 原 IP 包协议字段
                    u_long orig_saddr,         // 原 IP 包源地址
                    u_long orig_daddr,         // 原 IP 包目的地址
                    const u_char *payload,     // 数据包负载
                    int payload_len,           // 负载长度
                    u_char *packet_buf         // 数据包存储空间
                    );
```

此函数构造一个 ICMP 不可到达数据包。第 3 到第 12 个参数是原数据包的 IP 头，此数据包产生一个 ICMP unreachable 信息。参数 type 应当是 ICMP_UNREACH 类型，参数 code 可能的值如表 7.7 所示。

表 7.7　参数代码 code 值

值	描　述
ICMP_UNREACH_NET	网络不可到达
ICMP_UNREACH_HOST	主机不可到达
ICMP_UNREACH_PROTOCOL	协议不可到达
ICMP_UNREACH_PORT	端口不可到达
ICMP_UNREACH_NEEDFRAG	需要分片，但标志位 DF 已置位
ICMP_UNREACH_SRCFAIL	源路由失败
ICMP_UNREACH_NET_UNKOWN	未知网络
ICMP_UNREACH_HOST_PROHIB	主机被禁止
ICMP_UNREACH_TOSNET	对请求的服务类型，网络不可到达
ICMP_UNREACH_TOSHOST	对请求的服务类型，主机不可到达
ICMP_UNREACH_FILTER_PROHIB	过滤禁止
ICMP_UNREACH_HOST_PRECEDENCE	主机优先
ICMP_UNREACH_PRECEDENCE_CUTOFF	主机优先分离

```
• int libnet_build_icmp_timeexceed (u_char type,   // 数据包类型
                    u_char code,               // 数据包代码
                    u_short orig_len,          // 原 IP 包长度字段
                    u_char orig_tos,           // 原 IP 包服务类型 TOS
                    u_short orig_id,           // 原 IP 包标识字段
                    u_short orig_frag,         // 原 IP 包分段标志位
                    u_char orig_ttl,           // 原 IP 包 TTL
                    u_char orig_prot,          // 原 IP 包协议字段
                    u_long orig_saddr,         // 原 IP 包源地址
                    u_long orig_daddr,         // 原 IP 包目的地址
                    const u_char *payload,     // 数据包负载
                    int payload_len,           // 负载长度
```

```
u_char * packet_buf        // 数据包存储空间
);
```

此函数构造一个 ICMP 超时数据包。此函数与 libnet_build_icmp_unreach 函数类似，不同之处在于数据包类型(type)和编码(code)不同。数据包类型应为 ICMP_TIMXCEED_INTRANS(数据包在传输过程中超时——TTL 超时)，或者 ICMP_TIMXCEED_REASS(数据包在分段重组队列中超时)。

```
• int libnet_build_icmp_redirect (u_char type,        // 数据包类型
                                  u_char code,        // 数据包代码
                                  u_long gateway,     // 网关地址
                                  u_short orig_len,   // 原 IP 包长度字段
                                  u_char orig_tos,    // 原 IP 包服务类型 TOS
                                  u_short orig_id,    // 原 IP 包标识字段
                                  u_short orig_frag,  // 原 IP 包分段标志位
                                  u_char orig_ttl,    // 原 IP 包 TTL
                                  u_char orig_prot,   // 原 IP 包协议字段
                                  u_long orig_saddr,  // 原 IP 包源地址
                                  u_long orig_daddr,  // 原 IP 包目的地址
                                  const u_char * payload, // 数据包负载
                                  int payload_len,    // 负载长度
                                  u_char * packet_buf // 数据包存储空间
                                  );
```

此函数构造一个 ICMP 重定向数据包。它与 libnet_build_icmp_unreach 函数相似，不同之处是数据包类型和编码不同，还有一个附加参数 gateway 用来保存重定向网关的 IP 地址。数据包类型应为 ICMP_REDIRECT ，代码是表 7.8 中的值之一。

表 7.8　数据包代码

值	描　述
ICMP_UNREACH_NET	网络重定向报文
ICMP_UNREACH_HOST	主机重定向报文
ICMP_UNREACH_PROTOCOL	对服务类型和网络的重定向报文
ICMP_UNREACH_PORT	对服务类型和主机的重定向报文

```
• int libnet_build_igmp(u_char type,        // 数据包类型
                        u_char code,        // 数据包代码
                        u_long ip,          // IP 地址(D 类 IP 地址)
                        const u_char * payload, // 数据包负载
                        int payload_len,    // 负载长度
                        u_char * packet_buf // 数据包存储空间
                        );
```

此函数构造一个 IGMP 数据包。数据包类型 type 是表 7.9 中的值之一。

表 7.9　数据包类型

值	描　述
IGMP_MEMBERSHIP_QUERY	成员资格查询
IGMP_V1_MEMBERSHIP_REPORT	版本 1 成员资格报告
IGMP_V2_MEMBERSHIP_REPORT	版本 2 成员资格报告
IGMP_LEAVE_GROUP	离开组

```
• int libnet_build_ip(u_short len,                // 数据包长度
                      u_char tos,                 // 服务类型 TOS
                      u_short ip_id,              // IP 数据包标识
                      u_short frag,               // 分段标志位
                      u_char ttl,                 // TTL(生存期)
                      u_char protocol,            // 协议
                      u_long saddr,               // 源 IP 地址
                      u_long daddr,               // 目的 IP 地址
                      const u_char * payload,     // 数据包负载
                      int payload_len,            // 负载长度
                      u_char * packet_buf         // 数据包存储空间
                      );
```

此函数构造一个 IP 数据包。参数分段标志位(frag)可以为 0,或者是以下值的组合:

IP_DF:不要分段。

IP_MF:还有其他的分段。

IP 数据包最大不能操过 IP_MAXPACKET 个字节,源和目的地址采用网络字节顺序。

```
• int libnet_build_ospf(u_short len,              // 数据包长度(不含包头)
                        u_char type,              // 数据包类型
                        u_long router_id,         // 路由器编号
                        u_long area_id,           // 区域编号
                        u_short auth_type,        // 确认类型
                        const char * payload,     // 数据包负载
                        int payload_s,            // 负载长度
                        u_char * buf              // 数据包存储空间
                        );
```

此函数用来构造一个 OSPF 数据包。传递给函数的参数包括:数据包的长度(不包括 OSPF 包头),数据包的类型,32 位路由器的 ID 值,认证类型,指向数据包负载的指针,负载长度和一个指向预先为数据包分配的存储区域的指针。

OSPF 数据包的类型可以是表 7.10 中的值。

表 7.10　OSPF 数据包类型

OSPF_UMD	UMD 监视数据包
OSPF_HELLO	Hello 数据包
OSPF_DBD	数据库说明数据包
OSPF_LSR	链路状态请求数据包
OSPF_LSU	链路状态更新数据包
OSPF_LSA	链路状态确认数据包

表 7.11 中是确认类型。

表 7.11　确认类型

OSPF_AUTH_NULL	空口令
OSPF_AUTH_SIMPLE	文本,8 字符口令
OSPF_AUTH_MD5	MD5

```
• int libnet_build_ospf_hello (u_long netmask,      // 网络掩码
                               u_short interval,     // 请求间隔
                               u_char options,       // 选项
                               u_char priority,      // 路由器优先级
                               u_int dead_interval,  // 死亡计时
                               u_long des_router,    // 网络指定路由器
                               u_long backup,        // 网络后备路由器
                               u_long neighbor,      // 相邻路由器
                               const char * payload, // 数据包负载
                               int payload_s,        // 负载长度
                               u_char * buf          // 数据包存储空间
                               );
```

此函数构造一个 OSPF Hello 数据包。传递给函数的参数包括:网络接口的子网掩码,发送上一个 HELLO 分组到现在的时延(s),可能的选项,路由器的优先级(如果是 0,路由器不能为后备路由器),路由器的死亡计时(s),网络指定路由器,网络后备路由器,相邻路由器,指向数据负载的指针,负载长度和一个指向预先为数据包分配的存储区域的指针。如果在数据包中要包含多个相邻路由器,可以给数据包分配一片足够大的存储空间,并把相邻路由器作为选项数据负载放入数据包中。

用于构造 OSPF 数据分组的函数还有 libnet_build_ospf_dbd,libnet_build_ospf_lsr,libnet_build_ospf_lsu,libnet_build_ospf_lsa,libnet_build_ospf_lsa_rtr,libnet_build_ospf_lsa_net,libnet_build_ospf_lsa_sum,libnet_build_ospf_lsa_as,在此不详细介绍。

```
• int libnet_build_rip(u_char cmd,    // 命令
                       u_char ver,    // 版本号
```

```
u_short domain,          // 路由区域
u_short addr_fam,        // 地址族标识
u_short route_tag,       // 路由标识(或 0)
u_long ip,               // IP 地址
u_long mask,             // 子网掩码(或 0)
u_long next_hop,         // 下一跳 IP 地址(或 0)
u_long metric,           // 链路开销
const u_char * payload,  // 数据包负载
int payload_len,         // 负载长度
u_char * packet_buf      // 数据包存储空间
);
```

此函数构造一个 RIP 数据包。使用的 RIP 版本不同,数据包的字段也有一些不同。表 7.12显示了两个版本的差异。

表 7.12　RIP 版本的差异

参数	版本 1	版本 2
1	命令	命令
2	RIPVER_1	RIPVER_2
3	空白	路由区域
4	地址族标识	地址族标识
5	空白	路由标识
6	IP 地址	IP 地址
7	空白	子网掩码
8	空白	下一跳 IP 地址
9	链路开销	链路开销

可选的 RIP 命令如表 7.13 所示。

表 7.13　RIP 命令

值	说　明
RIPCMD_REQUEST	RIP request
RIPCMD_RESPONSE	RIP response
RIPCMD_TRACEON	RIP tracing on
RIPCMD_TRACEOFF	RIP tracing off
RIPCMD_POLL	RIP polling
RIPCMD_POLLENTRY	RIP poll entry
RIPCMD_MAX	

```
• int libnet_build_tcp(u_short th_sport,      // 源端口
                       u_short th_dport,      // 目的端口
```

```
    u_long th_seq,                        // 数据包序号
    u_long th_ack,                        // 确认号
    u_char th_flags,                      // 控制标志位
    u_short th_win,                       // 窗口尺寸
    u_short th_urg,                       // 紧急指针
    const u_char * payload,               // 数据包负载
    int payload_len,                      // 负载长度
    u_char * packet_buf                   // 数据包存储空间
    );
```

此函数构造一个 TCP 数据包。前 7 个参数是 TCP 数据包中的字段。包中的控制标志位的可选值如表 7.14 所示。

表 7.14 控制标志位

值	描 述
TH_URG	紧急指针域有效
TH_ACK	确认号有效
TH_PSH	Push 操作有效
TH_RST	连接复位,重新连接
TH_SYN	同步连接序号
TH_FIN	发送结束

```
• int libnet_build_udp(u_short sport,          // 源端口
                   u_short dport,              // 目的端口
                   const u_char * payload,     // 数据包负载
                   u_short p_len,              // 协议地址长度
                   int payload_len,            // 负载长度
                   u_char * packet_buf         // 数据包存储空间
                   );
```

此函数构造一个 UDP 数据包。

```
• int libnet_insert_ipo(struct ipoption * opt,   //已经填好的 IP 选项结构
                   u_char opt_len,               //选项长度
                   u_char * packet_buf           // 指向 IP 数据包的指针
                   );
```

此函数在已经构造好的 IP 数据包中插入 IP 选项。参数包括一个指向 IP 选项结构的指针,选项的长度和指向已构造好的 IP 数据包的指针。

```
• int libnet_insert_tcpo(struct tcpoption * opt,   // 已经填好的 TCP 选项结构
                    u_char opt_len,                // 选项长度
                    u_char * packet_buf            // 指向 IP 数据包的指针
                    );
```

此函数在已经构造好的IP/TCP数据包中插入TCP选项。参数包括一个指向TCP选项结构的指针，选项的长度和指向已构造好数据包的指针。

(5)支持函数

• int libnet_seed_prand()；

函数libnet_seed_prand()给伪随机数产生器(pseudo random number generator)设置种子(seeds)。

• u_long libnet_get_prand(int modulus)；

函数libnet_get_prand()产生一个伪随机数。产生伪随机数的数值范围由函数唯一的参数来控制。表7.15是参数的可能值。

表7.15　参数值

值	说　明
LIBNET_PR2	0 ～ 1
LIBNET_PR8	0 ～ 255
LIBNET_PR16	0 ～ 32 767
LIBNET_PRu16	0 ～ 65 535
LIBNET_PR32	0 ～ 2 147 483 647
LIBNET_PRu32	0 ～ 4 294 967 295

• void libnet_hex_dump(u_char * buf, int len int swap, FILE * stream)；

函数libnet_hex_dump()用十六进制形式显示数据包的内容。第一个参数指向保存数据包的缓存区；第二个参数指明数据包的长度；第三个参数决定按何种方式显示数据包内容，按其在缓存区中的形式显示，或者其在网络中传输的形式。最后一个参数指明数据包的显示设备(如stdout)。

• int libnet_plist_chain_new(struct libnet_plist_chain * * plist, char * token_list)；

函数libnet_plist_chain_new()构造一个新的libnet端口列表链(port－list chain)。libnet端口列表链是操作端口的一种简单快速的方法。操作端口范围的普通方法是分配一个65 535字节的数组，并逐个来填写需要的端口。但是，在很多情况下，只需保存开始和结束的端口号，使用链表保存多个端口范围比较方便而有效，链表中的每个节点保存特定端口范围的起始和结束端口号。例如，要表示端口范围"1～1024"，只需一个节点，在节点中保存开始端口号1和结束端口号1024。表示以下端口范围"25 110～161 6000"需要分配3个节点。

函数包含两个参数，第一个参数是指向结构libnet_plist_chain的指针(端口列表链的头指针)，第二个参数指向端口列表本身。

此函数检查端口列表(参数token_list)中的字符是否符合要求(以下字符之一：1234567890，－)，如果发现错误则返回－1；如果成功，则返回1和一个新格式化的端口列表链，通过函数libnet_plist_chain_next_pair()可以得到链中包含的端口范围。

• int libnet_plist_chain_next_pair(struct libnet_plist_chain * plist, u_short * bport, u_short * eport)；

此函数从链表中取得下一对端口节点，并把起始和结束端口填写进去。函数包含三个参数，第一个是指向已经构造好的链表的头指针，第二个是要填写的起始端口号，最后一个参数是要填写的结束端口号。

如果链表中还有节点，则把端口值填写进出，并返回 1；如果没有剩余的节点，函数返回 0；如果出错（如指针 libnet_plist_chain 为 NULL），函数返回－1。

• int libnet_plist_chain_dump(struct libnet_plist_chain * plist)；

此函数把端口列表链中的数值输出到标准输出设备。

• u_char * libnet_plist_chain_dump_string(struct libnet_plist_chain * plist)；

此函数把端口列表链中的数值输出到一个字符串中。

• void libnet_plist_chain_free(struct libnet_plist_chain * plist)；

此函数释放链表的存储空间。

(6)符号常量

为了方便使用，libnet 定义了一些标准的数据包头大小常量，如表 7.16 所示。

表 7.16 标准的数据包头大小常量

符号常量	大小(字节)
LIBNET_ARP_H	28
LIBNET_DNS_H	12
LIBNET_ETH_H	14
LIBNET_ICMP_H	4
LIBNET_ICMP_ECHO_H	8
LIBNET_ICMP_MASK_H	12
LIBNET_ICMP_UNREACH_H	8
LIBNET_ICMP_TIMXCEED_H	8
LIBNET_ICMP_REDIRECT_H	8
LIBNET_ICMP_TS_H	20
LIBNET_IGMP_H	8
LIBNET_IP_H	20
LIBNET_RIP_H	24
LIBNET_TCP_H	20
LIBNET_UDP_H	8

其他数据包存储空间常量见表 7.17。

表 7.17 其他数据包存储空间常量

符号常量	含 义
LIBNET_PACKET	为一个 TCP 或 UDP 头、IP 头提供足够的存储空间
LIBNET_OPTS	为 IP 或 TCP 选项(40 字节)提供足够的存储空间
LIBNET_MAX_PACKET	数据包最大空间 IP_MAXPACKET (65 535 字节)

用于错误信息的常量见表 7.18，用在函数 libnet_error()中。

表 7.18　错误信息常量

符号常量	含　义
LIBNET_ERR_WARNING	警告错误信息
LIBNET_ERR_CRITICAL	严重错误信息
LIBNET_ERR_FATAL	致命错误信息(程序将退出)

用在函数 libnet_host_lookup()，libnet_host_lookup_r()和 libnet_name_resolve()中的常量见表 7.19。

表 7.19　IP 地址解析常量

符号常量	含　义
LIBNET_DONT_RESOLVE	不要解析 IP 地址
LIBNET_RESOLVE	解析 IP 地址

(7)宏(Macros)

libnet 定义了一些宏，以方便用户使用。在 arena 接口中定义的宏，见表 7.20。

表 7.20　arena 接口宏

宏	含　义
LIBNET_GET_ARENA_SIZE(arena)	返回 arena 的大小
LIBNET_GET_ARENA_REMAINING_BYTES(arena)	返回 arena 中剩余的字节数

显示结构 ether_addr 中的以太网地址可以使用以下宏：

LIBNET_PRINT_ETH_ADDR(e)

7.5.4　应用程序示例

下面是 4 个使用 libnet 的示例程序，分别代表 libnet 不同的使用场合。通过对示例程序的分析，可以加深对 libnet 的理解。

(1)示例程序一

此程序使用原始套接字 API 函数构造一个不带负载的 TCP 数据包，并把构造好的数据包发送到网络中。

例 7.15　应用程序示例一。

```
#include <libnet.h>
void usage(char * );
int main(int argc, char * * argv)
{
    int network,                    // 网络接口
        packet_size,                // 数据包大小
```

```
    c;
    u_long src_ip, dst_ip;        // IP 地址
    u_short src_prt, dst_prt;     // 端口
    u_char *cp, *packet;
    printf("Libnet 示例程序\n");
    src_ip = 0;
    dst_ip = 0;
    src_prt = 0;
    dst_prt = 0;
// 以下是命令行解释部分。程序需要输入一个源 IP 地址和一个目的 IP 地址,两者的
// 格式为"ip.ip.ip.ip.port"。
while((c = getopt(argc, argv, "d:s:")) != EOF)
    {
      switch (c)
      {
        case 'd':
        if (!(cp = strrchr(optarg, '.')))
        {
          usage(argv[0]);
        }
        *cp++ = 0;
        dst_prt = (u_short)atoi(cp);
        if (!(dst_ip = libnet_name_resolve(optarg, LIBNET_RESOLVE)))
        {
          libnet_error(LIBNET_ERR_FATAL,
            "Bad destination IP address: %s\n", optarg);
        }
        break;
      case 's':
        if (!(cp = strrchr(optarg, '.')))
        {
          usage(argv[0]);
        }
        *cp++ = 0;
        src_prt = (u_short)atoi(cp);
        if (!(src_ip = libnet_name_resolve(optarg, LIBNET_RESOLVE)))
        {
          libnet_error(LIBNET_ERR_FATAL,
                "Bad source IP address: %s\n", optarg);
```

```
            }
            break;
        }
    }
    if (! src_ip || ! src_prt || ! dst_ip || ! dst_prt)
    {
        usage(argv[0]);
        exit(EXIT_FAILURE);
}
// 构造的是不带负载的 TCP/IP 数据包,需要大小为
// LIBNET_IP_H + LIBNET_TCP_H (40 字节)的存储空间
packet_size = LIBNET_IP_H + LIBNET_TCP_H;
// 步骤 1: 初始化存储空间,为数据包分配一块存储空间。如果分配失败,调用函
// 数显示错误,程序退出
libnet_init_packet(packet_size, &packet);
if (packet == NULL)
{
libnet_error(LIBNET_ERR_FATAL, "Libnet_init_packet failed\n");
}
// 步骤 2: 初始化网络, 打开本机的网络接口
network = libnet_open_raw_sock(IPPROTO_RAW);
if (network == -1)
{
libnet_error(LIBNET_ERR_FATAL, "Can't open network. \n");
}
// 步骤 3: 构造数据包 (IP 包头),函数的调用顺序并不重要,关键是要注意不同网
// 络协议包头在数据包存储空间中的位置
libnet_build_ip(LIBNET_TCP_H,        // 头大小
        IPTOS_LOWDELAY,              // IP tos
        242,                         // IP ID
        0,                           // 分段
        48,                          // TTL
        IPPROTO_TCP,                 // TCP 协议
        src_ip,                      // 源 IP 地址
        dst_ip,                      // 目的 IP 地址
        NULL,                        // 负载为空
        0,                           // 负载长度
        packet);                     // 包头存储区指针
// 构造数据包 (TCP 包头)。构造 TCP 包头在存储空间中的位置为
```

```
// LIBNET_IP_H (20 字节)
libnet_build_tcp(src_prt,                    // 源 TCP 端口
        dst_prt,                             // 目的 TCP 端口
        0xa1d95,                             // 序列号
        0x53,                                // 确认号
        TH_SYN,                              // 标志位
        1024,                                // 窗口大小
        0,                                   // 紧急指标为空
        NULL,                                // 负载为空
        0,                                   // 负载长度
        packet + LIBNET_IP_H);               // 包头存储区指针
// 步骤 4：计算数据包的校验和（只用于 TCP 包头）。只需计算 TCP 包头的校验和。
// 采用原始套接字 API 函数，系统自动处理 IP 包头中的校验和
if (libnet_do_checksum(packet, IPPROTO_TCP, LIBNET_TCP_H) == -1)
{
   libnet_error(LIBNET_ERR_FATAL, "libnet_do_checksum failed\n");
}
// 步骤 5：构造好 TCP 数据包后，就可以把数据包发送到网络
c = libnet_write_ip(network, packet, packet_size);
if (c < packet_size)
{
   libnet_error(LN_ERR_WARNING, "libnet_write_ip only wrote %d bytes\n",
            c);
}
else
{
   printf("construction and injection completed, wrote all %d bytes\n", c);
}
// 发送完数据包后，要关闭网络接口，释放已分配的存储空间
if (libnet_close_raw_sock(network) == -1)
{
   libnet_error(LN_ERR_WARNING,
   "libnet_close_raw_sock couldn't close the interface");
}
   libnet_destroy_packet(&packet);
return (c == -1 ? EXIT_FAILURE : EXIT_SUCCESS);
}
void
usage(char * name)
```

```
{
    fprintf(stderr, "usage: %s -s s_ip.s_port -d d_ip.d_port\n", name);
}
```

(2)示例程序二

此示例程序显示如何使用 libnet 的链路层接口，通过链路层接口，发送一个 ICMP_MASK 数据包。

例 7.16　应用程序示例二。

```
#include <libnet.h>
void usage(char *);
u_char enet_src[6] = {0x0d, 0x0e, 0x0a, 0x0d, 0x00, 0x00};
u_char enet_dst[6] = {0xff, 0xff, 0xff, 0xff, 0xff, 0xff};
int main(int argc, char *argv[])
{
    int packet_size,
    c;
    u_long src_ip, dst_ip;
    u_char *packet;                              // 数据包缓存区指针
    char err_buf[LIBNET_ERRBUF_SIZE];
    u_char *device;                              // 设备指针
    struct libnet_link_int *network;             // 网络接口指针
    device = NULL;
    src_ip = 0;
    dst_ip = 0;
// 解释命令行参数
while ((c = getopt(argc, argv, "i:d:s:")) != EOF)
  {
    switch (c)
    {
      case 'd':
        if (! (dst_ip = libnet_name_resolve(optarg, LIBNET_RESOLVE)))
        {
          libnet_error(LIBNET_ERR_FATAL,
               "Bad destination IP address: %s\n", optarg);
        }
        break;
      case 'i':
        device = optarg;
        break;
      case 's':
        if (! (src_ip = libnet_name_resolve(optarg, LIBNET_RESOLVE)))
```

```
            {
              libnet_error(LIBNET_ERR_FATAL,
                "Bad source IP address: %s\n", optarg);
            }
            break;
          default:
            exit(EXIT_FAILURE);
          }
}
if (! src_ip || ! dst_ip)
{
        usage(argv[0]);
        exit(EXIT_FAILURE);
}
// 步骤 1: 初始化网络。如果没有定义网络接口,libnet 将为程序选择一个网络接
// 口。函数 libnet_select_device 返回机器中第一个非本地回路的网络接口
if (device == NULL)
{
    struct sockaddr_in sin;
    // 选择网络接口
    if (libnet_select_device(&sin, &device, err_buf) == -1)
    {
      libnet_error(LIBNET_ERR_FATAL,
            "libnet_select_device failed: %s\n", err_buf);
    }
    printf("device:\t\t\t\t%s\n", device);
    }
// 打开链路层编程接口
if ((network = libnet_open_link_interface(device, err_buf)) == NULL)
{
    libnet_error(LIBNET_ERR_FATAL,
            "libnet_open_link_interface: %s\n", err_buf);
}
// 为数据包初始化存储空间。采用链路层接口来构造一个不带负载的 ICMP 数据
// 包,除了为 ICMP 和 IP 分配存储空间外,还必须为以太网帧分配存储空间
packet_size = LIBNET_IP_H + LIBNET_ETH_H + LIBNET_ICMP_MASK_H;
// 步骤 2: 初始化存储空间
if (libnet_init_packet(packet_size, &packet) == -1)
{
```

```
    libnet_error(LIBNET_ERR_FATAL, "libnet_init_packet failed\n");
}
// 步骤 3：构造数据包（以太网帧头）
    libnet_build_ethernet(enet_dst,
        enet_src,
        ETHERTYPE_IP,
        NULL,
        0,
        packet);
// 步骤 4：构造数据包(ICMP header)
libnet_build_icmp_mask(ICMP_MASKREPLY,          // ICMP 数据包类型
        0,                                      // 代码
        242,                                    // ID 值
        0,                                      // 序号
        0xffffffff,                             // 网络掩码
        NULL,                                   // 负载
        0,
packet + LIBNET_ETH_H + LIBNET_IP_H);
// 步骤 5：构造数据包(IP header)
libnet_build_ip(ICMP_MASK_H,                    // IP tos
        242,                                    // IP ID
        0,                                      // 分段
        64,                                     // TTL
        IPPROTO_ICMP,                           // ICMP 协议
        src_ip,                                 // 源 IP
        dst_ip,                                 // 目的 IP
        NULL,                                   // 负载为空
        0,
        packet + LIBNET_ETH_H);       // IP 头存储区
// 步骤 6：计算数据包校验和(ICMP 头和 IP 头)
if (libnet_do_checksum(packet + ETH_H, IPPROTO_ICMP,
            LIBNET_ICMP_MASK_H) == -1)
{
    libnet_error(LIBNET_ERR_FATAL, "libnet_do_checksum failed\n");
}
if (libnet_do_checksum(packet+ETH_H, IPPROTO_IP, LIBNET_IP_H)==-1)
{
    libnet_error(LIBNET_ERR_FATAL, "libnet_do_checksum failed\n");
}
```

```
    // 步骤 7：发送数据包
    c = libnet_write_link_layer(network, device, packet, packet_size);
    if (c < packet_size)
    {
        libnet_error(LN_ERR_WARNING,
                "libnet_write_link_layer only wrote %d bytes\n", c);
    }
    else
    {
        printf("construction and injection completed, wrote all %d bytes\n", c);
    }
    // 关闭网络接口
    if (libnet_close_link_interface(network) == -1)
    {
        libnet_error(LN_ERR_WARNING,
                "libnet_close_link_interface couldn't close the interface");
    }
    // 释放存储空间
    libnet_destroy_packet(&packet);
    return (c == -1 ? EXIT_FAILURE : EXIT_SUCCESS);
}
void
usage(char *name)
{
    fprintf(stderr, "usage: %s [-i interface] -s s_ip -d d_ip\n", name);
}
```

(3)示例程序三

此示例程序显示如何使用原始套接字接口发送多个 ICMP_ECHO 数据包，并采用 arena 接口分配数据包存储空间。

例 7.17 应用程序示例三。

```
#include <libnet.h>
void usage(char *);
int main(int argc, char **argv)
{
    int network, n, c, number_of_packets, packet_size;
    struct libnet_arena arena, *arena_p;
    u_char *packets[10];
    u_long src_ip, dst_ip;
    src_ip = 0;
```

```
    dst_ip = 0;
  //解释命令行参数
  while((c = getopt(argc, argv, "d:s:")) != EOF)
    {
      switch (c)
      {
        case 'd':
          if (! (dst_ip = libnet_name_resolve(optarg, LIBNET_RESOLVE)))
          {
            libnet_error(LIBNET_ERR_FATAL,
            "Bad destination IP address: %s\n", optarg);
          }
          break;
        case 's':
          if (! (src_ip = libnet_name_resolve(optarg, LIBNET_RESOLVE)))
          {
          libnet_error(LIBNET_ERR_FATAL,
                "Bad source IP address: %s\n", optarg);
          }
          break;
        }
      }
      if (! src_ip || ! dst_ip)
      {
        usage(argv[0]);
        exit(EXIT_FAILURE);
  }
  // 因为要构造ICMP数据包(不带负载),所以只需为ICMP头和IP头分配存储
  // 空间
    packet_size = LIBNET_IP_H + LIBNET_ICMP_ECHO_H;
  // 构造数据包的数量
  number_of_packets = 10;
  // arena是一个存储空间池,用来为多个数据包(分组)分配所需的存储空间。在
  // 这个程序中将要为10个数据包分配存储空间
  arena_p = &arena;
  if (libnet_init_packet_arena(&arena_p, number_of_packets, packet_size) == -1)
  {
    libnet_error(LIBNET_ERR_FATAL, "libnet_init_packet_arena failed\n");
  }
```

```
else
{
    printf("Allocated an arena of %ld bytes..\n", LIBNET_GET_ARENA_SIZE(are-
na));
}
network = libnet_open_raw_sock(IPPROTO_RAW);
if (network == -1)
{
    libnet_error(LIBNET_ERR_FATAL, "Can't open the network.\n");
}
// 程序从 arena 中为每个数据包取得存储空间。在本示例程序中,数据包的大小
// 是相同的,使用 arena 更有效的场合是为不同大小的数据包分配存储空间
for (n = 0; n < number_of_packets; n++)
  {
    printf("%ld bytes remaining in arena\n",
        LIBNET_GET_ARENA_REMAINING_BYTES(arena));
    packets[n] = libnet_next_packet_from_arena(&arena_p, packet_size);
    if (! packets[n])
    {
      libnet_error(LIBNET_ERR_WARNING, "Arena is empty\n");
      continue;
    }
      libnet_build_ip(ICMP_ECHO_H,
            IPTOS_LOWDELAY | IPTOS_THROUGHPUT,
            242,                                // IP 序号
            0,
            48,                                 // TTL
            IPPROTO_ICMP,                       // ICMP 协议
            src_ip,                             // 源 IP 地址
            dst_ip,                             // 目的 IP 地址
            NULL,                               // 负载指针
            0,                                  // 负载长度
            packets[n]);                        // 包头存储区
libnet_build_icmp_echo(ICMP_ECHO,
            0,
            242,
            5,
            NULL,
            0,
```

```
            packets[n] + LIBNET_IP_H);
    if (libnet_do_checksum(packets[n], IPPROTO_ICMP,
                        LIBNET_ICMP_ECHO_H) == -1)
    {
  libnet_error(LIBNET_ERR_FATAL, "libnet_do_checksum failed\n");
    }
    c = libnet_write_ip(network, packets[n], packet_size);
    if (c < packet_size)
    {
      libnet_error(LN_ERR_WARNING,
          "libnet_write_ip only wrote %d bytes\n", c);
    }
    else
    {
      printf("construction and injection of packet %d of %d completed,
            wrote all %d bytes\n", n + 1, number_of_packets, c);
      }
    }
    libnet_destroy_packet_arena(&arena_p);
    return (c == -1 ? EXIT_FAILURE : EXIT_SUCCESS);
}
void usage(char * name)
{
    fprintf(stderr, "usage: %s -s source_ip -d destination_ip\n ", name);
}
```

(4)示例程序四

此示例程序显示如何使用端口列表链构造 UDP 数据包。

例 7.18　应用程序示例四。

```
#include <libnet.h>
#define MAX_PAYLOAD_SIZE 1024
void usage(char * );
u_char enet_src[6] = {0x0d, 0x0e, 0x0a, 0x0d, 0x00, 0x00};   // 源以太网 MAC 地址
u_char enet_dst[6] = {0xff, 0xff, 0xff, 0xff, 0xff, 0xff};   // 目的以太网 MAC 地址
int main(int argc, char * argv[])
{
  int packet_size,
    payload_size,
    c;
u_long src_ip, dst_ip;
```

```
    u_short bport, eport;
    u_short cport;
    u_char payload[MAX_PAYLOAD_SIZE];
    u_char * packet;
    char err_buf[LIBNET_ERRBUF_SIZE];
    u_char * device;
    struct libnet_link_int * network;
    struct libnet_plist_chain plist;
    struct libnet_plist_chain * plist_p;
    plist_p = NULL;
    device = NULL;
    src_ip = 0;
    dst_ip = 0;
    // 命令行参数解释
    while ((c = getopt(argc, argv, "i:d:s:p:")) != EOF)
    {
        switch (c)
        {
          case 'd':
            if (! (dst_ip = libnet_name_resolve(optarg, LIBNET_RESOLVE)))
            {
              libnet_error(LIBNET_ERR_FATAL,
                    "Bad destination IP address: %s\n", optarg);
            }
            break;
          case 'i':
            device = optarg;
            break;
          case 's':
            if (! (src_ip = libnet_name_resolve(optarg, LIBNET_RESOLVE)))
            {
              libnet_error(LIBNET_ERR_FATAL,
                    "Bad source IP address: %s\n", optarg);
            }
            break;
          case 'p':
            plist_p = &plist;
            if (libnet_plist_chain_new(&plist_p, optarg) == -1)
            {
```

```
            libnet_error(LIBNET_ERR_FATAL, "Could not build port list\n");
          }
          break;
        default:
          usage(argv[0]);
          exit(EXIT_FAILURE);
      }
  }
  if (! src_ip || ! dst_ip || ! plist_p)
  {
        usage(argv[0]);
        exit(EXIT_FAILURE);
  }
  c = argc - optind;
  if (c != 1)
  {
        usage(argv[0]);
        exit(EXIT_FAILURE);
  }
  memset(payload, 0, sizeof(payload));
  strncpy(payload, argv[optind], strlen(argv[optind]));
  // 步骤 1：初始化网络并选择网络设备
  if (device == NULL)
  {
  struct sockaddr_in sin;
  // 选择网络设备
  if (libnet_select_device(&sin, &device, err_buf) == -1)
  {
    libnet_error(LIBNET_ERR_FATAL,
        "libnet_select_device failed: %s\n", err_buf);
  }
  printf("device:\t\t\t\t%s\n", device);
  }
  if ((network = libnet_open_link_interface(device, err_buf)) == NULL)
  {
    libnet_error(LIBNET_ERR_FATAL,
        "libnet_open_link_interface: %s\n", err_buf);
  }
  // 取得数据负载
```

```
    payload_size = strlen(payload);
    packet_size = LIBNET_IP_H + LIBNET_ETH_H + LIBNET_UDP_H + pay-
load_size;
    // 步骤 2：初始化存储空间
    if (libnet_init_packet(packet_size, &packet) == -1)
    {
        libnet_error(LIBNET_ERR_FATAL, "libnet_init_packet failed\n");
    }
    // 步骤 3：构造数据包
    libnet_build_ethernet(enet_dst,
            enet_src,
            ETHERTYPE_IP,
            NULL,
            0,
            packet);
    // 构造 IP 头
    libnet_build_ip(LIBNET_UDP_H+payload_size,
            0,
            242,
            0,
            64,
            IPPROTO_UDP,
            src_ip,
            dst_ip,
            NULL,
            packet + LIBNET_ETH_H);
    // 从端口列表链中取得端口范围,并构造 UDP 数据包
    while (libnet_plist_chain_next_pair(plist_p, &bport, &eport))
    {   // 检查端口列表链是否结束
        while (! (bport > eport) && bport != 0)
        {
          cport = bport++;
          // 构造 UDP 包头
          libnet_build_udp(242,         // 源端口
                    cport,              // 目的端口
                    payload,            // 负载口
                    payload_size,       // 负载长度
                    packet + LIBNET_ETH_H + LIBNET_IP_H);
    // 步骤 4：计算数据包校验和
```

```
if (libnet_do_checksum(packet + ETH_H,
    IPPROTO_UDP, LIBNET_UDP_H + payload_size) == -1)
{
    libnet_error(LIBNET_ERR_FATAL, "Libnet_do_checksum failed\n");
}
if (libnet_do_checksum(packet+ETH_H, IPPROTO_IP, LIBNET_IP_H)==-1)
{
    libnet_error(LIBNET_ERR_FATAL, "Libnet_do_checksum failed\n");
}
// 步骤 5：发送数据包
c = libnet_write_link_layer(network, device, packet, packet_size);
if (c < packet_size)
{
    libnet_error(LN_ERR_WARNING,
        "Libnet_write_link_layer only wrote %d bytes\n", c);
}
else
{
    printf("Injection completed, wrote all %d bytes, port %d\n",
c, cport);
}
}
}
// 关闭网络接口
if (libnet_close_link_interface(network) == -1)
{
libnet_error(LN_ERR_WARNING,
"Libnet_close_link_interface couldn't close the interface");
}
// 释放存储空间
libnet_destroy_packet(&packet);
return (c == -1 ? EXIT_FAILURE : EXIT_SUCCESS);
}
void usage(char *name)
{
fprintf(stderr, "usage: %s [-i interface] -s s_ip -d d_ip -p port list payload\n",
    name);
}
```

习题与思考题

7.1 描述 IEEE802.3MAC 帧的结构。不同的高层协议在帧的类型字段中的代码是什么?

7.2 简述 TCP/IP 协议族的不同层中的各种协议及其作用。

7.3 简述 IP 数据报中各字段的含义。

7.4 WinPcap 提供哪些主要功能? 可以用在哪些场合?

7.5 如果要编写一个网络数据包捕获的应用程序,采用数据包捕获函数库(wpcap.lib)和采用 PACKET.DLL 提供的函数有什么区别?

7.6 使用 Winpcap 函数库 wpcap.lib 编写网络应用程序要遵循哪些步骤? 并用 wpcap.lib 编写一个捕获网络中某一台主机发出的所有 TCP 数据流。

7.7 编写程序取得 LAN 网络流量的统计信息。

7.8 如果要构造一个 TCP 数据包,包中带有 1 000 个字节的负载(payload),网络层采用 IP 层接口,需要为这个数据包分配多大的存储空间? 如果要构造一个同样的数据包,而采用链路层接口,则又需要多大的存储空间?

7.9 编程实现构造一个不带负载的 TCP 数据包,此数据包代表一个 TCP SYN 连接请求,并把构造好的数据包发送到网络中。(通过 tcpdump 或者 windump 捕获网络数据包来验证)

7.10 编程实现发送多个 ICMP 回应请求数据包。

附录 1　NetBIOS 命令代码表

代　码	值	说　明
NCBCALL	0x10	会话呼叫请求
NCBLISTEN	0x11	会话侦听
NCBHANGUP	0x12	会话挂起
NCBSEND	0x14	会话发送
NCBRECV	0x15	会话接收
NCBRECVANY	0x16	接收任意工作站来的会话数据
NCBCHAINSEND	0x17	链式会话发送
NCBDGSEND	0x20	数据报发送
NCBDGRECV	0x21	数据报接收
NCBDGSENDBC	0x22	广播发送
NCBDGRECVBC	0x23	广播接收
NCBADDNAME	0x30	添加名字
NCBDELNAME	0x31	删除名字
NCBRESET	0x32	NETBIOS 复位
NCBASTAT	0x33	检测网络适配器状态
NCBSSTAT	0x34	检测会话状态
NCBCANCEL	0x35	取消一条 NCB 命令
NCBADDGRNAME	0x36	添加组名
NCBENUM	0x37	枚举适配器编号
NCBUNLINK	0x70	适配器离线
NCBSENDNA	0x71	无应答会话发送
NCBCHAINSENDNA	0x72	无应答链式会话发送
NCBFINDNAME	0x78	查找名字
NCBTRACE	0x79	命令跟踪
ASYNCH	0x80	异步命令标志

附录 2　NetBIOS 错误代码表

代　码	值	说　明
NRC_GOODRET	00H	命令执行成功，无差错
NRC_BUFLEN	01H	缓存长度无效
NRC_ILLCMD	03H	命令代码无定义
NRC_CMDTMO	05H	命令超时
NRC_INCOMP	06H	收到的报文不完整，因指定的缓存长度不够
NRC_BADDR	07H	本地 No-Ack 命令失败
NRC_SNUMOUT	08H	本地会话号无效
NRC_NORES	09H	无可用资源(会话表已用满)
NRC_SCLOSED	0AH	会话对方已将会话关闭
NRC_CMDCAN	0BH	本命令已被另一条 Cancel 命令撤消
NRC_DUPNAME	0DH	本地 NetBIOS 名字表上发生重名
NRC_NAMTFUL	0EH	NetBIOS 名字表满，不能增加新名字
NRC_ACTSES	0FH	一个正在会话的名字被删除
NRC_LOCTFUL	11H	NetBIOS 本地会话表满，不能增加会话
NRC_REMTFUL	12H	拒绝建立会话，远程会话表满
NRC_ILLNN	13H	非法名字号
NRC_NOCALL	14H	对 Call 命令无响应或找不到指定的名字
NRC_NOWILD	15H	名字未找到
NRC_INUSE	16H	指定的名字已经在其他工作站注册
NRC_NAMERR	17H	名字已被删除或不能使用
NRC_SABORT	18H	会话非正常终止(超时或硬件故障)
NRC_NAMCONF	19H	发现重名
NRC_IFBUSY	21H	NetBIOS 接口忙
NRC_TOOMANY	22H	发出而未执行的命令数目超限
NRC_BRIDGE	23H	适配器号不合法
NRC_CANOCCR	24H	在执行 Cancel 命令过程中该命令执行完毕
NRC_CANCEL	26H	Cancel 命令指定的命令无效
NRC_DUPENV	30H	指定的名字为 IBM 保留名
NRC_ENVNOTDEF	34H	没有定义 NETBIOS 环境

续表

代　码	值	说　明
NRC_OSRESNOTAV	35H	所需的操作系统资源耗尽
NRC_MAXAPPS	36H	超过最大应用程序的限度
NRC_NOSAPS	37H	NETBIOS 没有可利用的 SAP(服务访问点)
NRC_NORESOURCES	38H	所请求的资源是不可利用的
NRC_INVADDRESS	39H	无效的 NCB 地址
NRC_INVDDID	3BH	无效的 NCB DDID
NRC_LOCKFAIL	3CH	用户区域锁定失败
NRC_OPENERR	3FH	NETBIOS 没有被加载
NRC_SYSTEM	40H	系统错
NRC_PENDING	FFH	异步命令正在执行(挂起状态)

附录 3　Winsock 错误代码表

错误代码	Berkeley 对应代码	错误数值	说　明
WSAEINTR	EINT	10004	函数调用中断。该错误表明由于 WSACancelBlockingCall 调用而引起的一次调用被强行中断
WSAEBADF	EBADF	10009	文件句柄错误。该错误表明提供的文件句柄无效
WSAEACCES	EACCES	10013	权限被拒。尝试对套接字进行操作，但被禁止。
WSAEFAULT	EFAULT	10014	地址无效。传给 Winsock 函数的指针地址无效。若指定的缓冲区太小，也会产生这个错误
WSAEINVAL	EINVAL	10022	参数无效。指定了一个无效参数，例如 WSAIoctl。调用指定了一个无效控制代码，便会产生这个错误。另外，它也可能表明套接字当前的状态有错，例如在一个目前没有设置为侦听状态的套接字上调用 accept 或 WSAAccept
WSAEMFILE BLOCK	EMFILE BLOCK	10024	打开文件过多。提示打开的套接字太多了。通常只受到系统内可用资源数量的限制
WSAEWOULD BLOCK	EWOULDBLOCK	10035	资源暂时不可用。对非锁定套接字来说，如果请求操作不能立即执行的话，通常会返回这个错误。比如说，在一个非暂停套接字上调用 connect，就会返回这个错误。因为连接请求不能立即执行
WSAEINPRO GRESS	EINPROGRESS	10036	操作正在进行中。当前正在执行非锁定操作。一般来说不会出现这个错误，除非正在开发 16 位 Winsock 应用程序
WSAEALREADY	EALREADY	10037	操作已完成。一般来说，在非锁定套接字上尝试已处于进程中的操作时，会产生这个错误。比如在一个已处于连接进程的非锁定套接字上，再一次调用 connect 或 WSAConnect。另外，服务提供者处于执行回调函数（针对支持回调例程的 Winsock 函数）的进程中时，也会出现这个错误

续表

错误代码	Berkeley 对应代码	错误数值	说 明
WSAENOTSOCK	ENOTSOCK	10038	无效套接字上的套接字操作。任何一个把SOCKET句柄当作参数的Winsock函数都会返回这个错误。它表明提供的套接字句柄无效
WSAEDESTADDRREQ	EDESTADDRREQ	10039	需要目标地址。这个错误表明没有提供具体地址。比方说,假如在调用sendto时,将目标地址设为INADDR_ANY(任意地址),便会返回这个错误
WSAEMSGSIZE	EMSGSIZE	10040	消息过长。这个错误的含义很多。如果在一个数据报套接字上发送一条消息,这条消息对内部缓冲区而言太大的话,就会产生这个错误。再比如,由于网络本身的限制,使一条消息过长,也会产生这个错误。最后,如果收到数据报之后,缓冲区太小,不能接收消息时,也会产生这个错误
WSAEPROTOTYPE	EPROTOTYPE	10041	套接字协议类型有误。在socket或WSASocket调用中指定的协议不支持指定的套接字类型。比如,要求建立SOCK_STREAM类型的一个IP套接字,同时指定协议为IPPROTO_UDP,便会产生这样的错误
WSAENOPROTOOPT	ENOPROTOOPT	10042	协议选项错误。表明在getsockopt或setsockopt调用中,指定的套接字选项或级别不明、未获支持或者无效
WSAEPROTONOSUPPORT	EPROTONOSUPPORT	10043	不支持的协议。系统中没有安装请求的协议或没有相应的实施方案。比如,如果系统中没有安装TCP/IP,而试着建立TCP或UDP套接字时,就会产生这个错误
WSAESOCKTNOSUPPORT	ESOCKTNOSUPPORT	10044	不支持的套接字类型。对指定的地址家族来说,没有相应的具体套接字类型支持。比如,在向一个不支持原始套接字的协议请求建立一个SOCK_RAW套接字类型时,就会产生这个错误

续表

错误代码	Berkeley 对应代码	错误数值	说 明
WSAEOPNOT SUPPORT	EOPNOT SUPPORT	10045	不支持的操作。表明针对指定的对象，试图采取的操作未获支持。通常，如果试着在一个不支持调用 Winsock 函数的套接字上调用了 Winsock，就会产生这个错误
WSAEPFNO SUPPORT	EPFNO SUPPORT	10046	不支持的协议家族。请求的协议家族不存在，或系统内尚未安装。多数情况下，这个错误可与 WSAEAFNOSUPPORT 互换；后者出现得更为频繁
WSAEAFNO SUPPORT	EAFNO SUPPORT	10047	地址家族不支持请求的操作。对套接字类型不支持的操作来说，在试着执行它时，就会出现这个错误。比如，在类型为 SOCK_ STREAM 的一个套接字上调用 sendto 或 WSASendTo 函数时，就会产生这个错误。另外，在调用 socket 或 WSASocket 函数的时候，若同时请求了一个无效的地址家族、套接字类型及协议组合，也会产生这个错误
WSAEADD RINUSE	EADDRINUSE	10048	地址正在使用。正常情况下，每个套接字只允许使用一个套接字地址，这个错误一般和 bind，connect 和 WSAConnect 这三个函数有关。可在 setsockopt 函数中设置套接字选项 SO REUSEADDR，允许多个套接字访问同一个本地 IP 地址及端口号
WSAEADDRNO TAVAIL	EADDRNO TAVAIL	10049	不能分配请求的地址。API 调用中指定的地址对那个函数来说无效时，就会产生这样的错误。例如，若在 bind 调用中指定一个 IP 地址，但却没有对应的本地 IP 接口，便会产生这样的错误。另外，通过 connect，WSAConnect，sendto，WSASendTo 和 WSA-JoinLeaf 这四个函数为准备连接的远程计算机指定端口 0 时，也会产生这样的错误
WSAENET DOWN	ENETDOWN	10050	网络断开。试图采取一项操作时，却发现网络连接中断。这可能是由于网络堆栈的错误、网络接口的故障、或者本地网络的问题造成的

续表

错误代码	Berkeley 对应代码	错误数值	说明
WSAENET UNREACH	ENET UNREACH	10051	网络不可抵达。试图采取一项操作时,却发现目标网络不可抵达(不可访问)。这意味着本地主机不知道如何抵达一个远程主机。换言之,目前没有已知的路由可抵达那个目标主机
WSAENET RESET	ENETRESET	10052	网络重设时断开了连接。由于"保持活动"操作检测到一个错误,造成网络连接的中断。若在一个已经无效的连接之上,通过 setsockopt 函数设置 SO-KEEPALIVE 选项,也会出现这样的错误
WSAECONNA BORTED	ECONNA BORTED	10053	软件造成连接取消。由于软件错误,造成一个已经建立的连接被取消。典型情况下,这意味着连接是由于协议或超时错误而被取消的
WSAECON NRESET	ECONNRESET	10054	连接被对方重设。一个已经建立的连接被远程主机强行关闭。若远程主机上的进程异常中止运行(由于内存冲突或硬件故障),或者针对套接字执行了一次强行关闭,便会产生这样的错误。针对强行关闭的情况,可用 SO_ LINGER 套接字选项和 setsockopt 来配置一个套接字
WSAENOBUFS	ENOBUFS	10055	没有缓冲区空间。由于系统缺少足够的缓冲区空间,请求的操作不能执行
WSAEISCONN	EISCONN	10056	套接字已经连接。表明在一个已建立连接的套接字上,试图再建立一个连接。使用数据报套接字时,假如事先已通过 connect 或 WSAConnect 调用,为数据报通信关联了一个端点的地址,那么以后试图再次调用 sendto 或 WSASendTo,便会产生这样的错误
WSAENOT CONN	ENOTCONN	10057	套接字尚未连接。若在一个尚未建立连接的"面 向连接"套接字上发出数据收发请求,便会产生这样的错误

续表

错误代码	Berkeley 对应代码	错误数值	说 明
WSAESHUT DOWN	ESHUTDOWN	10058	套接字关闭后不能发送。表明已通过对 shutdown 的一次调用,部分关闭了套接字,但后又请求进行数据的收发操作。要注意的是,这种错误只会在已经关闭的那个数据流动方向上才会发生。举个例子来说,完成数据发送后,若调用 shutdown,那么以后任何数据发送调用都会产生这样的错误
WSAETI MEDOUT	ETIMEDOUT	10060	连接超时。若发出了一个连接请求,但经过规定的时间,远程计算机仍未作出正确的响应(或根本没有任何响应),便会发生这样的错误。要想收到这样的错误,通常需要先在套接字上设置好 SO_ SNDTIMEO 和 SO_ RCVTIMEO 选项,然后调用 connect 及 WSAConnect 函数
WSAECONNR EFUSED	ECONNR EFUSED	10061	连接被拒。由于被目标机器拒绝,连接无法建立。这通常是由于在远程机器上,没有任何应用程序可在那个地址之上,为连接提供服务
WSAEHOSTDOWN	EHOSTDOWN	10064	主机关闭。这个错误指出由于目标主机关闭,造成操作失败。然而,应用程序此时更有可能收到的是一条 WSAETIMEDOUT (连接超时)错误,因为对方关机的情况通常是在试图建立一个连接的时候发生的
WSAEHOST UNREACH	EHOST UNREACH	10065	没有到主机的路由。应用程序试图访问一个不可抵达的主机。该错误类似于 WSAENETUNREACH
WSASYSNO TREAY		10091	网络子系统不可用。调用 WSAStartup 时,若提供者不能正常工作,便会返回这种错误。
WSAVERNOT SUPP ORTED		10092	Winsock. dll 版本有误。表明不支持应用程序请求的 Winsock 版本
WSANOTINITIAL ISED		10093	Winsock 尚未初始化。尚未成功完成对 WSAStartup 的一次调用

附录4 Winsock库函数参考

本附录以字母顺序列出了 Winsock 库函数，并简要介绍了功能。使用任一库函数时应在程序中包含 winsock. h 头文件。

Windows Socket 1.1 库函数参考

accept()

功能：在一个套接字接受一个连接。

```
SOCKET PASCAL FAR accept(SOCKET s, stuct sockaddr FAR * addr,
                         int FAR * addrlen);
```

s：套接字句柄，该套接字在 listen()后侦听连接。

addr：(可选)指针，指向一缓冲区，其中接收为通讯层所知的连接实体的地址。addr 参数的实际格式由套接字创建时所产生的地址族确定。

addrlen：(可选)指针，指向存有 addr 地址长度的整形数。

bind()

功能：将一本地地址与一套接字捆绑。

```
int PASCAL FAR bind(SOCKET s, const struct sockaddr FAR * name,
                    int namelen);
```

s：标识一未捆绑套接字的句柄。

name：赋予套接字的地址。

sockaddr 结构定义如下：

```
struct sockaddr{
        u_short sa_family;
        char sa_data[14];
};
```

namelen：name 名字的长度。

closesocket()

功能：关闭一个套接字。

```
int PASCAL FAR closesocket(SOCKET s);
```

s：一个套接字的句柄。

connect()

功能：建立与一个端的连接。

```
int PASCAL FAR connect(SOCKET s, const struct sockaddr FAR * name,
                       int namelen);
```

s：标识一个未连接套接字的句柄。

name：欲进行连接的端口名。

namelen：名字长度。

getpeername()

功能:获取与套接字相连的端地址。

```
int PASCAL FAR getpeername(SOCKET s, struct sockaddr FAR * name,
                           int FAR * namelen);
```

s:标识一已连接套接字的句柄。

name:接收端地址的名字结构。

namelen:一个指向名字结构的指针。

getsockname()

功能:获取一个套接字的本地名字。

```
int PASCAL FAR getsockname(SOCKET s, struct sockaddr FAR * name,
                           int FAR * namelen);
```

s:标识一个已捆绑套接字的句柄。

name:接收套接字的地址(名字)。

namelen:名字缓冲区长度。

getsockopt()

功能:获取一个套接字选项。

```
int PASCAL FAR getsockopt(SOCKET s, int level, int optname,
                          char FAR * optval, int FAR * optlen);
```

s:一个标识套接字的句柄。

level:选项定义的层次。支持的层次仅有 SOL_SOCKET 和 IPPROTO_TCP。

optname:需获取的套接字选项。

optval:指针,指向存放所获得选项值的缓冲区。

optlen:指针,指向 optval 缓冲区的长度值。

htonl()

功能:将主机的无符号长整形数转换成网络字节顺序。

```
u_long PASCAL FAR htonl( u_long hostlong);
```

hostlong:主机字节顺序表达的 32 位数。

htons()

功能:将主机的无符号短整形数转换成网络字节顺序。

```
u_short PASCAL FAR htons( u_short hostshort);
```

hostshort:主机字节顺序表达的 16 位数。

inet_addr()

功能:将一个点间隔地址转换成一个 in_addr。

```
unsigned long PASCAL FAR inet_addr( const struct FAR * cp);
```

cp:一个以 Internet 标准“.”间隔的字符串。

inet_ntoa()

功能:将网络地址转换成“.”点隔的字符串格式。

```
char FAR * PASCAL FAR inet_ntoa( struct in_addr in);
```

in:一个表示 Internet 主机地址的结构。

ioctlsocket()

功能:控制套接字的模式。

```
int PASCAL FAR ioctlsocket( SOCKET s, long cmd, u_long FAR * argp);
```

s:一个标识套接字的句柄。

cmd:对套接字 s 的操作命令。

argp:指向 cmd 命令所带参数的指针。

listen()

功能:创建一个套接字并侦听申请的连接。

```
int PASCAL FAR listen( SOCKET s, int backlog);
```

s:用于标识一个已捆绑未连接套接字的句柄。

backlog:等待连接队列的最大长度。

ntohl()

功能:将一个无符号长整形数从网络字节顺序转换为主机字节顺序。

```
u_long PASCAL FAR ntohl( u_long netlong);
```

netlong:一个以网络字节顺序表达的 32 位数。

ntohs()

功能:将一个无符号短整形数从网络字节顺序转换为主机字节顺序。

```
u_short PASCAL FAR ntohs( u_short netshort);
```

netshort:一个以网络字节顺序表达的 16 位数。

recv()

功能:从一个套接字接收数据。

```
int PASCAL FAR recv( SOCKET s, char FAR * buf, int len, int flags);
```

s:一个标识已连接套接字的句柄。

buf:用于接收数据的缓冲区。

len:缓冲区长度。

flags:指定调用方式。

recvfrom()

功能:接收一个数据报并保存源地址。

```
int PASCAL FAR recvfrom( SOCKET s, char FAR * buf, int len, int flags,
        struct sockaddr FAR * from, int FAR * fromlen);
```

s:标识一个已连接套接字的句柄。

buf:接收数据缓冲区。

len:缓冲区长度。

flags:调用操作方式。

from:(可选)指针,指向装有源地址的缓冲区。

fromlen:(可选)指针,指向 from 缓冲区长度值。

select()

功能:确定一个或多个套接字的状态,如需要则等待。

```
int PASCAL FAR select( int nfds, fd_set FAR * readfds,
```

```
fd_set FAR * writefds, fd_set FAR * exceptfds,
const struct timeval FAR * timeout);
```

nfds:本参数忽略,仅起到兼容作用。

readfds:(可选)指针,指向一组等待可读性检查的套接字。

writefds:(可选)指针,指向一组等待可写性检查的套接字。

exceptfds:(可选)指针,指向一组等待错误检查的套接字。

timeout:select()最多等待时间,对阻塞操作则为 NULL。

send()

功能:向一个已连接的套接字发送数据。

```
int PASCAL FAR send( SOCKET s, const char FAR * buf, int len, int flags);
```

s:一个用于标识已连接套接字的句柄。

buf:包含待发送数据的缓冲区。

len:缓冲区中数据的长度。

flags:调用执行方式。

sendto()

功能:向一指定目的地发送数据。

```
int PASCAL FAR sendto( SOCKET s, const char FAR * buf, int len, int flags,
        const struct sockaddr FAR * to, int tolen);
```

s:一个标识套接字的句柄。

buf:包含待发送数据的缓冲区。

len:buf 缓冲区中数据的长度。

flags:调用方式标志位。

to:(可选)指针,指向目的套接字的地址。

tolen:to 所指地址的长度。

setsockopt()

功能:设置套接字的选项。

```
int PASCAL FAR setsockopt( SOCKET s, int level, int optname,
        const char FAR * optval, int optlen);
```

s:标识一个套接字的句柄。

level:选项定义的层次;目前仅支持 SOL_SOCKET 和 IPPROTO_TCP 层次。

optname:需设置的选项。

optval:指针,指向存放选项值的缓冲区。

optlen:optval 缓冲区的长度。

shutdown()

功能:禁止在一个套接字上进行数据的接收与发送。

```
int PASCAL FAR shutdown( SOCKET s, int how);
```

s:用于标识一个套接字的句柄。

how:标志,用于描述禁止哪些操作。

socket()

功能:创建一个套接字。

SOCKET PASCAL FAR socket(int af, int type, int protocol);

af:一个地址描述。目前仅支持 PF_INET 格式,也就是说 ARPA Internet 地址格式。

type:新套接字的类型描述。

protocol:套接字所用的协议。如调用者不想指定,可用0。

gethostbyaddr()

功能:返回对应于给定地址的主机信息。

struct hostent FAR * PASCAL FAR gethostbyaddr(const char FAR * addr, int len, int type);

addr:指向网络字节顺序地址的指针。

len: 地址的长度,在 PF_INET 类型地址中为4。

type:地址类型,应为 PF_INET。

gethostbyname()

功能:返回对应于给定主机名的主机信息。

struct hostent FAR * PASCAL FAR gethostbyname(const char FAR * name);

name:指向主机名的指针。

gethostname()

功能:返回本地主机的标准主机名。

int PASCAL FAR gethostname(char FAR * name, int namelen);

name:一个指向将要存放主机名的缓冲区指针。

namelen:缓冲区的长度。

getprotobyname()

功能:返回对应于给定协议名的相关协议信息。

struct protoent FAR * PASCAL FAR getprotobyname (const char FAR * name);

name:一个指向协议名的指针。

getprotobynumber()

功能:返回对应于给定协议号的相关协议信息。

struct protoent FAR * PASCAL FAR getprotobynumber(int number);

number:一个以主机顺序排列的协议号。

getservbyname()

功能:返回对应于给定服务名和协议名的相关服务信息。

struct servent FAR * PASCAL FAR getservbyname(const char Far * name, const char FAR * proto);

name: 一个指向服务名的指针。

proto: 指向协议名的指针(可选)。如果这个指针为空,getservbyname()返回第一个name与 s_name 或者某一个 s_aliases 匹配的服务条目。否则 getservbyname()对 name 和 proto 都进行匹配。

getservbyport()

功能:返回对应于给定端口号和协议名的相关服务信息。

```
struct servent FAR * PASCAL FAR getservbyport(int port,
    const char FAR * proto);
```

port：给定的端口号，以网络字节顺序排列。

proto：指向协议名的指针（可选）。如果这个指针为空，getservbyport()返回第一个 port 与 s_port 匹配的服务条目。否则 getservbyport()对 port 和 proto 都进行匹配。

WSAAsyncGetHostByAddr()

功能：获得对应于一个地址的主机信息，异步版本。

```
HANDLE PASCAL FAR WSAAsyncGetHostByAddr ( HWND hWnd,
        unsigned int wMsg, const char FAR * addr, int buflen,
        int type, char FAR * buf, int buflen );
```

hWnd：当异步请求完成时，应该接收消息的窗口句柄。

wMsg：当异步请求完成时，将要接收的消息。

addr：主机网络地址的指针。主机地址以网络字节次序存储。

len：地址长度。对于 PF_INET 来说必须为 4。

type：地址类型，必须是 PF_INET。

buf：接收 hostent 数据的数据区指针。注意该数据区必须大于 hostent 结构的大小。这是因为不仅 Windows Sockets 实现要用该数据区域容纳 hostent 结构，hostent 结构的成员引用的所有数据也要在该区域内。建议用户提供一个 MAXGETHOSTSTRUCT 字节大小的缓冲区。

buflen：上述数据区的大小。

WSAAsyncGetHostByName()

功能：获得对应于一个主机名的主机信息，异步版本。

```
HANDLE PASCAL FAR WSAAsyncGetHostByName ( HWND hWnd,
        unsigned int wMsg, const char FAR * name, char FAR * buf,
        int buflen );
```

hWnd：当异步请求完成时，应该接收消息的窗口句柄。

wMsg：当异步请求完成时，将要接收的消息。

name：指向主机名的指针。

buf：接收 hostent 数据的数据区指针。注意该数据区必须大于 hostent 结构的大小。这是因为不仅 Windows Sockets 实现要用该数据区域容纳 hostent 结构，hostent 结构的成员引用的所有数据也要在该区域内。建议用户提供一个 MAXGETHOSTSTRUCT 字节大小的缓冲区。

buflen：上述数据区的大小。

WSAAsyncGetProtoByName()

功能：获得对应于一个协议名的协议信息，异步版本。

```
HANDLE PASCAL FAR WSAAsyncGetProtoByName ( HWND hWnd,
        unsigned int wMsg, const char FAR * name, char FAR * buf,
        int buflen );
```

hWnd：当异步请求完成时，应该接收消息的窗口句柄。

wMsg：当异步请求完成时，将要接收的消息。

name：指向要获得的协议名的指针。

buf：接收 protoent 数据的数据区指针。注意该数据区必须大于 protoent 结构的大小。这是因为不仅 Windows Sockets 实现要用该数据区域容纳 protoent 结构，protoent 结构的成员引用的所有数据也要在该区域内。建议用户提供一个 MAXGETHOSTSTRUCT 字节大小的缓冲区。

buflen：上述数据区的大小。

WSAAsyncGetProtoByNumber()

功能：获得对应于一个协议号的协议信息，异步版本。

```
HANDLE PASCAL FAR WSAAsyncGetProtoByNumber ( HWND hWnd,
        unsigned int wMsg, int number, char FAR * buf, int buflen);
```

hWnd：当异步请求完成时，应该接收消息的窗口句柄。

wMsg：当异步请求完成时，将要接收的消息。

number：要获得的协议号，以主机字节序。

buf：接收 protoent 数据的数据区指针。注意该数据区必须大于 protoent 结构的大小。这是因为不仅 Windows Sockets 实现要用该数据区域容纳 protoent 结构，protoent 结构的成员引用的所有数据也要在该区域内。建议用户提供一个 MAXGETHOSTSTRUCT 字节大小的缓冲区。

buflen：上述数据区的大小。

WSAAsyncGetServByName()

功能：获得对应于一个服务名和接口的服务信息，异步版本。

```
HANDLE PASCAL FAR WSAAsyncGetServByName ( HWND hWnd,
        unsigned int wMsg, const char FAR * name,
    const char FAR * proto, char FAR * buf, int buflen );
```

hWnd：当异步请求完成时，应该接收消息的窗口句柄。

wMsg：当异步请求完成时，将要接收的消息。

name：指向服务名的指针。

proto：指向协议名称的指针。它可能是 NULL，在这种情况下，WSAAsyncGetServByName()将搜索第一个服务入口（满足 s_name 或 s_aliases 之一和所给的名字匹配）。否则，WSAAsyncGetServByName()将和名和协议同时匹配。

buf：接收 protoent 数据的数据区指针。注意该数据区必须大于 protoent 结构的大小。这是因为不仅 Windows Sockets 实现要用该数据区域容纳 protoent 结构，protoent 结构的成员引用的所有数据也要在该区域内。建议用户提供一个 MAXGETHOSTSTRUCT 字节大小的缓冲区。

buflen：上述数据区的大小。

WSAAsyncGetServByPort()

功能：获得对应于一个服务名和接口的服务信息，异步版本。

```
HANDLE PASCAL FAR WSAAsyncGetServByPort ( HWND hWnd,
        unsigned int wMsg, int port, const char FAR * proto,
```

char FAR * buf, int buflen);

hWnd:当异步请求完成时,应该接收消息的窗口句柄。

wMsg:当异步请求完成时,将要接收的消息。

port:服务的接口。以网络字节序。

proto:指向协议名称的指针。它可能是 NULL,在这种情况下,WSAAsyncGetServByName()将搜索第一个服务入口(满足 s_name 或 s_aliases 之一和所给的名字匹配)。否则,WSAAsyncGetServByName()将和名和协议同时匹配。

buf:接收 protoent 数据的数据区指针。注意该数据区必须大于 protoent 结构的大小。这是因为不仅 Windows Sockets 实现要用该数据区域容纳 protoent 结构,protoent 结构的成员引用的所有数据也要在该区域内。建议用户提供一个 MAXGETHOSTSTRUCT 字节大小的缓冲区。

buflen:上述数据区的大小。

WSAAsyncSelect()

功能:通知套接字有请求事件发生。

```
int PASCAL FAR WSAAsyncSelect ( SOCKET s, HWND hWnd,
        unsigned int wMsg, long lEvent );
```

s:标识一个需要事件通知的套接字的描述符。

hWnd:标识一个在网络事件发生时需要接收消息的窗口句柄。

wMsg:在网络事件发生时要接收的消息。

lEvent:位屏蔽码,用于指明应用程序感兴趣的网络事件集合。

WSACancelAsyncRequest()

功能:取消一次未完成的异步操作。

```
int PASCAL FAR WSACancelAsyncRequest(HANDLE hAsyncTackHandle);
```

hAsyncTaskHandle: 指明要取消的异步操作。

WSACancelBlockingCall()

功能:取消一次正在进行中的阻塞调用。

```
int PASCAL FAR WSACancelBlockingCall( void );
```

WSACleanup()

功能:中止 Windows Sockets DLL 的使用。

```
int PASCAL FAR WSACleanup ( void );
```

WSAGetLastError()

功能:获得上次失败操作的错误状态。

```
int PASCAL FAR WSAGetLastError ( void );
```

WSAIsBlocking()

功能:判断是否有阻塞调用正在进行。

```
BOOL PASCAL FAR WSAIsBlocking ( void );
```

WSASetBlockingHook()

功能:建立一个应用程序指定的阻塞钩子函数。

```
FARPROC PASCAL FAR WSASetBlockingHook ( FARPROC lpBlockFunc );
```

lpBlockFunc:指向要安装的阻塞函数的函数指针。

WSASetLastError()

功能:设置可以被 WSAGetLastError()接收的错误代码。

```
void PASCAL FAR WSASetLastError ( int iError );
```

iError:指明将被后续的 WSAGetLastError()调用返回的错误代码。

WSAStartup()

功能:加载 Windows Sockets DLL。

```
int PASCAL FAR WSAStartup ( WORD wVersionRequested,
        LPWSADATA lpWSAData );
```

wVersionRequested: Windows Sockets API 提供的调用方可使用的最高版本号。高位字节指出副版本(修正)号,低位字节指明主版本号。

lpWSAData:指向 WSADATA 数据结构的指针,用来接收 Windows Sockets 实现的细节。

WSAUnhookBlockingHook()

功能:恢复缺省的阻塞钩子函数。

```
int PASCAL FAR WSAUnhookBlockingHook ( void );
```

Windows Socket 2 扩展库函数参考

WSAAccept()

功能:根据条件函数的返回值有条件地接受连接,同时(可选地)创建和/或加入一个套接字组。

```
SOCKET WSAAPI WSAAccept ( SOCKET s, struct
        sockaddr FAR * addr, int FAR * addrlen,
        LPCONDITIONPROC lpfnCondition, DWORD
        dwCallbackData );
```

s:标识一个套接字的句柄,该套接字在 listen()后侦听连接。

addr:(可选)指针,指向存放通讯层所知的连接实体地址的缓冲区。addr 参数的具体格式由套接字创建时产生的地址族决定。

addrlen:(可选)指针,指向存放 addr 地址长度的整形数。

lpfnCondition:(可选的)用户提供的条件函数的进程实例地址。该函数根据参数传入的调用者信息作出接受或拒绝的决定,并通过给结果参数赋予特定的值来(可选地)创建和/或加入一个套接字组。

dwCallbackData:作为条件函数参数返回给应用程序的回调数据。WinSock 不分析该参数。

WSACloseEvent()

功能:关闭一个开放的事件对象句柄。

```
BOOL WSAAPI WSACloseEvent( WSAEVENT hEvent );
```

hEvent:标识一个开放的事件对象句柄。

WSAConnect()

功能:创建一个与远端的连接,交换连接数据,并根据所提供的流描述、确定所需的服务质量。

```
int WSAAPI WSAConnect ( SOCKET s, const struct sockaddr FAR * name, int
        namelen, LPWSABUF lpCallerData, LPWSABUF lpCalleeData, LPQOS
        lpSQOS, LPQOS lpGQOS );
```

s:用于描述一个未连接套接字的句柄。

name:欲与套接字连接的远端名字。

namelen:名字长度。

lpCallerData:指向用户数据的指针,该数据在建立连接时将传送到远端。

lpCalleeData:指向用户数据的指针,该数据在建立连接时将从远端传送回本机。

lpSQOS:指向套接字 s 流描述的指针,每个方向一个。

lpGQOS:指向套接字组流描述的指针(如果有套接字组的话)。

WSACreateEvent()

功能:创建一个新的事件对象。

```
WSAEVENT WSAAPI WSACreateEvent( VOID );
```

WSADuplicateSocket()

功能:为一个共享套接字创建一个新的句柄。

```
SOCKET WSAAPI WSADuplicateSocket ( SOCKET s,
        WSATASK hTargetTask );
```

s:指定本地套接字句柄。

hTargetTask:指定使用共享套接字的目标任务的句柄。

WSAEnumNetworkEvents()

功能:检测所指定套接字上网络事件的发生。

```
int WSAAPI WSAEnumNetworkEvents ( SOCKET s,WSAEVENT
        hEventObject, LPWSANETWORKEVENTS lpNetworkEvents, LPINT
        lpiCount);
```

s:标识套接字的句柄。

hEventObject:(可选)句柄,用于标识需要复位的相应事件对象。

lpNetworkEvents:一个 WSANETWORKEVENTS 结构的数组,每一个元素记录了一个网络事件和相应的错误代码。

lpiCount:数组中的元素数目。在返回时,本参数表示数组中的实际元素数目;如果返回值是 WSAENOBUFS,则表示为获取所有网络事件所需的元素数目。

WSAEnumProtocols()

功能:获取现有传送协议的相关信息。

```
int WSAAPI WSAEnumProtocols ( LPDWORD lpdwProtocols,
        LPVOID lpProtocolBuffer, LPDWORD lpdwBufferLength);
```

lpdwProtocols:一个以 NULL 结尾的协议标识号数组。本参数可选;如果 lpdwProtocols 为 NULL,则返回所有可用协议的信息,否则的话只返回数组中所开列的协议信息。

lpProtocolBuffer:一个用 PROTOCOL_INFO 结构填充的缓冲区。参见下文中对 PROTOCOL_INFO 结构的具体描述。

lpdwBufferLength：输入时，存有传递给 WSAEnumProtocols()函数的 lpProtocolBuffer 缓冲区长度。输出时，表示为获取所有信息需传递给 WSAEnumProtocols()函数的缓冲区长度。本函数不能重复调用；传入的缓冲区必须足够大以能存放所有的元素。这个规定降低了该函数的复杂度。由于一个机器上装载的协议数目往往是很小的，所以并不会产生问题。

WSAEventSelect()

功能：确定与所提供的 FD_XXX 网络事件集合相关的一个事件对象。

```
int WSAAPI WSAEventSelect ( SOCKET s, WSAEVENT
        hEventObject, long lNetworkEvents );
```

s：一个标识套接字的句柄。

hEventObject：一个句柄，用于标识与所提供的 FD_XXX 网络事件集合相关的一个事件对象。

lNetworkEvents：一个屏蔽位，用于指定感兴趣的 FD_XXX 网络事件组合。

WSAGetOverlappedResult()

功能：返回指定套接字上一个重叠操作的结果。

```
BOOL WSAAPI WSAGetOverlappedResult( SOCKET s,
        LPWSAOVERLAPPED lpOverlapped, LPDWORD
        lpcbTransfer, BOOL fWait, LPDWORD lpdwFlags );
```

s：标识套接字。这就是调用重叠操作(WSARecv()、WSARecvFrom()、WSASend()、WSASendTo() 或 WSAIoctl())时指定的那个套接字。

lpOverlapped：指向调用重叠操作时指定的 WSAOVERLAPPED 结构。

lpcbTransfer：指向一个 32 位变量，该变量用于存放一个发送或接收操作实际传送的字节数，或 WSAIoctl()传送的字节数。

fWait：指定函数是否等待挂起的重叠操作结束。若为真 TRUE 则函数在操作完成后才返回。若为假 FALSE 且函数挂起，则函数返回 FALSE，WSAGetLastError()函数返回 WSA_IO_INCOMPLETE。

lpdwFlags：指向一个 32 位变量，该变量存放完成状态的附加标志位。如果重叠操作为 WSARecv()或 WSARecvFrom()，则本参数包含 lpFlags 参数所需的结果。

WSAGetQOSByName()

功能：根据一个模板初始化 QOS。

```
BOOL WSAAPI WSAGetQOSByName( SOCKET s, LPWSABUF
        lpQOSName, LPQOS lpQOS);
```

s：一个标识套接字的句柄。

lpQOSName：指定 QOS 模板的名字。

lpQOS：指向待填充 QOS 结构的指针。

WSAHtonl()

功能：将一个以主机字节顺序表示的无符号长整形数转换为网络字节顺序。

```
u_long WSAAPI WSAHtonl ( SOCKET s, u_long hostlong );
```

s：一个标识套接字的句柄。

hostlong：一个用主机字节顺序表示的 32 位数。

WSAHtons()

功能：将一个以主机字节顺序表示的无符号短整形数转换为网络字节顺序。

u_short WSAAPI WSAHtons (SOCKET sr, u_short hostshort);

s：一个标识套接字的句柄。

hostshort：一个以主机字节顺序表示的 16 位数。

WSAIoctl()

功能：控制一个套接字的模式。

int WSAAPI WSAIoctl(SOCKET s, DWORD dwIoControlCode, LPVOID lpvInBuffer, DWORD cbInBuffer, LPVOID lpvOutBuffer, DWORD cbOutBuffer, LPDWORD lpcbBytesReturned, LPWSAOVERLAPPED lpOverlapped, LPWSAOVERLAPPED_ COMPLETION_ ROUTINE lpCompletionRoutine);

s：一个套接字的句柄。

dwIoControlCode：将进行的操作的控制代码。

lpvInBuffer：输入缓冲区的地址。

cbInBuffer：输入缓冲区的大小。

lpvOutBuffer：输出缓冲区的地址。

cbOutBuffer：输出缓冲区的大小。

lpcbBytesReturned：输出实际字节数的地址。

lpOverlapped：WSAOVERLAPPED 结构的地址。

lpCompletionRoutine：一个指向操作结束后调用的例程指针。

WSAJoinLeaf()

功能：将一个叶节点加入一个多点会晤，交换连接数据，根据提供的流描述确定所需的服务质量。

SOCKET WSAAPI WSAJoinLeaf (SOCKET s, const struct sockaddr FAR * name, int namelen, LPWSABUF lpCallerData, LPWSABUF lpCalleeData, LPQOS lpSQOS, LPQOS lpGQOS, int iFlags);

s：标识一个多点套接字的句柄。

name：将与套接字连接的远端名字。

namelen：名字长度。

lpCallerData：一个指针，指向多点会晤创建时传送给远端的用户数据。

lpCalleeData：一个指针，指向多点会晤创建时从远端传送回来的用户数据。

lpSQOS：一个指向套接字 s 的流描述的指针，每个方向一个。

lpGQOS：一个指向套接字组(如果存在)流描述的指针。

iFlags：标志位，用于指定套接字作为发送者、接收者或身兼二者。

WSANtohl()

功能：将一个以网络字节顺序表示的无符号长整形数转换为主机字节顺序。

u_long WSAAPI WSANtohl (SOCKET s, u_long netlong);

s：一个标识套接字的句柄。

netlong：一个以网络字节顺序表示的32位数。

WSANtohs()

功能：将一个以网络字节顺序表示的无符号短整形数转换为主机字节顺序。

```
u_short WSAAPI WSANtohs (SOCKET s, u_short netshort);
```

s：一个标识套接字的句柄。

netshort：一个以网络字节顺序标识的16位数。

WSARecv()

功能：从一个套接字接收数据。

```
int WSAAPI WSARecv ( SOCKET s, LPWSABUF lpBuffers,
        DWORD dwBufferCount, LPDWORD lpNumberOfBytesRecvd,
        LPINT lpFlags, LPWSAOVERLAPPED lpOverlapped,
        LPWSAOVERLAPPED_COMPLETION_ROUTINE
    lpCompletionRoutine );
```

s：一个标识已连接套接字的句柄。

lpBuffers：一个指向WSABUF结构数组的指针。每一个WSABUF结构包含一个缓冲区的指针和缓冲区的长度。

dwBufferCount：lpBuffers数组中WSABUF结构的数目。

lpNumberOfBytesRecvd：如果接收操作立即结束，一个指向本调用所接收的字节数的指针。

lpFlags：一个指向标志位的指针。

lpOverlapped：一个指向WSAOVERLAPPED结构的指针(对于非重叠套接字则忽略)。

lpCompletionRoutine：一个指向接收操作结束后调用的例程的指针(对于非重叠套接字则忽略)。

WSARecvDisconnect()

功能：中止一个套接字上的接收操作；若套接字为面向连接的，则检索中止连接数据。

```
int WSAAPI WSARecvDisconnect ( SOCKET s, LPWSABUF lpInboundDisconnectData );
```

s：一个标识套接字的句柄。

lpInboundDisconnectData：一个指向前来的中止连接数据的中止。

返回值：若无错误发生，WSARecvDisconnect()返回0。否则的话，返回SOCKET_ERROR，应用程序可通过调用WSAGetLastError()函数来获取相应的错误代码。

WSARecvFrom()

功能：接收一个数据报并保存源地址。

```
int WSAAPI WSARecvFrom ( SOCKET s, LPWSABUF
        lpBuffers, DWORD dwBufferCount, LPDWORD
        lpNumberOfBytesRecvd, LPINT lpFlags, LPVOID
        lpFrom, LPINT lpFromlen, LPWSAOVERLAPPED
        lpOverlapped, LPWSAOVERLAPPED_COMPLETION_ROUTINE
        lpCompletionRoutine );
```

s:一个标识套接字的句柄。

lpBuffers:一个指向 WSABUF 结构数组的指针。每个 WSABUF 结构包含缓冲区的指针和缓冲区的大小。

dwBufferCount:lpBuffers 数组中 WSABUF 结构的数目。

lpNumberOfBytesRecvd:如果接收操作立即完成,则为一个指向所接收数据字节数的指针。

lpFlags:一个指向标志位的指针。

lpFrom:(可选)指针,指向重叠操作完成后存放源地址的缓冲区。

lpFromlen:指向 from 缓冲区大小的指针,仅当指定了 lpFrom 才需要。

lpOverlapped:指向 WSAOVERLAPPED 结构的指针(对于非重叠套接字则忽略)。

lpCompletionRoutine:一个指向接收操作完成后调用的完成例程的指针(对于非重叠套接字则忽略)。

WSAResetEvent()

功能:将指定的事件对象状态清除为未置信号。

```
BOOL WSAAPI WSAResetEvent( WSAEVENT hEvent );
```

hEvent:标识一个开放的事件对象句柄。

WSASend()

功能:在一个已连接的套接字上发送数据。

```
int WSAAPI WSASend ( SOCKET s, LPWSABUF lpBuffers,
        DWORD dwBufferCount, LPDWORD lpNumberOfBytesSent,
        int iFlags, LPWSAOVERLAPPED lpOverlapped,
        LPWSAOVERLAPPED_ COMPLETION_ ROUTINE lpCompletionRou-
        tine );
```

s:标识一个已连接套接字的句柄。

lpBuffers:一个指向 WSABUF 结构数组的指针。每个 WSABUF 结构包含缓冲区的指针和缓冲区的大小。

dwBufferCount:lpBuffers 数组中 WSABUF 结构的数目。

lpNumberOfBytesSent:如果发送操作立即完成,则为一个指向所发送数据字节数的指针。

iFlags:标志位。

lpOverlapped:指向 WSAOVERLAPPED 结构的指针(对于非重叠套接字则忽略)。

lpCompletionRoutine:一个指向发送操作完成后调用的完成例程的指针(对于非重叠套接字则忽略)。

WSASendDisconnect()

功能:启动套接字连接的中止操作。

```
int WSAAPI WSASendDisconnect ( SOCKET s, LPWSABUF
        lpOutboundDisconnectData );
```

s:一个标识套接字的句柄。

lpOutboundDisconnectData:指向发出的中止连接数据的指针。

WSASendTo()

功能:向指定地址发送数据,可能的话使用重叠输入/输出操作。

int WSAAPI WSASendTo (SOCKET s, LPWSABUFlpBuffers, DWORD dwBufferCount, LPDWORDlpNumberOfBytesSent, int iFlags, LPVOID lpTo, intiToLen, LPWSAOVERLAPPED lpOverlapped, LPWSAOVERLAPPED_ COMPLETION_ ROUTINElpCompletionRoutine);

s:用于标识一个已连接的套接字,该套接字以 WSA_ FLAG_ OVERLAPPED 标志调用 WSASocket()创建。

lpBuffers:一个指向 WSABUF 结构数组的指针。每个 WSABUF 结构包含缓冲区的指针和缓冲区的大小。

dwBufferCount:lpBuffers 数组中 WSABUF 结构的数目。

lpNumberOfBytesSent:如果发送操作立即完成,则为一个指向所发送数据字节数的指针。

iFlags:标志位。

lpTo:(可选)指针,指向目标套接字的地址。

lpTolen:lpTo 中地址的大小。

lpOverlapped:指向 WSAOVERLAPPED 结构的指针(对于非重叠套接字则忽略)。

lpCompletionRoutine:一个指向发送操作完成后调用的完成例程的指针(对于非重叠套接字则忽略)。

WSASetEvent()

功能:将指定的事件对象状态设置为有信号。

BOOL WSAAPI WSASetEvent(WSAEVENT hEvent);

hEvent:标识一个开放的事件对象句柄。

WSASocket()

功能:创建一个与指定传送服务提供者捆绑的套接字,可选地创建和/或加入一个套接字组。

SOCKET WSAAPI WSASocket (int af, int type, int protocol, LPPROTOCOL_ INFO lpProtocolInfo, Group g, int iFlags);

af:地址族描述。目前仅支持 PF_ INET 格式,亦即 ARPA Internet 地址格式。

type:新套接字的类型描述。

protocol:套接字使用的特定协议,如果调用者不愿指定协议则定为 0。

lpProtocolInfo:一个指向 PROTOCOL_ INFO 结构的指针,该结构定义所创建套接字的特性。如果本参数非零,则前三个参数(af, type, protocol)被忽略。

g:套接字组的句柄。

iFlags:套接字属性描述。

WSAWaitForMultipleEvents()

功能:只要指定事件对象中的一个或全部处于有信号状态,或者超时间隔到,则返回。

DWORD WSAAPI WSAWaitForMultipleEvents(DWORD cEvents,
const WSAEVENT FAR * lphEvents, BOOL fWaitAll,

DWORD dwTimeout, BOOL fAlertable);

cEvents:指出 lphEvents 所指数组中事件对象句柄的数目。事件对象句柄的最大值为 WSA_MAXIMUM_WAIT_EVENTS。

lphEvents:指向一个事件对象句柄数组的指针。

fWaitAll:指定等待类型。若为真 TRUE,则当 lphEvents 数组中的所有事件对象同时有信号时,函数返回。若为假 FALSE,则当任意一个事件对象有信号时函数即返回。在后一种情况下,返回值指出是哪一个事件对象造成函数返回。

dwTimeout:指定超时时间间隔(以毫秒计)。当超时间隔到,函数即返回,不论 fWaitAll 参数所指定的条件是否满足。如果 dwTimeout 为零,则函数测试指定的时间对象的状态,并立即返回。如果 dwTimeout 是 WSA_INFINITE,则函数的超时间隔永远不会到。

fAlertable:指定当系统将一个输入/输出完成例程放入队列以供执行时,函数是否返回。若为真 TRUE,则函数返回且执行完成例程。若为假 FALSE,函数不返回,不执行完成例程。请注意在 Win16 中忽略该参数。

附录 5 Ping 程序示例

```
// //Ping 程序
#include "stdafx.h"
#include "winsock2.h"
#include "ws2tcpip.h"
#include "stdio.h"
#include "stdlib.h"
#include "stdafx.h"
#include "windows.h"
#pragma comment(lib,"ws2_32.lib")

#define IP_RECORD_ROUTE 0x7
#define DEF_PACKET_SIZE 32
#define MAX_PACKET 1024                    // 最大 ICMP 包长度
#define MAX_IP_HDR_SIZE 60                 // 最大 IP 头长度(包括可选项)
#define ICMP_ECHO 8
#define ICMP_ECHOREPLY 0
#define ICMP_MIN 8                         // ICMP 包最小为 8 字节(报头)

typedef struct _iphdr
{
    unsigned int h_len:4;                  // IP 头长度
    unsigned int version:4;                // IP 版本
    unsigned char tos;                     // 服务类型
    unsigned short total_len;              // 总的数据包大小
    unsigned short ident;                  // 特殊标识符
    unsigned short frag_and_flags;         // 标识
    unsigned char ttl;                     // TTL 参数
    unsigned char proto;                   // 协议(TCP, UDP 等)
    unsigned short checksum;               // IP 校验和

    unsigned int sourceIP;
    unsigned int destIP;
} IpHeader;

typedef struct _icmphdr
```

```
{
        BYTE i_type;                        //ICMP 报文类型
        BYTE i_code;                        // ICMP 代码
        USHORT i_cksum;                     //校验和
        USHORT i_id;                        //标识符
        USHORT i_seq;                       //序列号
        ULONG timestamp;                    //时间戳
} IcmpHeader;

// IP 选项头
typedef struct _ipoptionhdr
{
        unsigned char code;                 // 选项类型
        unsigned char len;                  // 选项长度
        unsigned char ptr;                  //地址偏移
        unsigned long addr[9];              // IP 地址表
} IpOptionHeader;

class CPing
{
public:
        void usage(char * progname);
        void ValidateArgs(int argc, char * * argv);
        void DecodeIPOptions(char * buf, int bytes);
        void Cleanup();
        void Ping(int timeout =1000);
        SOCKET m_hSocket;
        IpOptionHeader m_ipopt;
        SOCKADDR_IN m_addrDest;
        SOCKADDR_IN m_addrFrom;
        char * icmp_data;
        char * recvbuf;
        USHORT seq_no ;
        char * lpdest;
        int datasize;
        BOOL m_bRecordRout;
        CPing();
        virtual ~CPing();
```

```
private:
    void DecodeICMPHeader(char * buf, int bytes, SOCKADDR_IN * from);
    USHORT checksum(USHORT * buffer, int size);
    void FillICMPData(char * icmp_data, int datasize);
};
////////////////////////////////////////////////////////////////////////
// 构造函数/解析函数
////////////////////////////////////////////////////////////////////////
CPing::CPing()
{
    icmp_data = NULL;
    seq_no = 0;
    recvbuf = NULL;
    m_bRecordRout = FALSE;
    lpdest = NULL;
    datasize = DEF_PACKET_SIZE;

    WSADATA wsaData;
    if (WSAStartup(MAKEWORD(2, 2), &wsaData) != 0)
      {
        printf("WSAStartup() failed: %d\n", GetLastError());
        return ;
      }
    m_hSocket = INVALID_SOCKET;

}
CPing::~CPing()
{

}

void CPing::Ping(int timeout)
{
    //创建用于ICMP协议的原始套接字
    m_hSocket = WSASocket (AF_INET, SOCK_RAW, IPPROTO_ICMP,
                           NULL, 0, WSA_FLAG_OVERLAPPED);

    if (m_hSocket == INVALID_SOCKET)
    {
```

```
        printf("WSASocket() failed: %d\n", WSAGetLastError());
        return ;
    }

    //要求记录路由选项
    if (m_bRecordRout)
    {
        // 为每个发送的 ICMP 数据包加入路由选项
        ZeroMemory(&m_ipopt, sizeof(m_ipopt));
        m_ipopt.code = IP_RECORD_ROUTE;         // 记录路由选项
        m_ipopt.ptr = 4;                         // 指向第一个地址偏移
        m_ipopt.len = 39;                        // 选项头长度

        int ret = setsockopt(m_hSocket, IPPROTO_IP, IP_OPTIONS,
          (char *)&m_ipopt, sizeof(m_ipopt));
        if (ret == SOCKET_ERROR)
        {
          printf("setsockopt(IP_OPTIONS) failed: %d\n",
            WSAGetLastError());
        }
}
// 设置 send/recv 超时值
int bread = setsockopt(m_hSocket, SOL_SOCKET, SO_RCVTIMEO,
      (char*)&timeout, sizeof(timeout));
if(bread == SOCKET_ERROR)
{
    printf("setsockopt(SO_RCVTIMEO) failed: %d\n",
      WSAGetLastError());
    return ;
}
timeout = 1000;    //超时值设为 1000
bread = setsockopt(m_hSocket, SOL_SOCKET, SO_SNDTIMEO,
        (char*)&timeout, sizeof(timeout));
if (bread == SOCKET_ERROR)
{
printf("setsockopt(SO_SNDTIMEO) failed: %d\n",
WSAGetLastError());
return ;
}
```

```
//指定目标地址信息
memset(&m_addrDest, 0, sizeof(m_addrDest));
//如果需要则解析目标地址名
m_addrDest.sin_family = AF_INET;
if ((m_addrDest.sin_addr.s_addr = inet_addr(lpdest)) == INADDR_NONE)
{
    //输入地址为计算机名
    struct hostent *hp = NULL;

    if ((hp = gethostbyname(lpdest)) != NULL)
    {
      memcpy(&(m_addrDest.sin_addr), hp->h_addr, hp->h_length);
      m_addrDest.sin_family = hp->h_addrtype;
      printf("m_addrDest.sin_addr = %s\n", inet_ntoa(m_addrDest.sin_addr));
    }
    else
    {
      printf("gethostbyname() failed: %d\n",
        WSAGetLastError());
      return ;
    }
}

// 创建ICMP包,分配资源,这些资源将被Cleanup()函数释放
datasize += sizeof(IcmpHeader);

icmp_data =(char *) HeapAlloc(GetProcessHeap(), HEAP_ZERO_MEMORY,
MAX_PACKET);
recvbuf =(char *) HeapAlloc(GetProcessHeap(), HEAP_ZERO_MEMORY,
MAX_PACKET);
if (! icmp_data)
{
    printf("HeapAlloc() failed: %d\n", GetLastError());
    return ;
}
memset(icmp_data,0,MAX_PACKET);
FillICMPData(icmp_data,datasize);
// 开始发送/接收ICMP包
while(1)
```

```
{
    static int nCount = 0;
    int bwrote;

    if (nCount++ == 4)
      break;

    ((IcmpHeader *)icmp_data)->i_cksum = 0;
    ((IcmpHeader *)icmp_data)->timestamp = GetTickCount();
    ((IcmpHeader *)icmp_data)->i_seq = seq_no++;
    ((IcmpHeader *)icmp_data)->i_cksum =
      checksum((USHORT *)icmp_data, datasize);

    bwrote = sendto(m_hSocket, icmp_data, datasize, 0,
      (struct sockaddr *)&m_addrDest, sizeof(m_addrDest));
    if (bwrote == SOCKET_ERROR)
    {
    if (WSAGetLastError() == WSAETIMEDOUT)
    {
      printf("timed out\n");
      continue;
    }
    printf("sendto() failed: %d\n", WSAGetLastError());
    return ;
    }
    if (bwrote < datasize)
    {
      printf("Wrote %d bytes\n", bwrote);
}
int fromlen = sizeof(m_addrFrom);
bread = recvfrom(m_hSocket, recvbuf, MAX_PACKET, 0,
(struct sockaddr *)&m_addrFrom, &fromlen);
if (bread == SOCKET_ERROR)
{
if (WSAGetLastError() == WSAETIMEDOUT)
{
printf("timed out\n");
continue;
}
```

```
printf("recvfrom() failed: %d\n", WSAGetLastError());
return ;
}
DecodeICMPHeader(recvbuf, bread, &m_addrFrom);

}
}
void CPing::Cleanup()
{
if (m_hSocket != INVALID_SOCKET)
closesocket(m_hSocket);
HeapFree(GetProcessHeap(), 0, recvbuf);
HeapFree(GetProcessHeap(), 0, icmp_data);
WSACleanup();
return ;
}
void CPing::FillICMPData(char *icmp_data, int datasize)
{
IcmpHeader *icmp_hdr = NULL;
char *datapart = NULL;
icmp_hdr = (IcmpHeader *)icmp_data;
icmp_hdr->i_type = ICMP_ECHO; // 请求 ICMP 回应
icmp_hdr->i_code = 0;
icmp_hdr->i_id = (USHORT)GetCurrentProcessId();
icmp_hdr->i_cksum = 0;
icmp_hdr->i_seq = 0;

datapart = icmp_data + sizeof(IcmpHeader);
}
void CPing::DecodeIPOptions(char *buf, int bytes)
{
IpOptionHeader *ipopt = NULL;
IN_ADDR inaddr;
int i;
HOSTENT *host = NULL;
ipopt = (IpOptionHeader *)(buf + 20);
printf("RR: ");
for(i = 0; i < (ipopt->ptr / 4) - 1; i++)
{
```

```
inaddr.S_un.S_addr = ipopt->addr[i];
if (i != 0)
printf(" ");
host = gethostbyaddr((char *)&inaddr.S_un.S_addr,
sizeof(inaddr.S_un.S_addr), AF_INET);
if (host)
printf("(%-15s) %s\n", inet_ntoa(inaddr), host->h_name);
else
printf("(%-15s)\n", inet_ntoa(inaddr));
}
return;
}
USHORT CPing::checksum(USHORT * buffer, int size)
{
unsigned long cksum=0;
while (size > 1)
{
cksum += *buffer++;
size -= sizeof(USHORT);
}
if (size)
{
cksum += *(UCHAR*)buffer;
}
cksum = (cksum >> 16) + (cksum & 0xffff);
cksum += (cksum >>16);
return (USHORT)(~cksum);
}
void CPing::ValidateArgs(int argc,char ** argv)
{
int i;

for(i = 1; i < argc; i++)
{
if ((argv[i][0] == '-') || (argv[i][0] == '/'))
{
switch (tolower(argv[i][1]))
{
case 'r': // Record route option
```

```
m_bRecordRout = TRUE;
break;
default:
usage(argv[0]);
break;
}
}
else if (isdigit(argv[i][0]))
datasize = atoi(argv[i]);
else
lpdest = argv[i];
}
}
void CPing::DecodeICMPHeader(char *buf, int bytes, SOCKADDR_IN *from)
{
IpHeader *iphdr = NULL;
IcmpHeader *icmphdr = NULL;
unsigned short iphdrlen;
DWORD tick;
static int icmpcount = 0;
iphdr = (IpHeader *)buf;
// 32 位 word*4=字节数
iphdrlen = iphdr->h_len * 4;
tick = GetTickCount();
//如果记录路由选项
if ((iphdrlen == MAX_IP_HDR_SIZE) && (! icmpcount))
DecodeIPOptions(buf, bytes);
if (bytes < iphdrlen + ICMP_MIN)
{
printf("Too few bytes from %s\n",
inet_ntoa(from->sin_addr));
}
//应答报文无法辨识
icmphdr = (IcmpHeader*)(buf + iphdrlen);
if (icmphdr->i_type != ICMP_ECHOREPLY)
{
printf("nonecho type %d recvd\n", icmphdr->i_type);
return;
}
```

```
// 确保该应答是先前发送报文的应答
if (icmphdr->i_id != (USHORT)GetCurrentProcessId())
{
printf("someone else's packet! \n");
return ;
}
printf("%d bytes from %s:", bytes, inet_ntoa(from->sin_addr));
printf(" icmp_seq = %d. ", icmphdr->i_seq);
printf(" time: %d ms", tick - icmphdr->timestamp);
printf("\n");
icmpcount++;
return;
}
// 打印使用信息
void CPing::usage(char * progname)
{
printf("usage: ping -r <host> [data size]\n");
printf(" -r record route\n");
printf(" host remote machine to ping\n");
printf(" datasize can be up to 1KB\n");
ExitProcess(-1);
}
int main(int argc,char * argv[ ])
{
printf("please specify who you want to ping!");

CPing ping;

ping.ValidateArgs(argc, argv);
ping.Ping();
Sleep(1000);
printf("Ping end! \n");
ping.Cleanup();
getchar();
return 0;
```

参考文献

1 陈坚,陈伟. Visual C++网络高级编程 . 北京:人民邮电出版社,2001

2 黄超. Windows 网络编程 . 北京:人民邮电出版社,2003

3 Heather Osterloh. TCP/IP Primer Plus. 北京:人民邮电出版社,2002

4 吴礼发. 网络程序设计教程 . 北京:北京希望电子出版社,2002

5 Taylor. TCP/IP 使用详解. 北京:机械工业出版社,1994

6 Behrouz A Forouzan 著 . 数据通信与网络 . 第 2 版. 吴时霖等译. 北京:机械工业出版社,2002

7 Matthew G Naugle. Network Protocols. Signature Edtion. 网络协议. 北京:人民邮电出版社,2000

8 汤毅坚. 计算机实用网络编程 . 北京:人民邮电出版社,1995

9 Jeffrey Richter 著. Windows 核心编程. 王建华等译. 北京:机械工业出版社,2000

10 Andres S Tanerbaum. Computer Networks. Third Edtion. 北京:清华大学出版社,1998

11 Mike D Schffman. Libnet Packet Assembly System. http://www. packetfactory. net/projects/Libnet/

12 Loris Degioanni. WinPcap Documentation. Version 3. 0, http://winpcap. polito. it/

13 WinPcap Developer's Pack. Release 3. 0. August 2002, http://winpcap. polito. it/

14 muti-thread in windows. http://www. cs. vtah. edu/

15 muti-thread problem. http://www. experts-exchange. com/

16 how to program threads. http://www. computing. net/

17 programming in c. http://www. cs. cf. uk/

18 dll archive. http://www. analogx. com/